高等教育轨道交通"十三五"规划教材·电气牵引类

模拟电子技术

（含实验）

Analog Electronic Circuits
（Experiments Included）

主编 周 晖

北京交通大学出版社

·北京·

内 容 简 介

本教材主要介绍了电子电路器件（二极管、三极管、场效应管等）的内部结构、特性曲线、参数等基础知识，并着重介绍电压基本放大电路、功率放大电路、含负反馈的放大电路、运算放大电路及其在运算和信号处理方面的应用电路、正弦波振荡电路、直流电源电路等基本电路，最后介绍这些基本电路在电气化铁路信号传输与控制方面的应用，该教材突出增强专业特色，可为专业知识的学习打下良好的基础。该教材适用于从事电气化铁路电气专业专升本的远程学习的学生、本科生及现场维护等技术人员，也可作为其他工科学生学习模拟电子技术课程的参考用书。

图书在版编目（CIP）数据

模拟电子技术：含实验/周晖主编. —北京：北京交通大学出版社，2012.12（2020.1 重印）
（高等教育轨道交通"十三五"规划教材·电气牵引类）
ISBN 978 - 7 - 5121 - 1299 - 5

Ⅰ. ① 模… Ⅱ. ① 周… Ⅲ. ① 模拟电路-电子技术-高等学校-教材 Ⅳ. ① TN710

中国版本图书馆 CIP 数据核字（2012）第 287717 号

责任编辑：赵彩云 特邀编辑：林夕莲
出版发行：北京交通大学出版社 邮编：100044 电话：010 - 51686414
印 刷 者：三河市华骏印务包装有限公司
经 销：全国新华书店
开 本：185×260 印张：16 字数：406 千字
版 次：2018 年 6 月第 1 次修订 2020 年 1 月第 3 次印刷
书 号：ISBN 978 - 7 - 5121 - 1299 - 5/TN·85
印 数：4 001～6 000 册 定价：49.00 元

本书如有质量问题，请向北京交通大学出版社质监组反映。对您的意见和批评，我们表示欢迎和感谢。
投诉电话：010 - 51686043，51686008；传真：010 - 62225406；E-mail：press@bjtu.edu.cn。

高等教育轨道交通"十三五"规划系列教材·电气牵引类

编 委 会

顾　　问：施仲衡
主　　任：司银涛
副 主 任：陈　庚　姜久春
委　　员：王立德　方　进　刘文正　刘慧娟
　　　　　吴俊勇　张晓冬　周　晖　黄　辉

编委会办公室

主　　任：赵晓波
副 主 任：孙秀翠
成　　员：吴嫦娥　郝建英　徐　玎　高　琦

总　序

我国是一个内陆深广、人口众多的国家。随着改革开放的进一步深化和经济产业结构的调整，大规模的人口流动和货物流通使交通行业承载着越来越大的压力，同时也给交通运输带来了巨大的发展机遇。作为运输行业历史最悠久、规模最大的龙头企业，铁路已成为国民经济的大动脉。铁路运输有成本低、运能高、节省能源、安全性好等优势，是最快捷、最可靠的运输方式，是发展国民经济不可或缺的运输工具。改革开放以来，中国铁路积极适应社会的改革和发展，狠抓制度改革，着力技术创新，抓住了历史发展机遇，铁路改革和发展取得了跨越式的发展。

国家对铁路的发展始终予以高度重视，根据国家《中长期铁路网规划》（2005—2020年）：到2020年，中国铁路网规模达到12万公里以上。其中，时速200公里及以上的客运专线将达到1.8万公里。加上既有线提速，中国铁路快速客运网将达到5万公里以上，运输能力满足国民经济和社会发展需要，主要技术装备达到或接近国际先进水平。铁路是个远程重轨运输工具，但随着城市建设和经济的繁荣，城市人口大幅增加，近年来城市轨道交通也正处于高速发展时期。

城市的繁荣相应带来了交通拥挤、事故频发、大气污染等一系列问题。在一些大城市和一些经济发达的中等城市，仅仅靠路面车辆运输远远不能满足客运交通的需要。城市轨道交通节约空间、耗能低、污染小、便捷可靠，是城市交通的最好方式。未来我国城市将形成地铁、轻轨、市域铁路构成的城市轨道交通网络，轨道交通将在我国城市建设中起着举足轻重的作用。

但是，在我国轨道交通进入快速发展的同时，解决各种管理和技术人才匮乏的问题已迫在眉睫。随着高速铁路和城市轨道新线路的不断增加以及新技术的开发与引进，管理和技术人员的队伍需要不断壮大。企业不仅要对新的员工进行培训，对原有的职工也要进行知识更新。企业亟须培养出一支能符合企业要求、业务精通、综合素质高的队伍。

北京交通大学是一所是以运输管理为特色的学校，拥有该学科一流的师资和科研队伍，为我国的铁路运输和高速铁路的建设作出了重大贡献。近年来，学校非常重视轨道交通的研究和发展，建有"轨道交通控制与安全"国家级重点实验室、"城市交通复杂系统理论与技术"教育部重点实验室，"基于通信的列车运行控制系统（CBTC）"取得了关键技术研究的突破，并用于亦庄城轨线。为解决轨道交通发展中人才需求问题，北京交通大学组织了学校有关院系的专家和教授编写了这套"高等教育轨道交通'十二五'规划系列教材"，以供高等学校学生教学和企业技术与管理人员培训使用。

本套教材分为交通运输、机车车辆、电力牵引和土木工程四个系列，共55本，涵盖了交通规划、运营管理、信号与控制、机车与车辆制造、土木工程等领域，每本教材都是由该领域的专家执笔，教材覆盖面广，内容丰富实用。在教材的组织过程中，我们进行了充分调研，精心策划和大量论证，并听取了教学一线的教师和学科专家们的意见，经过作者们的辛勤耕耘以及编辑人员的辛勤努力，这套丛书得以成功出版。在此，我们向他们表示衷心的谢意。

希望这套系列教材的出版能为我国轨道交通人才的培养贡献一点绵薄之力。由于轨道交通是一个快速发展的领域，知识和技术更新很快，教材中难免会有诸多的不足和欠缺，在此诚请各位同仁、专家批评指正，以便以后的教材修订工作。

编委会

2012 年 1 月

出 版 说 明

为促进高等轨道交通专业电力牵引类教材体系的建设，满足目前轨道交通类专业人才培养的需要，北京交通大学电气工程学院、远程与继续教育学院和北京交通大学出版社组织以北京交通大学从事轨道交通研究教学的一线教师为主体、联合其他交通院校教师，并在有关单位领导和专家的大力支持下，编写了本套"高等教育轨道交通'十二五'规划教材·电气牵引类"。

本套教材的编写突出实用性。本着"理论部分通俗易懂，实操部分图文并茂"的原则，侧重实际工作岗位操作技能的培养。为方便读者，本系列教材采用"立体化"教学资源建设方式，配套有教学课件、习题库、自学指导书，并将陆续配备教学光盘。本系列教材可供相关专业的全日制或在职学习的本专科学生使用，也可供从事相关工作的工程技术人员参考。

本系列教材得到从事轨道交通研究的众多专家、学者的帮助和具体指导，在此表示深深的敬意和感谢。

本系列教材从 2012 年 1 月起陆续推出，首批包括：《电路》、《模拟电子技术》、《数字电子技术》、《工程电磁场》、《电机学》、《电传动控制系统》、《电力系统分析》、《电力系统继电保护》、《高电压技术》、《牵引供电系统》、《城市轨道交通供电》。

希望本套教材的出版对轨道交通的发展、轨道交通专业人才的培养，特别是轨道交通电气牵引专业课程的课堂教学有所贡献。

编委会
2012 年 1 月

前 言

本教材是由北京交通大学教务处和远程与继续教育学院为了提高我校的远程教育和继续教育的理论水平，增强我校远程教育和继续教育事业发展的综合实力，而开展的适用于远程教育、继续教育教材建设，电气工程及其自动化（铁道电气化方向）专业所适用的《模拟电子技术》（含实验）教材，是诸多重点课程教材建设中的一项。

随着我国电气化铁路建设规模的不断扩大，从事电气化铁路运行、管理人员，迫切需要掌握具有该专业特色的知识与技能。而网络课程可以提供全方位、立体化的教学资源，可以为电气化铁路方向电气专业的远程学习的专升本学生、本科生及现场维护技术人员等，提供全面的帮助。

"模拟电子技术（含实验）"课程，是铁道电气化专业（专升本）必修的重要技术基础课程。该网络课程教材的编写要求具有较强的专业特色，这样才能对网络教学的效果和质量的提高，以及培养适合该专业的铁路应用型人才起到应有的作用。

为了及时将最新应用在电气化铁路控制中的电子技术知识进行分析，在本教材的编写过程中，我们收集了铁道电气化建设和运营中有关电子技术知识，将其整理融合到教材当中，使之适用于该课程的特点以及教学要求，从而凸显出其专业特色。

在教材的编写过程中，得到了来自各方面的帮助。特别感谢北京交通大学继续与远程教育学院对该教材建设项目的立项，感谢徐建老师在教材编写过程中所做的大量协调工作，感谢北京交通大学出版社贾慧娟副社长的指导，以及赵彩云编辑辛勤而细致的工作，感谢蒲孝文老师的通力合作以及我的研究生周子超、付娅、秦文丽、刘彩霞、李悦以及本科生李彦宏、马超、赖无非所做的校对与录入工作。

编 者
2013 年 1 月

作者简介：

周晖，女，湖南娄底人，博士，北京交通大学副教授。

主要研究领域：负荷预测，电力市场，经济调度，风电接入、电动汽车的能源供应，配电系统的管理与控制等。

目　录

第 1 章

绪　论

【本章内容概要】

在学习模拟电子技术课程之前，了解其发展历史是非常有必要的，有助于了解人类在解决技术问题时的探索思路，从而得到新的启发。本章首先简单介绍了模拟电子技术的发展历史和未来趋势，接着介绍了模拟电子技术课程所涵盖的内容，以及各部分内容之间的相互联系，然后介绍放大信号的一些基本概念，最后简略地介绍了放大的概念及放大电路主要性能指标的含义。

【本章学习重点与难点】

学习重点：

1. 模拟信号的概念；

2. 放大的含义；

3. 放大电路的性能指标。

学习难点：

1. 通频带与频率失真；

2. 非线性失真。

1.1　模拟电子技术概述

1.1.1　模拟电子技术的发展历史

模拟电子技术的发展史，从 1900—1947 年是电子管时代，从 1947 年开始是晶体管时代，从 1960 年开始进入集成电路时代。

1. 电子管时代

电子管是沿着二极管—三极管—四极管—五极管的顺序发明出来的。

二极管：爱迪生发现了电灯泡灯丝发射电子的"爱迪生效应"。1904 年，英国人弗莱明受到"爱迪生效应"的启发，发明了二极管。

三极管：1907 年，美国的福雷斯特发明了三极管。当时，真空技术尚不成熟，三极管的制造水平也不高。但在反复改进的过程中，人们懂得了三极管具有放大作用，于是拉开了电子学的帷幕。

振荡器也由之前的马可尼火花装置发展为三极管振荡器。三极管有三个电极：阳极、阴极和设置在二者之间的控制栅极，这个控制栅极是用来控制阴极所发射的电子流的。

四极管：1915 年，英国的朗德在三极管的控制栅极与阳极之间加了一个电极，称为帘栅极，其作用是解决三极管中流向阳极的电子流中有一部分会流到控制栅极上去的问题。

五极管：1927 年，德国的约布斯特在阳极与帘栅极之间又加了一个电极，发明了五极管。新加的电极被称为抑制栅。加入这个电极的原因是：在四极管中，电子流撞到阳极上时阳极会产生二次电子发射，抑制栅就是为抑制这种二次电子发射而设置的。

此外，1934 年美国的汤普森通过对电子管[①]进行小型化改进，发明了适用于超短波的橡实管。

管壳不用玻璃而采用金属的 ST 管发明于 1937 年，经小型化后的 MT 管发明于 1939 年。

2. 晶体管

半导体器件大致分为晶体管和集成电路（Integrated Circuit）两大部分。第二次世界大战后，由于半导体技术的进步，电子学得到了令人瞩目的发展。

晶体管是美国贝尔实验室的肖克莱、巴丁和布拉特在 1948 年发明的。

这种晶体管的结构是使两根金属丝与低掺杂锗半导体表面接触，称为接触型晶体管。

1949 年，开发出了结型晶体管，在实用化方面前进了一大步。

1956 年开发出了制造 P 型和 N 型半导体的扩散法。它是在高温下将杂质原子渗透到半导体表层的一种方法。1960 年开发出了外延生长法并制成了外延平面型晶体管。外延生长法是把硅晶体放在氢气和卤化物气体中来制造半导体的一种方法。

有了半导体技术的这些发展，随之就诞生了集成电路。

3. 集成电路

大约在 1956 年，英国的达马就从晶体管原理预想到了集成电路的出现。

1958 年美国提出了用半导体制造全部电路元器件，实现集成电路化的方案。

1961 年，得克萨斯仪器公司开始批量生产集成电路。

集成电路并不是用一个一个电路元器件连接成的电路，而是把具有某种功能的电路"埋"在半导体晶体里的一个器件。它易于小型化和减少引线端，所以具有可靠性高的优点。

集成电路的集成度在逐年增加。元件数在 100 个以下的小规模集成电路、100～1 000 个的中规模集成电路、1 000～100 000 个大规模集成电路，以及 100 000 个以上的超大规模集成电路，都已依次开发出来，并在各种装置中获得了广泛应用。

现在，世界集成电路加工工艺水平为 0.13 微米，正在向 0.09 微米、12 英寸加工工艺过渡（铜互连），并呈现出以下特征：

（1）系统芯片（System-on-Chip）正在成为集成电路产品的主流；

（2）超大规模集成电路 IP[②] 复用（Intelligent Property Reuse）和硬软件协同设计水平日益提高；

（3）集成电路设计业、制造业、封装业三业并举，相对游离；

（4）设计能力滞后于制造工艺，设计工具落后于设计水平；

---

① 根据电子管的外形及管壳材料分，有瓶形玻璃管（ST 管）、小型管（也叫花生管，或指形管、MT 管）等。

② IP，是指具有知识产权、已经设计好并经过验证的可重复利用的集成电路模块。

（5）减小特征尺寸、提高集成度，降低电源电压从而降低功耗是有效的措施之一；

（6）从系统角度通盘考虑，增强芯片系统功能，发展集成系统芯片（SOC）；

（7）与其他学科结合，形成新的增长点。

从第一片集成电路只有 4 个晶体管，到 1997 年一片集成电路中有 40 亿个晶体管。有科学家预测，集成度还将按每 6 年增长 10 倍的速度发展，到 2015 年或 2020 年达到饱和。因此，这个学科的发展，很大程度上依赖于技术的发展。

1.1.2　模拟电子技术研究的主要内容

模拟电子技术是一门研究关于对模拟信号进行处理的模拟电路的学科。它以半导体二极管、半导体三极管和场效应管为关键电子器件，包括功率放大电路、运算放大电路、反馈放大电路、信号运算与处理电路、信号产生电路、电源稳压电路等内容。

现在虽说早已进入集成电路时代，但是模拟电子技术课程还是从晶体管 BJT（Biporlar Junction Transistor）和 FET（Field Effect Transistor）等基本器件入手，因为 BJT 和 FET 是集成电路的细胞。然后在此基础上，介绍一些具有特定功能的电路，或称之为模块电路或典型应用电路，为今后学习专业课程或在其他工程中应用打下良好的基础。

从图 1-1 可以看出，信号处理是这门课程的核心，并以放大为基础，此外放大也是直流电源和正弦波振荡的组成部分。在放大部分，也是从器件着手，由简单的分立电路到复杂的集成电路。然后介绍以运放作为基本器件，介绍其各种应用，包括信号的运算、滤波、比较、变换和产生等。

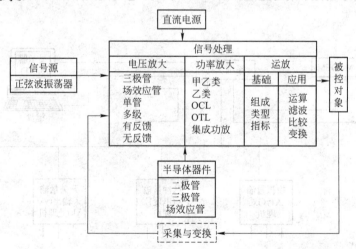

图 1-1　模拟电子技术课程的主要内容

无论信号经过怎样的处理，都是从被控对象采集来信号，经过处理后，再返回去控制被控对象。在实验室里，更多的是采用标准的测试信号——正弦波作为输入。无论是简单还是复杂的模拟信号处理电路，都需要直流电源提供能源。

1.1.3　模拟电子技术的主要应用

由于电子技术的迅猛发展，也推动了计算机及控制技术的发展，使得它变得无孔不入，应用极为广泛。

（1）广播通信：发射机、接收机、扩音、录音、程控交换机、电话、手机等。

（2）网络：路由器、ATM 交换机、收发器、调制解调器等。

（3）工业：钢铁、石油、化工、机加工、数控机床等。

（4）交通运输：飞机、火车、轮船、汽车等。

（5）军事：雷达、电子导航等。

（6）航空航天：卫星定位、监测等。

（7）医学：γ 刀、CT（Computed Tomography（计算机化层析 X 射线型技术）、B 超、微创手术等。

（8）消费类电子：家电（如空调、冰箱、洗衣机、电视、音响、摄像机、照相机、电子表）、电子玩具、各类报警器、保安系统等。

铁路，是一种陆地运输方式之一，在国民经济体系中，对于物质运输和人员运输起着重要的作用。由于电气化运输方式有着诸多优点，现在正得到大力的发展。

所谓电气化铁路，亦称电化铁路，指的是由电力机车或动车组这两种铁路列车（即通称的火车）为主，所行走的铁路。

电气化铁路包括电力机车、机务设施、牵引供电系统、各种电力装置以及相应的铁路通信、信号等设备。现在的电气化铁路除电力牵引供电系统和电力机车动车外，还包括对供电设施集中监控的远动系统。

由此可见，铁路电气化运输中，无论对运行的系统或设备进行监测控制，还是对其维护，都需要对信号进行采集与处理。图 1-2 所示为电气化铁路中的牵引变电站的集中监控系统。

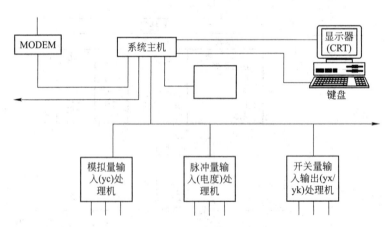

图 1-2　牵引变电站的集中监控系统组成

从图中可以看到，该系统需要监测模拟量，如电压、电流、有功功率、无功功率等，采集信息经处理后，要么在当地显示出来，要么通过 modem 传输出去，供上一级系统如调度中心显示等。

在铁路电气化系统里，除了变电站监控系统外，还有牵引变电站的 SVC（Static Var Compensator，静止无功补偿器）控制系统，或者是无功补偿及滤波装置，隔离开关的监测、网络化 SCADA（Supervisory Control and Data Acquisition，监测控制和数据采集）系统调度系统、电铁监控系统通信网络及其智能通信设备、牵引列车的监控系统、牵引列车的自动控温电热取暖装置、机车监控装置电源电路等，无一例外地都涉及模拟电子技术的应用。

1.2　模拟电子技术的基本概念

1.2.1　信号

　　在人类的自然环境中，存在着各种各样的信息。例如，众所周知的气候信息就包含温度、气压、风速等信号。播音员播音时，微音器（Micro phonic，也称麦克风、话筒，学名为传声器）将声信号转换为电信号，然后经过电子系统中的放大、滤波等电路，去驱动扬声器，从而复制出播音员的声音，为广大听众所收听。

　　由此可见，自然界的各种物理量必须首先经过传感器将非电量转换为电量，即电信号。这个信号是随时间连续变化的，称为模拟信号。处理模拟信号的各种电路，是本书所要讨论的主要内容。

　　将各种物理量转换为可由电子电路处理的信号的传感器，其输出信号都是电信号。为简化起见，可把传感器作为信号源看待，如以理想电压源和源内阻 R_s 串联的等效，或以理想电流源和源内阻 R_s 并联进行等效，见图 1-3。

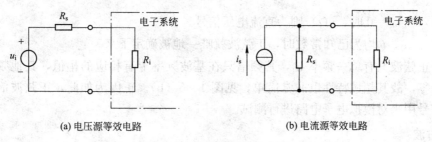

(a) 电压源等效电路　　　　　　　　　　　　(b) 电流源等效电路

图 1-3　信号源的等效电路

　　实际上信号都是与时间有关的，即是时间的函数。前述的微音器输出的某一段信号的波形可能如图 1-4 所示。它是无规则地变化的，需要从中提取出其特征参数，再利用它来设计放大电路和电子系统。

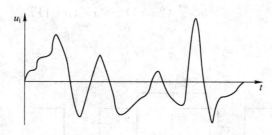

图 1-4　微音器输出的某一段信号的波形

1.2.2　信号的频谱

　　在信号分析中，提取信号中的特征参数，通常是采用傅里叶变换，实现信号从时域到频域，在频域中获取。

在频域中表示的图形或曲线，称为信号的频谱。

1. 正弦波

对于正弦波电压信号而言，其数学表达式为

$$u(t)=U_m\sin(\omega_0 t+\theta) \tag{1-1}$$

其中，u_m 是正弦波电压的振幅，ω 为角频率，θ 为初始相角。如图 1-5（a）所示，是一条按正弦规律随时间变化的曲线。

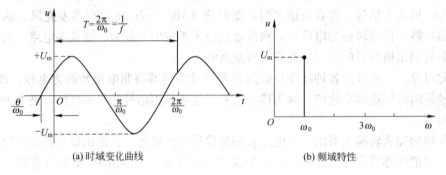

（a）时域变化曲线   （b）频域特性

图 1-5　正弦波

显然，当 $\omega_0=0$ 时，$u(t)$ 则为直流电压信号。

当 u_m、ω_0、θ 均为已知常数时，正弦波就唯一地被确定下来。

由于正弦波只有单一频率 ω_0，其频谱只在基波频率上有相应的幅值，其他频率上的分量全部为零，故其频域特性也非常简单，见图 1-5（b）。正因为如此，正弦波信号经常作为标准信号用来对模拟电子电路进行测试。

2. 方波

对于图 1-6 所示的周期性方波信号，由高等数学知识可知，任意周期只要满足狄利克雷条件，都可以展开成傅里叶级数。其时间函数表达式为

$$u_t=\begin{cases} U_s, & nT\leqslant t\leqslant(2n+1)\dfrac{T}{2} \\[2mm] 0, & (2n+1)\dfrac{T}{2}\leqslant t\leqslant(n+1)T \end{cases} \tag{1-2}$$

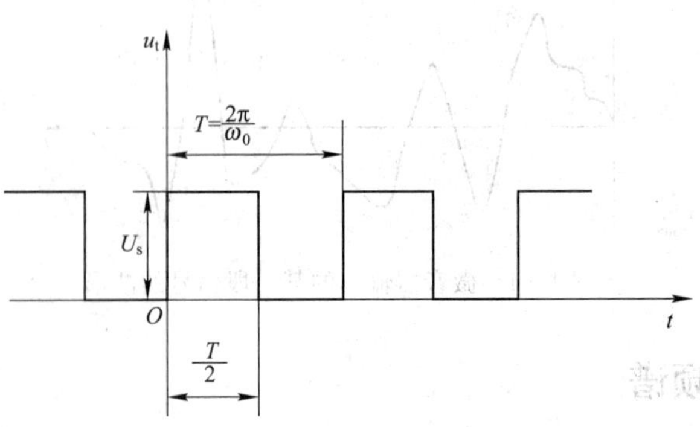

图 1-6　方波的时域表示

式中 V_s 为方波幅值，T 为周期，n 为从 $-\infty$ 到 $+\infty$ 的整数。

此方波信号可展开为傅里叶级数表达式

$$u(t) = \frac{U_s}{2} + \frac{2U_s}{\pi}\left(\sin \omega_0 t + \frac{1}{3}\sin 3\omega_0 t + \frac{1}{5}\sin 5\omega_0 t + \cdots\right) \tag{1-3}$$

式中 $\omega_0 = \frac{2\pi}{T}$，$\frac{U_s}{2}$ 是方波信号的直流分量，$\frac{2U_s}{\pi}\sin \omega_0 t$ 为该方波信号的基波，它的周期 $\frac{2\pi}{\omega_0}$ 与方波本身周期相同。式（1-3）中其余各项都是高次谐波分量，它们的角频率是基波角频率的整数倍。

根据三角函数知识，由式（1-3）可以得到下式

$$u(t) = \frac{U_s}{2} + \frac{2U_s}{\pi}\left[\cos\left(\omega_0 t - \frac{\pi}{2}\right) + \frac{1}{3}\cos\left(3\omega_0 t - \frac{\pi}{2}\right) + \right.$$
$$\left. \frac{1}{5}\cos\left(5\omega_0 t - \frac{\pi}{2}\right) + \cdots\right] \tag{1-4}$$

即

$$u(t) = \frac{U_s}{2} + \frac{2U_s}{\pi}\sum_{n=1}^{\infty}\frac{1}{2n-1}\cos\left[(2n-1)\omega_0 t - \frac{\pi}{2}\right] \tag{1-5}$$

由此可以得到幅值与角频率的关系，如图 1-7 所示，包括直流项（$\omega = 0$）和每一谐波分量在相应角频率处的振幅和相位。

信号各频率分量的振幅随角频率变化的分布，称为该信号的幅度频谱（简称幅度谱，见图 1-7（a））；而信号各频率分量的相位随角频率变化的分布，称为该信号的相位频谱（简称相位谱，见图 1-7（b））。

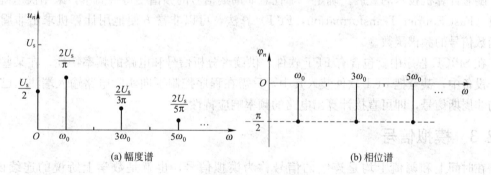

(a) 幅度谱 (b) 相位谱

图 1-7 图 1-6 方波的频谱

从图中可以看出，该周期信号的频谱都由直流分量、基波分量以及无穷多项高次谐波分量所组成，频谱表现为一系列离散频率上的幅值，且随着谐波次数的递增，$u_n(\omega)$ 的幅值总趋势是逐渐减小的。

由于方波信号的前沿变化较快，反映高频分量，而平顶部分变化较慢，反映低频分量，故周期性方波信号亦作为电子系统的测试信号。例如，当测试宽频放大器频率响应时，可采用方波信号进行测试，由被测系统输出方波电压信号的前沿上升陡峭和平顶降落的程度，来定性地评价放大器的频带宽度。

3. 任意波形

正弦信号和方波信号都是周期信号，在一个周期内已包含了信号的全部信息，任何重复周期都没有新的信息出现。客观物理世界的信号远没有这么简单，如果从时间函数来看，往往很难直接用一个简单的表达式来描述，如气温变化曲线可能如图 1-8（a）所示，它就是一个随时间非周期变化的波形。

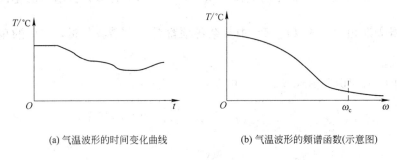

(a) 气温波形的时间变化曲线　　　　　　　(b) 气温波形的频谱函数(示意图)

图 1-8　气温波形的时域和频域表示

运用傅里叶变换可将非周期信号表达为一连续频率函数形式的频谱，它包含了所有可能的频率（$0 \leqslant \omega < \infty$）成分，图 1-8（b）示意出 1-8（a）的频谱函数。

实际上，物理世界的各种非周期信号，随着角频率的增大，其频谱函数的总趋势是衰减的。当选择适当的 w_c（截止角频率），把高于此频率的部分截断时，不致太多地影响信号的特性。通常把保留的部分称为信号的带宽。

由上分析可知，信号的频域表达方式可以得到某些比时域表达方式更有意义的参数。信号的频谱特性是电子系统有关频率特性的主要设计依据。

随着计算机技术的发展，确定一个任意非周期信号的频谱变得很简单，采用快速傅里叶变换（Fast Fourier Transformation，FFT）算法，可以非常方便地用计算机求出非周期时间函数信号的频谱函数。

在 SPICE 程序中就包含有 FFT 软件，供读者分析信号和电路的频率特性。在某些现代电子设备中，甚至把 FFT 软件装入其中，只需在程序控制下向实际电路输入端注入已知波形的非周期信号，即可直接计算出电路的频率响应特性。

1.2.3　模拟信号

在时间上和幅值上均是连续的信号称为模拟信号，也就是数学上所说的连续函数。图 1-4 中微音器输出的电压信号以及经放大器放大后的电压信号都是模拟信号。

从宏观上看，我们周围世界中的大多数物理量都是时间连续、数值连续的变量，如气温、气压、风速等，这些变量通过相应的传感器都可转换为模拟电信号输入到电子系统中去。处理模拟信号的电子电路，称为模拟电路。

随着计算机技术的发展和应用的普及，绝大多数电子系统都引入了计算机或微处理器来对信号进行处理。由于是数字电路系统，只能处理数字信号，所以需要将模拟信号转换为数字信号，如图 1-9 所示模拟与数字的混合控制系统。

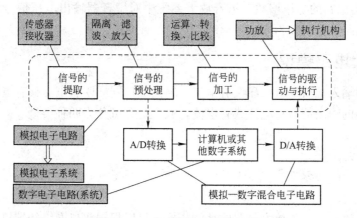

图 1-9 模拟与数字混合系统

1.3 放大的基础知识

信号的放大是最基本的模拟信号处理功能，它是通过放大电路实现的。大多数模拟电子系统中都应用了不同类型的放大电路，故放大电路也是构成其他模拟电路的基本单元电路，如滤波、振荡、稳压等功能电路。

1.3.1 模拟信号放大的含义

由检测外部物理信号的传感器所输出的电信号，通常是很微弱的。如前面提到的语音放大系统中，微音器输出电压仅有毫伏量级，而细胞电生理实验中所检测到的电流甚至只有皮安（pA，10^{-12} A）量级。对这些过于微弱的信号，既无法直接显示，一般也很难进一步分析处理。通常必须把它们放大到数百毫伏量级，才能用传统的指针仪表显示出来。如果对信号进行数字化处理，也需要把信号放大到数伏量级才能被一般的模数转换器所接受。某些电子系统需要输出较大的功率，如家用音响系统往往需要把音频信号功率提高到数瓦或数十瓦。

这里所说的放大都是指线性放大，也就是说放大电路输出信号中包含的信息与输入信号完全相同，既不减少任何原有信息，也不增加任何新的信息，只改变信号幅度或功率的大小。例如，将图 1-4 的信号送入放大电路放大，希望放大电路的输出信号除了幅值增大外，应是输入信号的重现，输出波形的任何变形都被认为是产生了失真。

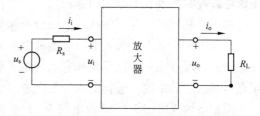

图 1-10 用双口网络表示的放大器

如果把放大电路用一个双口网络来表示的话，所谓放大，就是输出电压 u_o 和输入电压 u_i 满足以下关系：

$$u_o = A_u u_i$$

(1-6)

式中，A_u 为电路的电压增益。语音放大系统中对微音器输出电压信号的放大，使用的就是这种放大电路。

1.3.2 放大电路模型

放大电路的输入端口既有电压又有电流，输出端口同样既有电压又有电流。根据实际的输入信号和所需的输出信号是电压或者电流，放大电路可分为四种类型，即：

(1) 电压放大；

(2) 电流放大；

(3) 互阻放大；

(4) 互导放大。

为了进一步讨论这四类放大电路的性能指标，可以根据双口网络的端口特性，建立起四种不同类型的放大电路模型，如图 1-11 所示。

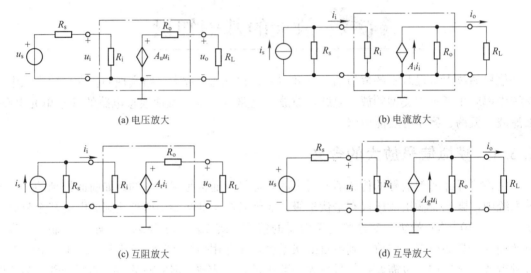

图 1-11　四种类型的放大电路模型

这些模型采用一些基本的元件来构成电路，只是为了等效放大电路的输入和输出特性，而忽略各种实际放大电路的内部结构。若将模型与实际电路相联系，其中各元件参数值可以通过对电路和元器件在工作状态下的分析来确定，也可以通过对实际电路的测量而得到。

由图 1-11 看出，输入端口电压和电流的关系，可以用一个等效电阻来反映。根据电路理论知识，可以用一个信号源和它的内阻等效输出端口特性。这样，可以得到图 1-11 (a) 用点画线表示的框内一般化的电压放大电路模型。

模型由输入电阻 R_i、输出电阻 R_0 和受控电压源 $A_u u_i$ 三个基本元件构成。值得注意的是，由于放大电路的输出总是与输入有关的，即受输入信号的控制，所以放大电路模型输出端口中的信号源是受控源，而不是独立信号源。在图 1-11 (a) 中受控电压源 $A_u u_i$ 受输入电压 u_i 的控制，并随 u_i 线性变化。

图 1-11 (b) 的点画线框内是电流放大电路模型。与电压放大电路模型在形式上的不同之处在输出回路，它是由受控电流源 $A_i i_i$ 和输出电阻 R_0 并联而成的。受控电流源是另一

种受控信号源，本例中控制信号是输入电流 i_i。

图 1-11（c）和（d）的点画线框内分别为互阻放大和互导放大电路模型。两电路的输出信号分别由受控电压源 $A_r i_i$ 和受控电流源 $A_g u_i$ 产生。

一个实际的放大电路，原则上可以取四类电路模型中任意一种作为它的电路模型，但是根据信号源的性质和负载的要求，一般只有一种模型在电路设计或分析中概念最明确，运用最方便。例如，信号源为低内阻的电压源，要求输出为电压信号时，以选用电压放大电路模型为宜。

图 1-11 所有电路模型中，输入回路和输出回路之间都是相连的。然而，当前有许多工业控制设备及医疗设备，为了提高安全性和抗干扰能力，在前级信号预放大中，普遍采用所谓的隔离放大，即放大电路的输入与输出电路（包括供电电源）相互绝缘，输入与输出信号之间不存在任何公共参考点。这种类型的电压放大电路通过磁或光进行信号的传输，其模型如图 1-12 所示。

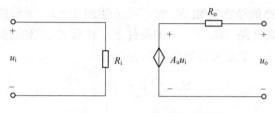

图 1-12　隔离型放大电路模型

1.3.3　放大电路的主要性能指标

放大电路的性能指标是衡量其品质优劣的标准，并决定其适用范围。这里主要介绍放大电路的输入电阻、输出电阻、增益、频率响应和非线性失真等几项主要性能指标。

1. 输入电阻

前述四种放大电路，不论使用哪种模型，其输入电阻 R_i 和输出电阻 R_o 均可用图 1-13 来表示。如图所示，输入电阻等于输入电压 u_i 与输入电流 i_i 的比值，即 $R_i = u_i / i_i$。输入电阻 R_i 的大小决定了放大电路从信号源吸取信号幅值的大小。

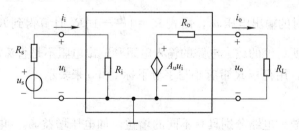

图 1-13　放大电路的输入电阻和输出电阻

当定量分析放大电路的输入电阻 R_i 时，一般可假定在输入端外加一测试电压 u_t，如图 1-14 所示，根据放大电路内的各元件参数计算出相应的测试电流 i_t，则

$$R_i = \frac{u_t}{i_t} \qquad (1-7)$$

图 1-14　求放大电路的输入电阻的测试电路

2. 输出电阻

放大电路输出电阻 R_o 的大小决定它的负载能力。所谓带负载能力，是指放大电路输出量随负载变化的程度。当负载变化时，输出量变化很小或基本不变表示带负载能力强，即输出量与负载大小的关联程度愈弱，放大电路的带负载能力愈强。

当定量分析放大电路的输出电阻 R_o 时，可采用图 1-15 所示的方法。在信号源短路 $u_s = 0$，但保留 R_s 和负载开路（$R_L = \infty$）的条件下，在放大电路的输出端加一测试电压 u_t，相应地产生一测试电流 i_t，于是可得输出电阻为

$$R_o = \frac{u_t}{i_t}\bigg|_{u_s=0, R_L=\infty} \tag{1-8}$$

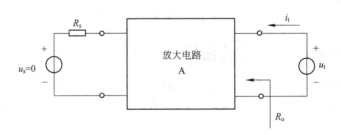

图 1-15　求放大电路的输出电阻的测试电路

根据这个关系，即可算出各种放大电路的输出电阻。

另外，也可以用实验的方法获得 R_o 的值。具体方法是分别测得放大电路开路时的输出电压 u_o' 和带负载 R_L 时的输出电压 u_o，由式 $R_o = \left(\dfrac{u_o'}{u_o} - 1\right)R_L$ 计算得到 R_o 的值。

必须注意，以上所讨论的放大电路的输入电阻和输出电阻不是直流电阻，而是在线性运用情况下的交流电阻，用符号 R 带有小写字母下标 i 和 o 来表示。

3. 增益

如前所述，四种放大电路分别具有不同的增益，如电压增益 A_u、电流增益 A_i、互阻增益 A_r 及互导增益 A_g。它们实际上反映了放大电路在输入信号控制下，将供电电源能量转换为信号能量的能力。其中 A_u 和 A_i 两种无量纲增益在工程上常用以 10 为底的对数增益表达，其基本单位为贝尔（Bel，B），平时用它的十分之一单位"分贝"（decibel，dB）表示：

$$\text{电压增益} = 20\lg|A_u| \ (\text{dB}) \tag{1-9}$$

$$\text{电流增益} = 20\lg|A_i| \ (\text{dB}) \tag{1-10}$$

由于功率与电压（或电流）的平方成比例，因而功率增益表示为

$$功率增益 = 10 \lg A_p \ (\text{dB}) \tag{1-11}$$

电压增益 A_v 和电流增益 A_i 之所以采用绝对值，是考虑到在某些情况下，A_u 或 A_i 也许为负数，这意味着输出与输入之间的相位关系为 $180°$，这与对数增益为负值时的意义是不同的，两者不能混淆。例如，当放大电路的电压增益为 -20 dB 时，表示信号电压经过放大电路后，衰减到原来的 $1/10$，即 $|A_u| = 0.1$。

4. 频率响应

在 1.3.2 节中所介绍的放大电路模型是极为简单的模型，实际的放大电路中总是存在一些电抗性元件，如电容和电感元件以及电子器件的极间电容、接线电容与接线电感等。因此，放大电路的输出和输入之间的关系必然和信号频率有关。

放大电路的频率响应指的是在输入正弦信号情况下，输出随输入信号频率连续变化的稳态响应。若考虑电抗性元件的作用和信号角频率变量，则放大电路的电压增益可表达为

$$\dot{A}_u(j\omega) = \frac{\dot{U}_o(j\omega)}{\dot{U}_i(j\omega)} \tag{1-12}$$

或

$$\dot{A}_u = A_u(\omega) \angle \varphi(\omega) \tag{1-13}$$

式中 ω 为信号的角频率，$A_u(\omega)$ 表示电压增益的模与角频率之间的关系，称为幅频响应；而 $\varphi(\omega)$ 表示放大电路输出与输入正弦电压信号的相位差与角频率之间的关系，称为相频响应，将二者综合起来可全面表征放大电路的频率响应。

图 1-16 是一个普通音响系统放大电路的幅频响应。为了符合通常习惯，横坐标采用频率单位 $f = \omega/2\pi$。值得注意的是，图中的坐标均采用对数刻度，称为波特图。这样处理不仅把频率和增益变化范围展得很宽，而且在绘制近似频率响应曲线时也十分简便。

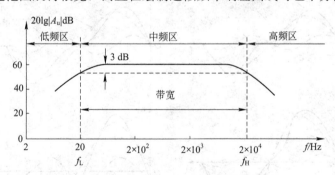

图 1-16 某音响系统放大电路的幅频响应

图 1-16 所示幅频响应的中间一段是平坦的，即增益保持常数 60 dB，称为中频区（也称为通带区）。在 20 Hz 和 20 kHz 的两个区域，增益随频率远离这两点而下降。在输入信号幅值保持不变的条件下，增益下降 3 dB 的频率点，其输出功率约等于中频区输出功率的一半，通常称为半频率点。一般把幅值响应的高、低两个半功率点间的频率差定义为放大电路的带宽或通频带，即

$$BW = f_H - f_L \tag{1-14}$$

式中 f_H 是频率响应的高端半功率点，也称为上限频率，而 f_L 称为下限频率。由于通频带的关系，有些放大电路的频率响应，通频带一直延伸到直流，如图 1-17 所示。可以认

为它是图 1-16 的一种特殊情况，即下限频率为零。这种放大电路称为直流（直接耦合）放大电路。现代模拟集成电路，大多采用的是直接耦合电路结构。

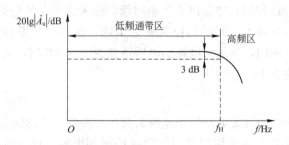

图 1-17　直流放大电路的幅频响应

现实生活中的绝大部分信号都不是单一频率的信号，其频率分布范围不尽相同。放大不同的信号，放大电路的通频带应涵盖相应信号的频率范围。

理论上许多非正弦信号的频谱范围都延伸到无穷大，而放大电路的带宽却是有限的，并且相频响应也不能保持为常数。例如，图 1-18 中输入信号是由基波和二次谐波组成，如果受放大电路带宽所限制，基波增益较大，而二次谐波增益较小，于是输出电压波形产生了失真，这叫做幅度失真，如图 1-18（a）所示。同样，当放大电路对不同频率的信号产生的相移不同时也会产生失真，称为相位失真。在图 1-18（b）中，如果放大后的二次谐波滞后了一个相角，输出电压波形也会变形。应当指出，幅度失真和相位失真经常是同时发生的，在图 1-18 中分开讨论这两种失真，只是为了便于理解。

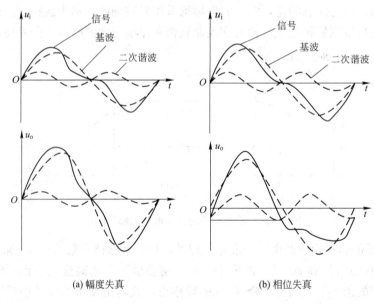

(a) 幅度失真　　　　　　　　　(b) 相位失真

图 1-18　放大电路的输入输出波形

无论频谱函数的幅度还是相位发生变化，相应的时间函数波形都会由此而失真。幅度失真和相位失真统称为频率失真，它们都是由线性电抗元件所引起的，所以又称为线性失真，以区别于由于元器件特性的非线性造成的非线性失真。

为将信号的频率失真限制在容许范围内,则要求设计放大电路时正确估计信号的有效带宽(即包含信号主要能量或信息的频谱宽度),以使放大电路带宽与信号带宽相匹配。放大电路带宽过宽,往往会造成噪声电平升高或生产成本增加。

5. 非线性失真

在前面已经提到,放大电路对信号的放大应是线性的。例如,可以通过电压传输特性曲线,来描述电压放大电路输出电压与输入电压的这种关系。

图 1-19 中的电压传输特性是一条直线,表明输出电压与输入电压具有线性关系,直线的斜率就是放大电路的电压增益。然而,实际的放大电路并非如此。由于构成放大电路的元器件本身是非线性的,加之放大电路工作电源受有限电压的限制,所以,实际的传输特性不可能达到图 1-19 (a) 所示的理想情况,较典型的情况应为图 1-19 (b) 所示。

由此看出,曲线上各点切线的斜率并不完全相同,表明放大电路的电压增益不能保持恒定,随输入电压的变化而变化。由放大电路这种非线性特性引起的失真称为非线性失真。对于图 1-19 (b) 来说,应工作在曲线的中间部位,该部位的斜率基本相同。

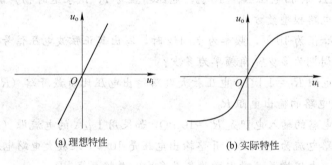

(a) 理想特性   (b) 实际特性

图 1-19 放大电路的电压传输特性

向放大电路输入标准的正弦波信号,可以测定输出信号的非线性失真,并用下面定义的非线性失真系数来衡量

$$\gamma = \frac{\sqrt{\sum_{k=2}^{\infty} u_{ok}^2}}{u_{o1}} \times 100\% \tag{1-15}$$

式中,u_{o1} 是输出电压信号基波分量的有效值,u_{ok} 是高次谐波分量的有效值,k 为正整数。

非线性失真对某些放大电路的性能指标显得比较重要,高保真度的音响系统和广播电视系统即是常见的例子。随着电子技术的进步,目前即使增益较高、输出功率较大的放大电路,非线性失真系数也可做到不超过 0.01%。

放大电路除上述五种主要性能指标外,针对不同用途的电路,还常会提出一些其他指标,诸如最大输出功率、效率、转换速率、信号噪声比、抗干扰能力,甚至在某些特殊使用场合还会提出体积、重量、工作温度、环境温度等要求。

其中有些在通常条件下很容易达到的技术指标,在特殊条件下往往就变得很难达到,如在强背景噪声、高温等恶劣环境下运行,即属于这种情况。要想全面达到应用中所要求的性能指标,除合理设计电路外,还要靠选择高质量的元器件及高水平的制造工艺来保证。

复习思考题

1-1 已知某放大电路开路输出电压，短路输出电流，试求其输出电阻。

1-2 对于一个正弦波信号，经有限带宽的放大电路放大后，是否有可能出现频率失真？为什么？

1-3 某随身听（便携磁带播放机）使用的是 2 节 1.5 伏的干电池，它输出电压信号的最大峰—峰值约为多少？如果驱动 8 Ω 的扬声器，其输出的最大功率约为多少？

1-4 某放大电路输入信号为 10 pA 时，输出为 500 mV，它的增益是多少？属于哪一类放大电路？

1-5 某电唱机拾音头内阻为 1 MΩ，输出电压为 1 V（有效值），如果直接将它与 10 Ω 扬声器相接，扬声器上的电压为多少？如果在拾音头和扬声器之间接入一个放大电路，它的输入电阻 $R_i = 1$ MΩ，输出电阻 $R_o = 10$ Ω，电压增益为 1，试求这时扬声器上的电压。该放大电路使用哪一类电路模型最方便？

1-6 当峰—峰值为 10 V，频率为 10 Hz 时，写出其正弦波电压信号的表达式；此时，其有效值为多少？周期为多少？角频率为多少？

1-7 当负载电阻 $R_L = 1$ kΩ，电压放大电路输出电压比负载开路（$R_L = \infty$）时输出减少 20%，求该放大电路的输出电阻 R_o。

1-8 某放大电路的输入电阻是 $R_i = 10$ kΩ，如果用 1 μA 的电流源（内阻为 ∞）驱动，放大电路的输出短路电流为 10 mA，开路输出电压是 10 V，求放大电路电路接 4 kΩ 的负载电阻时的电压增益、电流增益、功率增益各是多少？并换算成 dB。

1-9 图 1-20 所示电流放大电路的输出端与输入端直接相连，求输入电阻 R_i。

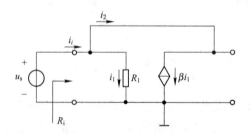

图 1-20 电流放大电路

第2章
二极管及其应用电路

【本章内容概要】

半导体二极管是电子电路中最基本的器件之一。在了解半导体的内部构造与主要特性的基础上，清楚 PN 的单向导电性，二极管器件的组成、类型等的基础知识，重点掌握二极管特性曲线及其等效电路，同时了解二极管的典型应用电路，以及其他类型的二极管。

【本章学习重点与难点】

学习重点：

1. PN 结的单向导电性；

2. 二极管的等效电路及应用电路的分析。

学习难点：

PN 结的形成。

2.1 PN 结及其单向导电性

2.1.1 本征半导体

所谓半导体，是指导电能力介于导体和绝缘体之间的一些物质，如硅、锗等。一般金属的电阻率在 $10^{-4}\,\Omega\cdot\mathrm{cm}$ 以上，绝缘体的电阻率在 $10^{-10}\,\Omega\cdot\mathrm{cm}$ 以下，而半导体的电阻率通常在 $10^{-4}\sim10^{-9}\,\Omega\cdot\mathrm{cm}$ 范围内。半导体的导电能力受温度、光照和掺杂的影响特别大，热敏器件、光敏器件和各种半导体器件就是利用这些特性制成的。硅（Si）和锗（Ge）都是四价元素，其原子核的最外层都是四个电子，其简化的原子结构图见图 2-1。

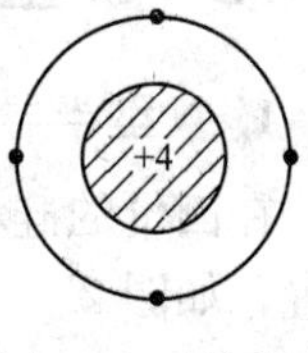

通常将纯净的、晶格完整的半导体称为本征半导体。在本征半导体中，每个原子的价电子和相邻原子的价电子之间采取共价键结构方式结合（见图 2-2），从而使得每个原子的外层电子均有 8 个而处于稳定结构。

图 2-1 硅和锗的原子结构示意图

在热力学温度零开（-273 ℃）时，本征半导体中的价电子没有能力脱离共价键，其导电性能较差，呈现出绝缘体的特性。在室温时，共价键中外层电子获得能量而脱离共价键，成为自由电子，从而使得其导电性能增强。

需要注意的是，由于电子脱离的区域本来是呈电中性的，电子脱离后在原共价键的位置，原子核成为带正电荷的离子，故整个原子仍呈电中性。通常把电子脱离后，留下一个带正电荷的空位（见图 2 - 3），叫做空穴。显然，自由电子和空穴的数目是相等的，常把它们称之为自由电子—空穴对。当别处的价电子有可能来填补这个空穴，就形成了空穴的相对运动，故在本征半导体中，有两种载流子（空穴和自由电子）在运动。

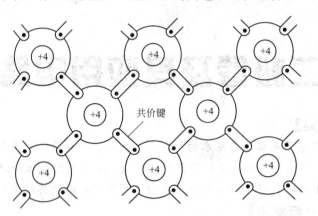

图 2 - 2　硅和锗的共价结构示意图

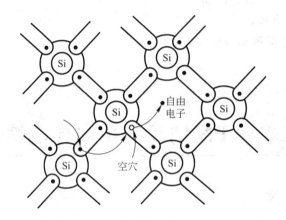

图 2 - 3　四价元素失去一个电子后的内部结构示意图

2.1.2　N 型半导体和 P 型半导体

1. N 型半导体

在四价的硅和锗中，掺入微量的五价元素，如磷（P）之后，磷原子代替了原硅原子的位置，如图 2 - 4 所示。此时，磷原子外层的五个价电子，有四个与周围的四个硅原子形成共价键外，尚多出一个价电子，这个多余电子仅受磷原子核的束缚，束缚力很小，在室温条件下就可以脱离磷原子而成为自由电子，故使得掺杂后的半导体的导电性能明显增强。

由于在这种半导体中，自由电子数目占优势，称之为多数载流子，简称为多子，而空穴数目较之自由电子数目少，为少数载流子，简称为少子，故把它叫做电子型半导体，简称为 N 型半导体。

2. P 型半导体

在四价的硅或锗中，掺入微量的三价元素，如硼（B）之后，硼原子代替了原硅原子的位置，如图 2 - 5 所示。此时，硼原子外层只有三个价电子，只能与相邻的三个硅原子形成共价键，另外一个硅原子的价电子不能构成共价键，出现一个空穴，这样硼原子便可等效为带负电的离子。在室温下，邻近的硅原子中的价电子有可能填补这个空穴，形成空穴的相对运动。在这种半导体中，与 N 型半导体不同，多数载流子是空穴，少数载流子是电子，故称之为空穴型半导体或 P 型半导体。

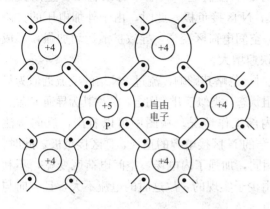
图 2-4　N 型半导体的结构示意图

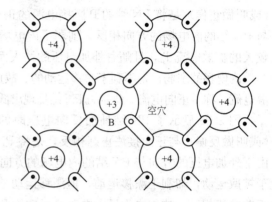
图 2-5　P 型半导体的结构示意图

2.1.3　PN 结的形成及其单向导电性

1. PN 结的形成

PN 结是构成半导体器件的基础。通过某种掺杂工艺，使一块本征半导体变成 N 型和 P 型两部分后，就会在它们的交界面处形成一个特殊的区域。

在 P 型半导体中，空穴是多子，N 型半导体中，自由电子是多子，在 P 型和 N 型半导体的交界面上，由于 P 区和 N 区多数载流子浓度的差异，N 区的自由电子向 P 区扩散，P 区的空穴向 N 区扩散，这种因多子浓度的差异而进行扩散的运动过程，叫做扩散运动。

由于 N 区的自由电子向 P 区扩散，在交界面附近的 N 区中就剩下不能移动的带正电荷的离子，同样，P 区的空穴向 N 区扩散后，P 中就剩下不能移动的带负电荷的离子，形成了一个带正、负电荷的空间区域，常把它称之为空间电荷区，它实际上也形成了一个内部电场，该电场的方向由 N 指向 P。

该内部电场的存在，将阻止多数载流子的继续扩散，而有利于少数载流子的运动，常称这种运动过程为少子的漂移运动，它将使得空间电荷区变窄。扩散运动与漂移运动是一对矛盾的主体，在一定时候达到动态平衡，形成一定宽度的空间电荷区，此时形成了稳定的 PN 结，见图 2-6。对于硅材料而言，PN 结的两侧的内部电位差为 0.6～0.7 V，锗材料为 0.2～0.3 V。

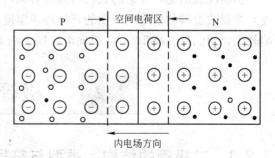
图 2-6　PN 结的形成

2. PN 结的单向导电性

PN 结在外加电压的情况下，将呈现出单向导电性，表现在：外加正向电压时，PN 结正向导通；外加反向电压时，PN 结截止。

图 2-7 显示了 PN 结外加正向电压时的内部工作情况。从图中可以看出，正向接法（或叫做正偏）是将 PN 结的 P 区接电源的正极，N 区接负极，此时，由于外加电压的方向与 PN 结的内电场的方向相反，削弱了内电场，空间电荷区变窄，导致扩散运动加强，形成较大的扩散电流 I_d，且随着外加电压的增大而快速增大。

内电场的削弱，是不利于漂移运动的。故此时可忽略其影响，流过 PN 结的电流近似为扩散电流，称为正向电流。此时的 PN 结呈现出低阻状态，类似于开关闭合，故称其为导通状态。

图 2-8 显示了 PN 结外加反向电压时的内部工作情况。从图中可以看出，反向接法（或叫做反偏）与正向接法正好相反，是将 PN 结的 N 区接电源的正极，P 区接负极，此时，由于外加电压的方向与 PN 结的内电场的方向相同，加强了内电场，空间电荷区变宽，不利于扩散运动，却利于漂移运动，但漂移运动是由少子实现的，故这时的电流不大，且方向与正向电流相反，故称之为反向电流或反向饱和电流 I_s。

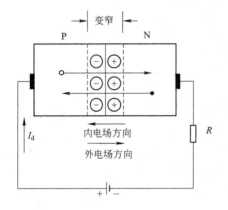
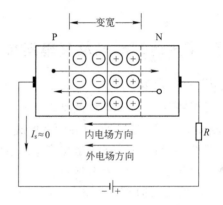

图 2-7　PN 结外加正向电压时的
　　　　内部工作情况

图 2-8　PN 结外加反向电压时的
　　　　内部工作情况

在室温条件下，少子数目较少，在 PN 结反偏时，形成的反向电流很小，可近似认为其值为零，此时 PN 结呈现出高阻状态，类似于开关断开，故称 PN 结处于截止状态。

值得注意的是，少子的数目与温度有关，这是因为少子是由于价电子在获得热能（热激发）挣脱共价键的束缚而产生的，故环境温度愈高，少子的数目愈多，温度对反向电流的影响较大，当温度升高 10 ℃，反向电流增加约 1 倍。

2.2　二极管的基础知识

2.2.1　二极管的结构、类型与符号

半导体器件种类很多，用途各异，它们在各类电子线路中起着重要的作用。如按结构可

将其分为点接触型和面接触型两类。如图 2-9 和图 2-10 所示。

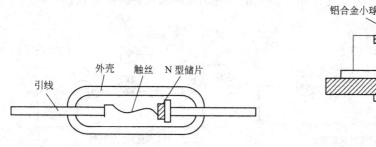

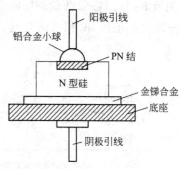

图 2-9 点接触型的半导体二极管　　　　图 2-10 面接触型的半导体二极管

在图 2-9 所示的点接触型二极管（一般为锗管）中，其 PN 结的结面积很小，不能通过大电流，但其高频特性好，一般用于高频和小功率工作，此外也可作为数字电路中的开关元件。如图 2-10 所示的面接触型二极管（一般为硅管），其 PN 结的结面积大，故可以通过较大的电流（上千安培），但其工作频率较低，一般用做整流。

晶体二极管（简称二极管），它的外形如图 2-11（a）所示，在一个密封的管体两端有两根电极引线，一个是正极（又称阳极）、另一个是负极（又称阴极）。通常在管体外壳上都印有一定的标记来区分这两个电极。

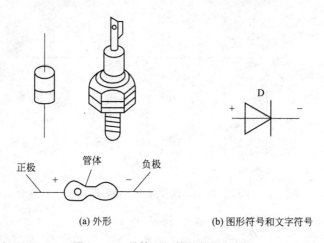

(a) 外形　　　　　　　　　　(b) 图形符号和文字符号

图 2-11　晶体二极管的外形和符号

画电路图时用 2-11（b）所示的图形符号表示晶体二极管，它的文字符号用 D 表示。

2.2.2　二极管的伏安特性

图 2-12（a）是测试正向伏安特性的电路，待测硅二极管 D 的正极通过限流电阻 R 和调节电压电位器 R_P 与电源的正极连接，它的负极通过毫安表（mA）和电源的负极连接，调节 R_P 使二极管两端的正向电压从零开始逐渐增大，通过电压表（V）和电流表（mA），读出一组正向电压 u_F 和正向电流 i_F 的对应数值，列出正向伏安特性数据表。

按图 2-12（a）中的二极管的正、负极对调，反方向接入原电路中，再把原电路中的毫安表（mA）换成微安表（μA）如图 2-12（b）所示，这是测二极管反向伏安特性的电路。调节 R_P 使二极管两端的反向电压从零开始逐渐增大，通过电压表（V）和电流表（A）读出一组反向电压 u_R 和反向电流 i_R 的对应数值。列出反向伏安特性数据表。

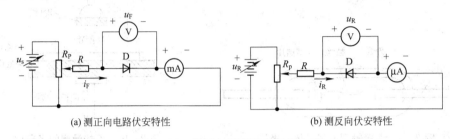

(a) 测正向电路伏安特性   (b) 测反向伏安特性

图 2-12 测试二极管伏安特性电路

以直角坐标系的横坐标表示二极管两端的电压，纵坐标表示流过二极管的电流，把测得的电压和电流值对应数据以曲线的形式描绘出来，成为二极管的伏安特性曲线，如图 2-13 所示（图中实线为硅二极管，虚线为锗二极管）。它有如下特性：

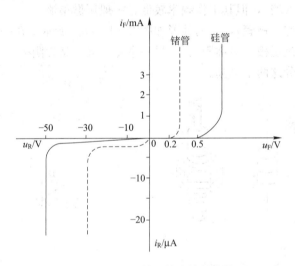

图 2-13 二极管的伏安特性曲线

1. 正向特性

正向特性曲线如图 2-13 中第一象限所示。在起始阶段，正向电压较小时，正向电流极小（几乎没有），称为死区，二极管呈现电阻很大仍处于截止状态；当正向电压超过一定的数值（此值常称为门槛电压或死区电压，硅管为 0.5 V，锗管为 0.2 V），电流随电压的上升，急剧增大，二极管电阻变得很小，进入导通状态。二极管导通后，由图可见正向电流和正向电压是非线性关系（即非正比例关系），正向电流变化较大时，二极管两端正向压降近于定值，硅管的正向压降约为 0.7 V，锗管的正向压降约为 0.3 V。

2. 反向特性

反向特性曲线如图 2-13 第三象限所示。在起始的一定范围内，反向电流很小，它不随反向电压而变化，称为反向饱和电流（锗管比硅管大）；当反向电压增加到某一数值（此电压值称为反向击穿电压）时，反向电流会突然急剧增大，这种现象称为反向电击穿，简称反向击穿。实践证明，普通二极管反向击穿后，很大的反向击穿电流使 PN 结温度迅速升高而烧坏 PN 结，这就从电击穿转向热击穿。应当指出，反向电流和反向电压的乘积不超过 PN 结的允许耗散功率是不会引起热击穿的。所以电击穿有时可以利用，而热击穿必须避免。

2.2.3　二极管极性判断与检测

二极管的正负极一般都标注在其外壳上，有时会将二极管的图形直接画在其外壳上。若二极管的引线是轴向引出的，则会在其外壳上标出色环（色点），有色环（色点）的一端为二极管的阴极。若二极管是透明的玻璃壳，则可直接看出极性，即二极管内部边缘有触丝的一端为阳极。

也可以用一只普通万用表测试二极管的好坏或判别正、负极性。测量时，将万用表拨到"Ω"挡，一般用 $R×100\ \Omega$ 或 $R×1k\Omega$ 这两挡（$R×1\Omega$ 挡电流较大，$R×10k\Omega$ 挡电压较高，都容易使被测管损坏）。

如图 2-14（a）所示，将红、黑表笔分别接二极管的两端（应当指出：当万用表拨在欧姆挡时，表内电池的正极与黑表笔相连，负极与红表笔相连，不应与万用表面板上用来表示测量直流电压或电流的"＋"、"－"符号混淆），若测得电阻很小，约在几百欧到几千欧时，再将二极管两个电极对调位置，如图 2-14（b）所示，若测得电阻较大，大于几百千欧，则表明二极管是正常的。所测电阻小的那一组为正向电阻值，此时，与黑表笔相接触的是二极管的正极，与红表笔相接触的是负极。

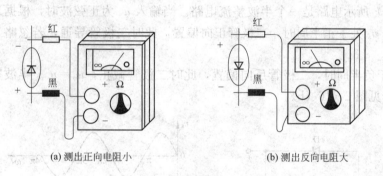

(a) 测出正向电阻小　　　　　　　　　　　　(b) 测出反向电阻大

图 2-14　用万用表检测二极管

如果两次测得的阻值都很小，则表明管子内部已经短路，若两次测得的阻值都很大，则管子内部已经断路。

此外，也可以用数字万用表来判别二极管的极性与好坏，以及正向压降。数字万用表在电阻测量挡内，设置了"二极管、蜂鸣器"挡位。将红、黑表笔分别接二极管的两个引脚，若出现溢出，说明测的是反向特性。交换电笔后再测时，则应出现一个三位数字，此数字是以小数表述的二极管正向压降，由此可以判断二极管的极性与好坏。显示正向压降时红表笔所接引脚为二极管的正极，并可根据正向压降的大小，进一步区分是硅材料还是锗材料。

2.3   二极管的应用电路及其分析

2.3.1   二极管的等效电路

根据二极管的伏安特性，当处于正向偏置时，其管压降为 0.7 V，通常称之为折线模型；当电源电压远比二极管的管压降大时，可忽略这 0.7 V 的压降，常称之为理想模型；而当二极管处于反向偏置时，认为它的电阻为无穷大，电流为零。其等效电路模型，见图 2-15。

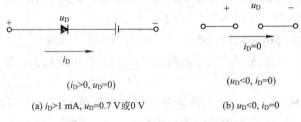

(a) i_D>1 mA, u_D=0.7 V或0 V   (b) u_D<0, i_D=0

图 2-15   二极管的等效电路模型

2.3.2   二极管的应用电路

1. 整流电路

2-16（a）所示电路是一个半波整流电路。当输入 u_s 为正弦波时，根据二极管的特性可以知道，当 u_s 处于正半周时，二极管正向偏置，此时二极管导通，若忽略二极管的管压降，则 u_0=0。

当 u_s 处于负半周时，二极管反向偏置，此时二极管截止，u_o＝u_s。半波整流电路的输入输出波形，见图 2-16（b）。

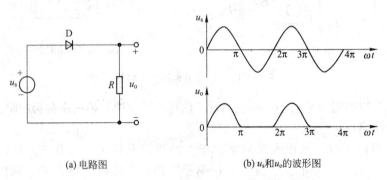

(a) 电路图   (b) u_s和u_o的波形图

图 2-16   二极管半波整流

2. 限幅电路

在电子电路中，常用限幅电路对各种信号进行处理，让信号在预置的电平范围内，有选择地传输一部分，如图 2-17 所示。

设图中的二极管为硅管，R＝1 kΩ，u_{REF}＝3 V，试分析：

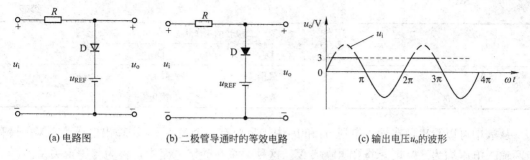

(a) 电路图　　　　　(b) 二极管导通时的等效电路　　　　　(c) 输出电压u_o的波形

图2-17 二极管限幅电路

(1) 当$u_i = 0$ V，4 V，6 V时，输出电压u_o的值；

(2) 当$u_i = 6\sin \omega t$（V）时，输出电压的u_o的波形。

【解】假设采用二极管的理想模型，即忽略二极管的管压降，有：

(1) 当$u_i = 0$ V时，二极管截止，所以$u_o = u_i = 0$；

当$u_i = 4$ V时，二极管导通，采用二极管理想模型，有$u_o = u_{REF} = 3$ V；

当$u_i = 6$ V时，同理，$u_o = u_{REF} = 3$ V。

(2) 当$u_i = 6\sin\omega t$（V）时，当$u_i \leqslant u_{REF}$，$u_o = u_i$；当$u_i > u_{REF}$，$u_o = 3$；输出波形如图2-17(c)所示。

3. 开关电路

在开关电路中，利用二极管的单向导电性以接通或断开电路，这在数字电路中得到广泛的应用。

在分析这类电路时，要掌握其分析方法，即首先判断电路中二极管处于导通状态还是截止状态。可以先将二极管处于某种状态断开，然后观察或者通过计算，看二极管的阳极和阴极间，承受的是正向电压还是反向电压。若是前者，说明二极管是导通的，否则二极管截止。

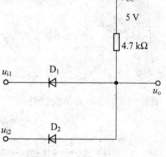

图2-18 二极管开关电路

如图2-18所示，就是在数字电路中用二极管实现与逻辑功能的电路。

在图2-18中，当u_{i1}和u_{i2}为0 V和5 V时，求在u_{i1}和u_{i2}的值不同组合情况下，输出电压u_o的值。

【解】(1) 在$u_{i1} = 0$ V，$u_{i2} = 5$ V时，D_1正向偏置，$u_o = 0$ V，此时D_2的阴极电位为5 V，阳极为0 V，处于反向偏置，故D_2截止。

(2) 以此类推，将u_{i1}和u_{i2}的其余三种取值组合及输出电压，列于表2-1中。

表2-1 二极管构成的开关电路的分析计算

u_{i1}	u_{i2}	二极管的工作状态		u_o
		D_1	D_2	
0 V	0 V	导通	导通	0 V
0 V	5 V	导通	截止	0 V

u_{i1}	u_{i2}	二极管的工作状态		u_o
		D_1	D_2	
5 V	0 V	截止	导通	0 V
5 V	5 V	截止	截止	5 V

从表中可以看出，在输入电压 u_{i1} 和 u_{i2} 中，只要有一个为 0 V，则输出电压为 0 V；只有当两输入电压均为 5 V 时，输出才为 5 V。这种关系在数字电路中，称为与逻辑关系。

2.4　其他类型的二极管

2.4.1　硅稳压管

硅稳压管是一种特殊工艺的面接触型二极管，其反向击穿特性很陡，即当它工作于反向击穿区时，只要流过稳压管的电流不超过其最大稳定电流（通常要加限流电阻），其反向电流变化较大，但其对应的反向电压几乎不变，因此具有稳压的特点。如图 2-19 所示，稳压管的伏安特性曲线中，通常把该区域叫做稳压区。该区域的击穿是可逆性的电击穿，而不是破坏性的热击穿。稳压管的符号如图 2-19 所示。

描述硅稳压管，有以下参数。

（1）稳定电压 U_Z：U_Z 即为稳压管的反向击穿电压值。由于制造工艺的分散性，同型号稳压管的稳定电压是有差别的，如 2CW72 的 U_Z 为 7～8.8 V。

（2）稳定电流 I_Z：U_Z 对应的电流值为稳定电流。在工程估算中，常用 I_Z 代替最小稳定电流 I_{Zmin}。

（3）最大稳定电流 I_{Zmax}：稳压管允许通过的最大稳定电流值。它表示在使用中超过此值时会引起稳压管的过热而损坏。

（4）最大耗散功率 P_{Zmax}：管子不致发生热击穿的最大功率损耗。$P_{Zmax}=U_ZI_{Zmax}$。

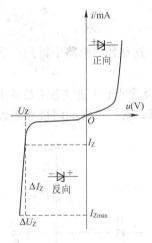

图 2-19　稳压管伏安特性

2.4.2　发光二极管

发光二极管通常用元素周期表中Ⅲ、Ⅴ族元素的化合物，如砷化镓、磷化镓等制成。用这种材料做成的管子通过电流时将发出光来，这是由于电子与空穴直接复合而放出能量的结果。光谱范围是比较窄的，其波长由所使用的基本材料而定。图 2-20 表示发光二极管的符号。对于几种常见发光材料的二极管，它们的工作电流一般为几个毫安到十几毫安之间。发光二极管常用来作为显示器件，除单个使用外，也常做成七段式或矩阵式器件。例如，很多大型显示屏都是由矩阵式发光二极管构成的。

图 2-20　发光二极管的符号

2.4.3 光电二极管

光电二极管的结构与 PN 结二极管类似，但在它的 PN 结处，通过管壳上的一个玻璃窗口能接受外部的光照。这种器件的 PN 结在反向偏置状态下运行，它的反向电流随光照强度的增加而上升。图 2-21（a）是光电二极管的符号，图 2-21（b）是它的电路模型，而图 2-21（c）是它的特性曲线。其主要特点是，其反向电流与照度成正比，灵敏度的典型值为 $0.1\ \mu A/lx$ 数量级，其中 lx（勒）为照度（E）的单位。

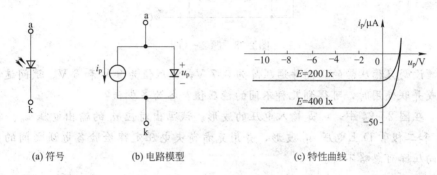

(a) 符号　　　　(b) 电路模型　　　　(c) 特性曲线

图 2-21 光电二极管

光电二极管可用来作为光的测量，是将光信号转换为电信号的常用器件。

技 能 实 训

识别 2AP9，2CZ12，IN4001 的极性，并判断其质量好坏。

复习思考题

2-1 试根据二极管的伏安特性，说明二极管的非线性特性。并说明其导通和截止的条件各是什么？

2-2 在图 2-22 所示电路中，设二极管 D 的导通压降 $U_D = 0.7\ V$。在如下条件时，(1) $R_1 = 2\ k\Omega$，$R_2 = 3\ k\Omega$；(2) $R_1 = R_2 = 3\ k\Omega$；试分别判断二极管的导通情况，并求二极管导通时的电流 I_D。

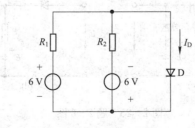

图 2-22 题 2-2 图

2-3 判断图 2-23 所示电路中的二极管是导通还是截止，并求出 AO 两端的电压 u_{AO}（忽略二极管的正向压降）。

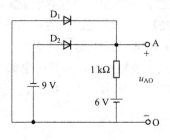

图 2-23 题 2-3 图

2-4 设两只稳压管的正向导通压降为 0.7 V，稳压值为 9 V 和 6 V。试问这两只稳压管在串联或并联使用时，可得到几种不同的稳压值？各为多少伏？

2-5 在图 2-24 中，u_i 是输入电压的波形。试画出对应 u_i 的输出电压 u_o、电阻 R 上的电压 u_R 和二极管 D 上电压 u_D 波形，并用克希荷夫电压定律检验各电压之间的关系。二极管的正向压降可忽略不计。

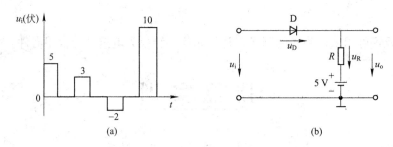

图 2-24 题 2-5 图

2-6 在图 2-25 的各电路图中，$E=5$ V，$u_i = 10 \sin \omega t$ (V)，二极管的正向压降可忽略不计，试分别画出输出电压 u_o 的波形。

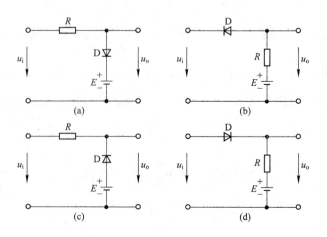

图 2-25 题 2-6 图

2-7 有一故障报警器，其电路如图 2-26 所示。在正常情况下，$u_s=0$；在发生故障时，$u_s=+1\text{ V}$，使继电器线圈 J 中通过电流而动作（设动作电流为 10 毫安），其触点闭合，接通电铃。若晶体管的 $\beta=60$，继电器线圈的电阻为 1 kΩ，并设 $U_{BE}=0.6\text{ V}$。试：

（1）求 R_s 的阻值；

（2）报警时 $U_{ce}=0.3\text{ V}$，U_{CC} 最小应该是多少？

（3）如果 $U_{CC}=12\text{ V}$，通过继电器的电流是否增大？这时 U_{ce} 等于多少？（4）图中的二极管 D 起何作用？

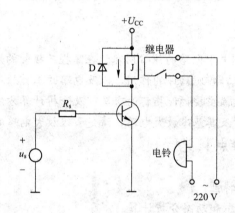

图 2-26 题 2-7 图

第3章
单管与多级电压放大电路

【本章内容概要】

三极管放大电路是模拟电子电路的核心内容。在掌握三极管的输入输出特性的基础上，了解共射基本放大电路的组成，各元器件的作用，以及电路的工作原理，并清楚静态工作点的作用及其分析计算，掌握放大器主要性能指标的含义以及分析计算方法，清楚三种基本放大电路的性能差异，了解场效应管及其基本放大电路，清楚多级放大电路的耦合方式和放大特点。

【本章学习重点与难点】

学习重点：

1. 三极管的输入输出特性；

2. 基本放大电路的静态和动态分析计算。

学习难点：

放大电路的工作原理。

3.1 三极管的基础知识

3.1.1 三极管的结构、符号、管脚

目前最常见的三极管结构有平面型和合金型两类，如图3-1所示。硅管主要是平面型，锗管都是合金型。

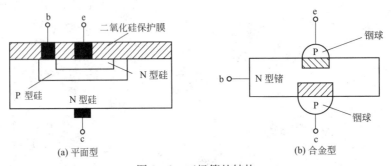

(a) 平面型   (b) 合金型

图3-1 三极管的结构

不论平面型还是合金型，其内部都分为三层，即 NPN 或 PNP，其结构示意图和符号如图3-2所示。以 NPN 为例，3 个区分别叫做发射区、基区、集电区，引出的 3 个电极分别叫做发射极 e、基极 b、集电极 c，其中，基区和发射区之间的 PN 结叫做发射结，基区和集

电区之间的 PN 结叫做集电结。

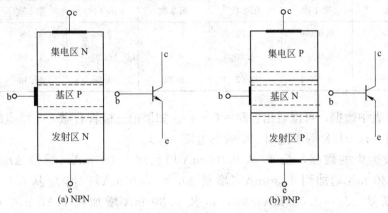

(a) NPN　　　　　　　　　(b) PNP

图 3-2　三极管的结构示意图和符号

　　在制作时，发射区的掺杂浓度高，发射载流子能力强；基区掺杂浓度低；集电区面积大，收集载流子能力强，其掺杂浓度也较低。

　　三极管最基本的作用就是放大。所谓放大，就是把微弱的电信号转换成一定强度的电信号。如我们对着话筒讲话，声音通过话筒的作用变成了微弱的电信号，然后进入到由三极管组成的放大电路中，通过三极管的放大作用，就能够推动扬声器放出比讲话声音更大的声音。

　　晶体三极管有多种分类方法，例如，以内部三个区的半导体类型分类，有 NPN 型和 PNP 型；以工作频率分类，有低频管和高频管；以功率分类，有小功率管和大功率管；以用途分类，有普通三极管和开关管等；以半导体材料分类，有锗管和硅管等。国产三极管按照半导体器件命名法，都可以从型号上区分其类别，如 3DG 表示高频小功率 NPN 型硅三极管；3BX 表示低频小功率 NPN 型锗三极管；3CG 表示高频小功率 PNP 型三极管；3DD 表示低频大功率 NPN 型硅三极管；3AK 表示 PNP 型开关锗三极管。

3.1.2　三极管的电流放大特性

　　三极管的电流放大作用可通过实验的方法加以理解。按照图 3-3 接好电路，调节电位器 R_P，此时基极电流 I_B 会产生变化，同时测量对应的集电极电流 I_C 和基极电流 I_E，测量结果如表 3-1 所示。

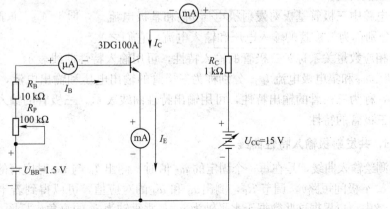

图 3-3　测量三极管电流放大特性的试验电路

表 3-1 验证三极管电流分配关系与放大作用的实验数据（单位：mA）

测量的电流	第 1 次	第 2 次	第 3 次	第 4 次	第 5 次	第 6 次
I_B	0.000 0	0.02	0.04	0.06	0.08	0.10
I_C	0.000 1	3.30	6.30	9.20	12.10	15.10
I_E	0.000 1	3.32	6.34	9.26	12.18	15.2

纵向观察表中数据，可以看出：$I_E = I_B + I_C$。如果把三极管看做一个结点的话，则流入三极管的电流（$I_B + I_C$）等于流出三极管的电流（I_E）。

横向比较表中的数据，当 I_B 从 0.02 mA 增加到 0.04 mA（增量 $\Delta I_B = 0.02$ mA）时，I_C 从 3.30 mA 增加到 6.30mA（增量 $\Delta I_C = 3.00$ mA）；当 I_B 从 0.04 mA 增加到 0.06 mA（增量 $\Delta I_B = 0.02$ mA）时，I_C 从 6.30 mA 增加到 9.30 mA（增量 $\Delta I_C = 3.00$ mA）；I_B 从 0.06 mA 增加到 0.08 mA 和 I_B 从 0.06 mA 增加到 1.00 mA 的情况也大致相同。这表明当三极管的基极电流 I_B 有微小变化时，集电极电流 I_C 会产生较大的变化。这就是三极管的电流放大作用，而且是由基极电流的变化来控制集电极电流的变化。

$\beta = \dfrac{\Delta I_C}{\Delta I_B} = \dfrac{3.0}{0.02} \approx 145$ 描述三极管的电流放大作用采用 ΔI_C 和 ΔI_B 的比值来表示，该比值称为电流放大倍数 β。在本实验中，$\beta = \dfrac{\Delta I_C}{\Delta I_B} = \dfrac{3.0}{0.02} \approx 145$

3.1.3 三极管的特性曲线

三极管的特性曲线指的是三极管各电极之间电压与电流的关系曲线。它直观地表达了管子内部的物理变化规律，描述出管子的外特性。下面以共发射极放大电路为例加以介绍。图 3-4 为测量三极管特性曲线的试验电路，图中 R_P 用于调节 I_B；为了避免 R_P 调到零时，I_B 过大而损坏三极管，串联一个保护电阻 R 来限制 I_B。当然，这组曲线也可采用晶体管测试仪测到。

电路中三极管基极对发射极电压 u_{BE} 和基极电流 i_B，分别称为三极管的输入电压和输入电流，它们之

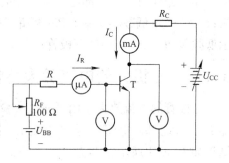

图 3-4 三极管特性曲线测试电路

间的相应数量关系称为三极管的输入特性，可用输入特性曲线表示。三极管的集电极对发射极电压 u_{CE} 和集电极电流 i_C，分别称为三极管的输出电压和输出电流，它们之间的相应数量关系，称为三极管的输出特性，可用输出特性曲线表示。三极管的输入特性和输出特性，统称为三极管的特性。

1. 共发射极输入特性曲线

测绘输入曲线，是在每一个固定的 u_{CE} 值时，测出 I_B 与 u_{BE} 对应值的关系。如 $u_{CE} = 0$（相当于 c、e 极间短路），调节 R_P，测出 i_B 和 u_{BE} 的对应值，可以得到若干组对应值数据，列于表 3-2 中。再根据这些数据于水平轴为 u_{BE}，垂直轴为 i_B 的直角坐标图上，描绘 u_{BE} 和 i_B 之间

——对应的点，最后得到如图 3-5 中所示的曲线 I（它和二极管正向伏安特性曲线很相似）。

表 3-2 输入特性测试数据（$u_{CE}=0$ V 时）

u_{BE}/V	0～0.24	0.37	0.47	0.56	0.58	0.59	0.60
$i_B/\mu A$	0	5	10	20	30	40	50

当 $u_{CE}=2$ V，调节 R_P，也可得到若干组 u_{BE} 和 i_B 之对应值，列于表 3-3 中，用前述描点画线的方法，也可以在图 3-5 坐标图中画出曲线 II。

当 u_{CE} 为 3 V、5 V、…，时，也可以同样画出各自相应的曲线。试验证明，所有这些曲线都与 $u_{CE}=2$ V 时的曲线很接近，几乎是相重合的，因此，都可用 $u_{CE}=2$ V 的曲线代表它们。

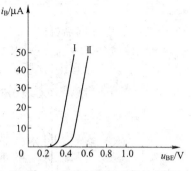

图 3-5 共发射极输入特性曲线

表 3-3 输入特性测试数据（$u_{CE}=2$ V 时）

u_{BE}/V	0	0.54	0.60	0.67	0.70	0.72	0.74
$I_B/\mu A$	0	5	10	20	30	40	50

由输入曲线可看出：当 u_{BE} 很小时，$i_B=0$，三极管是截止的；只有在 u_{BE} 大于某值（此值称三极管的门槛电压，硅管约 0.5 V，锗管约 0.2 V）后，三极管才产生 i_B，开始导通，随后 I_B 在较大的范围内变动时，相应的 u_{BE} 值变化甚小，近似一个常数，此时的 u_{BE} 值称为三极管正常工作时发射结正向压降，硅管约 0.7 V，锗管约 0.3 V。三极管的输入特性是非线性的（u_{BE} 与 i_B 不是正比例关系）。

2. 晶体三极管的输出特性曲线

测绘输出特性曲线时，是在每一个固定的 I_B 值时，测出 i_C 和 u_{CE} 对应值的关系。例如，在图 3-4 电路中，先使 $I_B=0$（可断开基极电源）不变，而后调节 u_{CE}，每调一次，读出一个与 u_{CE} 对应的 i_C 值。逐步得到一组数据，填入表内，根据这组数据在水平轴为 u_{CE}、垂直轴为 i_C 的直角坐标图上画出 $i_B=0$ 的一根输出特性曲线。而后接上基极电源调节 R_P，使 I_B 分别等于 40 μA、80 μA、120 μA，分别测绘出对应的输出特性曲线。

表 3-4 和图 3-6 分别是依次实测的数据表和测绘的输出特性曲线示例。图中曲线依次为 $I_B=0$、$I_B=40$ μA、$I_B=80$ μA 和 $I_B=120$ μA 时的四根输出特性曲线 I、II、III、IV，它们组成被测三极管的输出特性曲线族图。

表 3-4 输出特性测试数据

$I_B/\mu A$	u_{CE}/V						
	0	0.3	0.5	1	3	5	10
0	0	0	0.1	0.1	0.15	0.2	0.3
40	0	0.43	0.52	0.53	0.53	0.53	0.53

续表

$I_B/\mu A$	u_{CE}/V						
	0	0.3	0.5	1	3	5	10
80	0	2.1	2.3	2.4	2.4	2.4	2.4
120	0	4.1	4.3	4.4	4.4	4.4	4.4

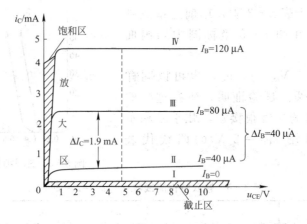

图 3-6　三极管的输出特性曲线

通常把输出特性曲线图分成三个工作区来分析三极管的工作状态。

1）截止区

截止区是图 3-6 中，$I_B=0$ 曲线下面画斜线的区域，此区域三极管处于截止状态。在 $I_B=0$ 时，I_C 并不等于零，这电流就是穿透电流 I_{CEO}。实验证明：当三极管的发射结反偏或两端电压为零时，三极管即处于截止状态。

2）饱和区

饱和区在图 3-6 中 u_{CE} 较小（$u_{CE}<u_{BE}$）的画有斜线的区域。此区域内三极管 i_C 不随 I_B 的增大而变化，称为三极管处于饱和状态。三极管饱和时的 u_{CE} 值称为饱和压降，记作 u_{CES}，小功率硅管为 0.3 V，锗管为 0.1 V。实验表明：三极管的发射结和集电结都正偏时，就处于饱和状态。

3）放大区

图 3-6 中，放大区在饱和区、截止区中间的区域。此区域内，i_C 受 I_B 的控制而变化，即 $\Delta I_C=\beta\Delta I_B$ 具有电流放大作用，称为三极管处于放大状态。由图可知，I_B 一定时，i_C 基本上不随 u_{CE} 而变化，即 u_{CE} 保持恒定，这种现象称为三极管的恒流特性。实验表明，三极管的发射结正偏，集电结反偏时，它处于放大状态。

3.1.4　三极管的主要参数

除了前面介绍过的电流放大倍数 β 以外，还有以下几个三极管的主要参数需要了解。

1. 极限参数

1）反向击穿电压 $U_{(BR)CEO}$

指的是基极开路时集电极与发射极之间的反向击穿电压，此电压一般为十几伏到几十伏。且随着温度的升高而下降，使用时需特别注意。

2）集电极最大允许电流 I_{Cmax}

三极管的集电极电流增加至一定程度时，β 值会随着 i_C 的增加而下降，当 β 值下降到正常值的 2/3 时对应的集电极电流即为 I_{Cmax}，使用时应使 $i_C < I_{Cmax}$。

3）集电极最大允许耗散功率 P_{Cmax}

三极管工作时，较高的管压降与集电极电流会引起集电结的温度升高，集电结最大允许耗散功率为 $P_{Cmax} = i_C u_{CE}$。

上述 3 个极限参数 $U_{(BR)CEO}$、I_{Cmax}、P_{Cmax} 决定了三极管的安全工作区，如图 3-7 所示。使用时，应保证三极管工作在安全工作区内。

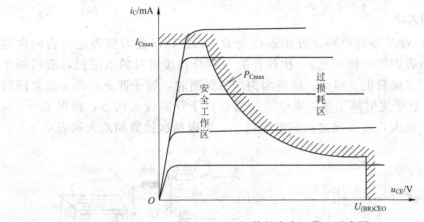

图 3-7　三极管的安全工作区示意图

2. 极间反向电流

1）集—基极反向饱和电流 I_{CBO}

指的是发射极开路，集电极与基极之间加有一定反向电压时形成的反向电流，其测量电路如图 3-8 所示。由于 I_{CBO} 是由少子决定的，故其大小与温度有关。一般小功率硅管的 I_{CBO} 小于 1 μA，小功率锗管的 I_{CBO} 约有几十微安。

2）集—射极穿透电流 I_{CEO}

指的是基极开路，集电极与发射极之间加有一定反向电压时的集电极电流，其测量电路如图 3-9 所示。其中，I_{CEO} 与 I_{CBO} 之间存在如下关系，$I_{CEO} = (1 + \beta) I_{CBO}$。故 I_{CEO} 对温度的

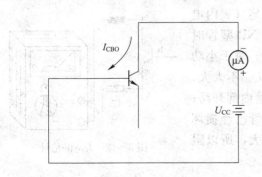

图 3-8　测量三极管 I_{CBO} 的电路

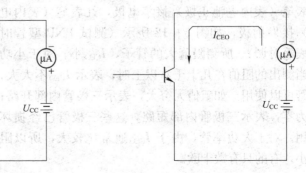

图 3-9　测量三极管 I_{CEO} 的电路

敏感性更大，且 β 越大，I_{CEO} 也越大。含有这种管子的电路的稳定性较差。故在选用三极管时，除要求 I_{CBO} 较小以外，β 值也不宜过大。

3.1.5　三极管的使用

三极管在使用前应了解其性能优劣，判别它能否符合使用要求。除了应用专门的仪器测试外，也可用万用表做一些简单的测试。

1. 硅管或锗管的判别

因为硅管发射结正向压降一般为 $0.6\sim0.8$ V，而锗管只有 $0.1\sim0.3$ V，所以只要按图 3 - 10 测得基—射极的正向压降，即可区别硅管或锗管。

2. 估计比较 β 的大小

按图 3 - 11 连接 NPN 型管电路，万用表拨至 $R\times1\text{k}\Omega$ 挡（此时黑表笔与表内电池的正极相连红表笔与表内的负极相连），比较开关 S 断开和接通时的电阻值，前后两个读数相差越大，表示三极管的 β 越高。这是因为当 S 关断时，管子截止，c、e 极之间的电阻大，S 接通后，管子发射结正偏，集电结反偏，处于导通放大状态，根据 $I_C=\beta I_B$ 原理，如果 β 大，I_C 也大，c、e 极之间的电阻就小，所以两次读数相差大就表示 β 大。

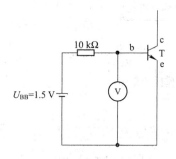

图 3 - 10　判别硅管和锗管的测试电路

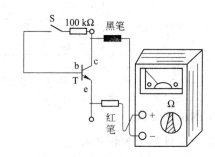

图 3 - 11　估计 β 的电路

如果被测的是 PNP 型三极管，只要将万用表黑表笔接 e 极，红表笔接 c 极（与测试 NPN 型管的接法相反），其他不变，仍可用同样的方法估测比较 β 的大小。

3. 估测 I_{CEO}

将万用表的选挡开关拨至 $R\times1\text{k}\Omega$ 挡测 NPN 型三极管时，黑表笔（表内电池正极）接集电极，红表笔（表内电池负极）接发射极，如图 3 - 12 所示（测试 PNP 型管时红、黑表笔对调）。所测阻值大的管子，I_{CEO} 小。对于小功率管，当测出的阻值在几十千欧以上时，表示 I_{CEO} 不太大，该三极管可以使用。如阻值无穷大，表示三极管内部开路；若阻值为零，表示三极管内部短路，这些三极管已经损坏不能使用。对于大功率管，由于 I_{CEO} 通常比较大，所以阻值比较小，有的只有数十欧。

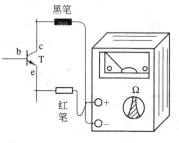

图 3 - 12　I_{CEO} 的估计

4. NPN 管型和 PNP 管型的判别

三极管内部有两个 PN 结，根据 PN 结正向电阻小、反向电阻大的特点，可以测定管型。

测试时，可以先测定管子的基极。将万用表选挡开关放在 $R \times 1\text{k}\Omega$ 挡或 $R \times 100\Omega$ 挡，用黑表笔或任一管脚相接（假设它是基极 b），红表笔分别和另外两个管脚相接，测试其阻值如图 3-13 （a）所示。如果阻值一个很大，一个很小，则应把黑表笔所接的管脚换一个，再按上述方法测试，如果能测出两个阻值都很小，则黑表笔所接的就是基极，而且是 NPN 型的管子。原因是黑表笔与表内电池的正极相接，这时测得的是两个 PN 结的正向电阻值，所以很小。

如果按上述方法测得的结果均为高阻，则黑表笔接的是 PNP 管的基极。因为此时两个 PN 结均为反向电阻值，如图 3-13 （b）所示。

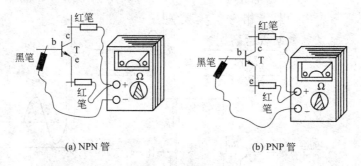

(a) NPN 管　　　　　　(b) PNP 管

图 3-13　基极 b 的判别

5. e、b、c 三个管脚的判别

首先用前述方法确定三极管的基极 b 和管型。假定确定为 NPN 型管，而且基极 b 已经找出。则可用图 3-11 估测 β 的方法来判断 c、e 极，即先假定一个待定电极为集电极 c（另一个假定为发射极 e）接入电路，记下欧姆表摆动的幅度；然后再把这两个待定电极对调一下，即原来假定为 c 极的改为假定为 e 极（原假定为 e 极的改为假定为 c 极）接入电路，再记下欧姆表摆动的幅度。摆动幅度大的一次（即阻值小的一次），黑表笔所接的管脚为集电极 c，红表笔所接的管脚为发射极 e。这是因为三极管只有各电极电压极性正确时才能导通放大，β 值较大的缘故。如果待测电极管子是 PNP 型管，只要把图 3-11 电路中，红、黑表笔对调位置，仍照上述方法测试。

3.2　放大电路的组成

放大是模拟电路重要的一种功能。基本放大电路是电子技术领域中应用极为广泛的一种电子电路（如常用的扩音放大电路，见图 3-14），也是大多数模拟集成电路的基本单元。

需要注意的是，按照放大电路工作的频率分，分为高频和低频，本章所讨论的为中低频范围，即 20 Hz～200 kHz。

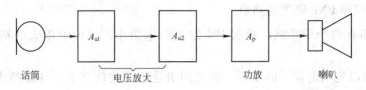

图 3-14　扩音放大电路方框图

3.2.1　共射极基本放大电路的组成

图 3-15 所示是共射极基本放大电路，由三极管、电阻、电容组成，输入端接交流信号源 u_i，输出端接负载电阻 R_L，输出端的电压为 u_o，电路正常工作需要加合适的直流电源。

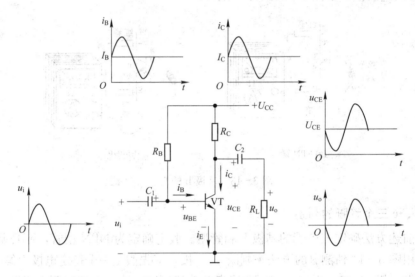

图 3-15　共射极基本放大电路

3.2.2　共射基本放大电路中各元件的作用

图 3-15 电路中各元件的作用如下。

1. 三极管

三极管是一个电流控制型的放大器件，在放大电路中起核心作用，它按照输入信号的变化规律控制电源所提供的能量，使集电极获得受输入信号控制并被放大的集电极电流，然后，经集电极电阻 R_c 和负载电阻 R_L，将集电极电流转换成较大的输出电压信号 u_o。

2. 电源 U_{CC}

直流电源的作用有两个：一是保证三极管 VT 的发射结处于正向偏置，集电结处于反向偏置，从而使三极管处于放大状态；二是为放大电路提供能源，U_{CC} 一般为几伏到几十伏。

3. 集电极电阻 R_C

集电极电阻的作用有两个：一是保证三极管有一个合适的静态工作点；二是将集电极电流的变化转换为电压变化，以实现放大电路的电压放大作用。R_C 的阻值一般为几千欧到几十千欧。

4. 基极电阻 R_B

基极电阻的作用有两个：一是为三极管提供合适的基极偏置电流；二是防止短路，交流输入信号不能加到三极管的发射结上。R_B 的阻值一般为几百欧到几千欧。

5. 耦合电容 C_1 和 C_2

耦合电容的作用是"隔直通交"。即利用电容在直流时其电抗值为无穷大的特性，隔断放大电路与信号源与负载之间的直流联系，以免影响放大电路的静态工作点的设置；另外，电容在交流时呈现出电抗值近似为零的特性（C 为大电容），从而便于传送交流信号。一般情况下，C_1 和 C_2 被选为几微法到几十微法的电解电容，在使用时要注意其极性。

3.3　放大电路的分析

放大电路的工作情况常分为两种状态，即静态和动态。所谓静态，指的是放大电路没有输入信号（$u_i = 0$）时的工作状况，它是保证放大电路正常工作的必要条件；所谓动态，是指加入信号（$u_i \neq 0$）后的工作状况。

3.3.1　直流回路与静态工作点

静态时，电路没有输入信号，只有电源 U_{CC} 的作用，因此处于直流工作状态，其直流通路（耦合电容 C_1 和 C_2 的容抗很大，相当于断开）如图 3-16 所示，这时放大电路各处的电压和电流都是直流量。人们常用下列一组直流参数（即静态基极电流 I_{BQ}，集电极电流 I_{CQ}，集电极电压 U_{CEQ}）来描述其工作状态，这些参数对应于三极管输出特性曲线上的一个点，即 Q 点，故这组参数也称为静态工作点。

对于图 3-15 所示的共射基本放大电路，静态工作点的计算可按如下公式进行：

（1）基极电流 I_{BQ}

$$I_{BQ} = \frac{U_{CC} - U_{BEQ}}{R_B} \approx \frac{U_{CC}}{R_B} \qquad (3-1)$$

（2）集电极电流 I_{CQ}

$$I_{CQ} \approx \beta I_{BQ} \qquad (3-2)$$

（3）集电极电压 U_{CEQ}

$$U_{CEQ} \approx U_{CC} - I_{CQ} R_C \qquad (3-3)$$

由于（3-3）表示的是 I_C 和 V_{CE} 在电路中的关系，在三极管输出特性平面上表示的是一条直线，如图 3-17 所示，通常称之为直流负载线。当 I_{BQ} 用估算法求出来之后，三极管本身的 i_C 和 u_{CE} 又存在着一个非线性的关系。直流负载线和该曲线之间的交点，就可以求出 I_{CQ} 和 U_{CEQ}，这种求解静态工作点的方法，叫做图解法。

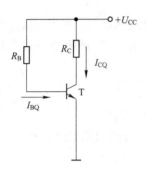

图3-16 共射极基本放大电路的直流通路

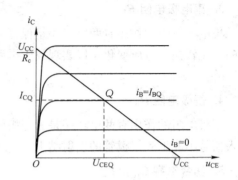

图3-17 图解法求静态工作点

3.3.2 交流回路与放大电路的性能指标

1. 交流回路

电路加入输入信号 u_i 后，三极管各极的电流和电压都随之变化，而且是围绕着原来的静态值而产生动态变化，如图3-18所示的图解分析。

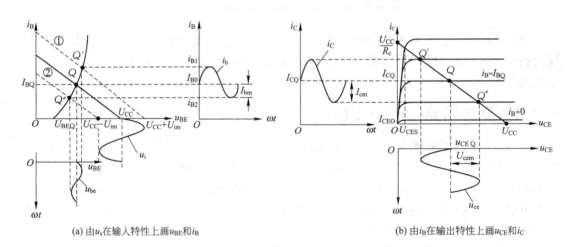

(a) 由 u_s 在输入特性上画 u_{BE} 和 i_B　　　　(b) 由 i_B 在输出特性上画 u_{CE} 和 i_C

图3-18 动态工作情况的图解分析

首先根据 u_i 的波形，在输入特性曲线上画 u_{BE} 和 i_B 曲的波形，然后再根据 i_B 的变化范围，在输出特性特性上画 u_{CE} 和 i_C。

把这些电流、电压的波形，画在对应的时间轴上，就可以得到如图3-19所示的波形图。

从图中可以看出，此时各电极的电流和电压量是直流分量和交流分量叠加的结果。

对于基极电压，由于 u_i 加在发射结上，故有 $u_{BE}=U_{BEQ}+u_i$。需要注意的是：u_i 的幅值一定要小于 U_{BEQ}，这样才能保证发射结始终正偏。

由三极管的输入特性可知，在基极电压 u_i 发生变化时，基极电流的交流分量 i_b 也会产生变化，而且两者的变化规律相同，即相位相同，波形形状一致，它也是围绕着 I_{BQ} 波动，故包含直流分量和交流分量，此时 $i_B=I_{BQ}+i_b$。

由于三极管是一个基极电流控制集电极电流的放大器件，即 $i_c = \beta i_b$，因此它们的变化规律也相同，且围绕着 I_{CQ} 变化，故集电极电流也含有直流分量和交流分量，此时 $i_C = I_{CQ} + i_c$。

对于集电极电压 u_{CE}，先分析交流分量 u_{ce}，画出交流通路，如图 3-20 所示。这里，耦合电容由于其容抗较小，从而可忽略不计，因此认为其短路。另外，直流电源对交流信号而言相当于短路。显然，u_{ce} 与 i_c 的关系为 $u_{ce} = -i_c R_L' (R_L' = R_L /\!/ R_C)$。由此可知，两者的相位是相反的，故 $u_{CE} = U_{CEQ} - u_{ce}$。

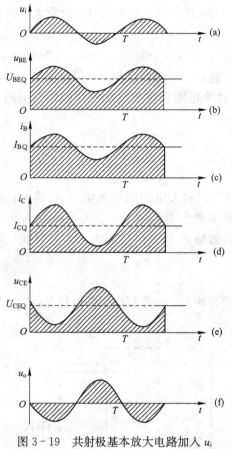

图 3-19　共射极基本放大电路加入 u_i
后各电极的电流与电压波形

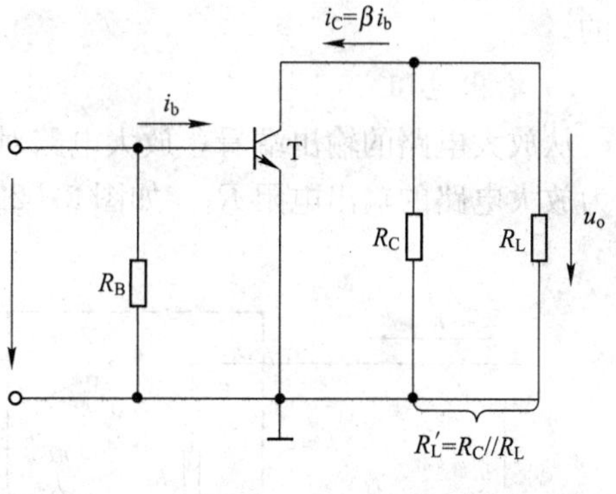

图 3-20　共射极基本放大电路的交流通路

最后，u_o 是通过耦合电容 C_2 从集电极引出的电压。由于 C_2 的隔直作用，u_o 只含有交流分量，故 $u_o = u_{ce}$。

从以上信号的放大过程可以得出如下结论：

（1）u_o 和 u_i 的变化规律相同，都是同频率的正弦波；而 u_o 的幅值比 u_i 大很多，即信号被放大了。

（2）u_o 和 u_i 的相位相反，即相差 $180°$，其物理意义是：u_i 增大时，u_o 减少；反之亦然。

2. 放大电路的性能指标

1）电压放大倍数

放大电路的电压放大倍数 A_u 指的是输出电压 u_o 与输入电压 u_i 之比，其表达式见式（3-4）。该式表示的是该放大电路电压信号的放大水平，以及输入电压信号与输出电压信号的相位关系。

$$A_u = \frac{u_o}{u_i} \qquad (3-4)$$

若用分贝表示的电压增益，则为

电压增益 $= 20 \lg |A_u|$ (dB)

如果放大电路的电压增益为 -20 dB，表示输入信号经过放大电路后，衰减到原来的 $1/10$，即 $|A_u| = 0.1$。如果放大电路的电压增益为 $+20$ dB，表示输入信号经过放大电路后扩大了 10 倍，即 $|A_u| = 10$。

2）输入电阻

当放大电路的输入端与信号源相连时，放大电路对信号源而言相当于信号源的负载，此时从放大电路的输入端看进去等效为一个电阻，这个电阻就称为放大电路的输入电阻，如图 3-21 所示。

故输入电阻为

$$R_i = \frac{u_i}{i_i} \qquad (3-5)$$

R_i 的物理意义是：在信号源电压一定的情况下，放大电路的输入电阻 R_i 越大，放大电路向信号源所取的电流 i_i 就越小，因此对信号源的影响就越小。这是因为信号源总是有内阻的，当输入电阻 R_i 越大时，放大电路的有效输入电压 u_i 就越大，这正是我们所希望的。

3）输出电阻

从放大电路的输出端看，放大电路对于负载而言相当于一个有内阻的信号源，这个内阻称为放大电路的输出电阻 R_o，如图 3-22 所示。

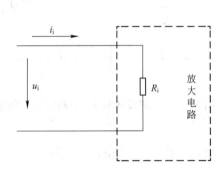

图 3-21　放大电路的输入电阻

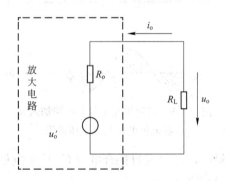

图 3-22　放大电路的输出电阻

用公式表示为

$$R_o = \frac{u_o}{i_o} \bigg|_{\substack{u_s=0 \\ R_L=\infty}} \qquad (3-6)$$

特别要注意的是：不能把负载包含在内，u_o' 指空载时的输出电压。

R_o 的物理意义是，R_o 的大小表明了放大电路带负载能力的强弱。显然，R_o 越小，电路带负载的能力越强，即 u_o' 基本上传输至负载上，为 u_o，有效输出比较大；反之，R_o 越大，电路带负载的能力较差。一般而言，R_o 越小越好。

3. 基本共射放大电路的性能指标的计算

1) 三极管的微变等效电路

由于三极管是一个非线性的元件，必须把它进行线性化后，用其等效模型才能代入电路中去，才能按照放大器性能指标的定义，进行求解。

由三极管的输入特性和输出特性可知，$u_{BE} = f_1(i_B, u_{CE})$，$i_C = f_2(i_B, u_{CE})$，运用全微分运算，就可以在小范围内，三极管的非线性特性，近似地用线性参数来表示，见式（3-7）。

$$\Delta u_{BE} = \frac{\Delta u_{BE}}{\Delta i_B}\bigg|u_{CEQ} \cdot \Delta i_B + \frac{\Delta u_{BE}}{\Delta u_{CE}}\bigg|_{I_{BQ}} \cdot \Delta u_{CE}$$

$$\Delta i_C = \frac{\Delta i_C}{\Delta i_B}\bigg|u_{CEQ} \cdot \Delta i_B + \frac{\Delta i_C}{\Delta u_{CE}}\bigg|_{I_{BQ}} \cdot \Delta u_{CE} \tag{3-7}$$

其中，$\dfrac{\Delta i_C}{\Delta u_{CE}}$ 表示一个电导，用 $\dfrac{1}{r_{ce}}$ 来表示，r_{ce} 比较大。

从输入和输出特性曲线上看，在三级管处于放大状态时，u_{CE} 几乎不变化，故 Δu_{CE} 几乎为零，因此式（3-7）简化为式（3-8）。

$$\Delta u_{BE} = \frac{\Delta u_{BE}}{\Delta i_B}\bigg|u_{CEQ} \cdot \Delta i_B$$

$$\Delta i_C = \frac{\Delta i_C}{\Delta i_B}\bigg|u_{CEQ} \cdot \Delta i_B \tag{3-8}$$

当输入为正弦信号时，则 Δu_{BE} 可以用 u_{be} 来表示。同理，Δi_C、Δi_B、Δu_{CE} 分别可以用 i_c、i_b、u_{ce} 来表示。

由于 $\Delta u_{BE}/\Delta i_B$ 的量纲是电阻，故可以用一个等效的动态电阻 r_{be} 来表示，它与电路的静态工作点 I_{EQ} 有关，常温下，通常采用式（3-9）进行计算。

$$r_{be} = r_{bb'} + (1+\beta)\frac{26(\text{mV})}{I_{EQ}(\text{mA})} \tag{3-9}$$

其中，对于中低频小功率管而言，$r_{bb'}$ 取 300 Ω。需要指出的是，式（3-9）的使用范围是 0.1 mA < I_{EQ} < 5 mA，否则会产生较大的误差。

此外，由于 $\Delta i_C/\Delta i_B$ 表示的是集电极电流与基极电流之比，它即是通常所说的三极管的电流放大倍数 β。

则（3-8）的关系式，可以用图 3-23 来表示。

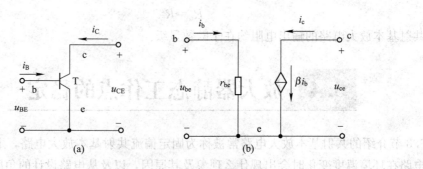

图 3-23　三极管简化的微变等效电路

由于微变等效电路是在输入端加入小信号情况求得的，故它只适用于动态时性能指标的求解。

2）电压放大倍数

对于共射基本放大电路来说，在其交流电路的基础上，画出其微变等效电路，如图3-24所示。

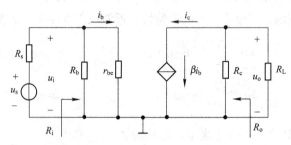

图3-24 共射基本放大电路的的微变等效电路

由输入回路可知

$$u_i = i_b r_{be} \tag{3-10}$$

由输出回路可知

$$u_o = -\beta i_b R'_L (R'_L = R_L // R_C) \tag{3-11}$$

将式（3-10）、式（3-11）代入式（3-12），可得

$$A_u = \frac{u_o}{u_i} = -\beta \frac{R'_L}{r_{be}} \tag{3-12}$$

由式（3-12）可知，输出电压u_o与输入电压u_i的相位相反，与3.2.2节中的分析一致，而且，放大电路加上负载后（$R'_L = R_C // R_L$）的电压放大倍数A_u的值比空载（$R'_L = R_C$）时要小，即电压放大倍数降低了。

3）输入电阻

对共射基本放大电路而言，根据输入电阻的定义，可以求出该电路的输入电阻为

$$R_i = R_b // r_{be} \approx r_{be} \tag{3-13}$$

对共射放大电路而言，输入电阻约在千欧数量级。

4）输出电阻

对于共射基本放大电路，其输出电阻为

$$R_o = R_c \tag{3-14}$$

共射基本放大电路的输出电阻约在千欧数量级。

3.4 放大器静态工作点的稳定

3.3节介绍的共射基本放大电路常被称为固定偏流共射基本放大电路，下面将分析一下这种电路在环境温度变化时会出现什么现象及其原因，以及从电路设计的角度，探讨如何解决这一问题。

3.4.1　温度变化对静态工作点的影响

1）温度变化对 U_{BE} 的影响

当温度升高时，由于管内载流子运动加剧，对应于同样的 I_B，U_{BE} 将减小，即晶体管的输入特性曲线向左移，如图 3-25（a）所示。由于直流偏置线和直流负载线的位置都不变，因而引起放大电路的静态工作点由 Q 上偏移到 Q'，静态电流 $I_B' > I_B$，$I_C' > I_C$，容易引起饱和失真，如图 3-25（b）所示。通常每升高 1 ℃，U_{BE} 下降 2 mV。

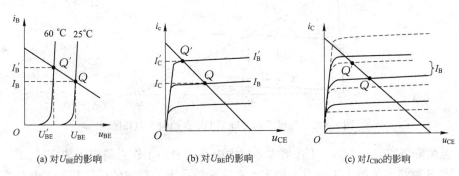

(a) 对 U_{BE} 的影响　　　　(b) 对 U_{BE} 的影响　　　　(c) 对 I_{CBO} 的影响

图 3-25　温度变化对静态工作点的影响

2）温度变化对 β 的影响

随温度的升高而增大，这是因为温度升高后，加快了基区的自由电子向集电极扩散的速度，使基区中电子与空穴复合机会减少，从而使到达集电区的自由电子数量增多，通常温度每升高 1 ℃，β 要增加 0.5~1.0 %左右，在同样的 I_B 值下，β 的增大使 I_C 值增大，静态工作点上移。

3）温度变化对 I_{CBO} 的影响

I_{CBO} 是由集电区的少数载流子的漂移运动形成的。温度越高，少数载流子的数量越多，I_{CBO} 也就越大；而穿透电流 $I_{CEO} = (1+\beta)I_{CBO}$ 增加的幅度就更大。由于 I_{CEO} 是 I_C 的一部分，所以 I_C 也增大，而使晶体管的整个特性曲线向上平移，如图 3-21（c）所示。在此情况下，如果负载线和偏流 I_B（设为 40 μA）均未变化，那么静态工作点就从 Q 上移到 Q' 而接近饱和区，对放大电路的工作显然会有影响。I_{CBO} 与温度的关系近于指数函数规律，温度每升高 10 ℃，I_{CBO} 约增加一倍。

综上所述，温度的变化对 U_{BE}、β 和 I_{CBO} 影响使静态工作点漂移，表现出静态电流 I_C 随温度升高而增大。

3.4.2　分压式共射放大电路

1. 静态工作点不稳定分析

对于三极管而言，如果计及 I_{CEO} 的影响，则

$$I_C = I_{CEO} + \beta I_B \qquad (3-15)$$

对于固定偏流共射基本放大电路而言

$$I_B = (U_{CC} - U_{BE})/R_B \qquad (3-16)$$

将式（3-16）代入式（3-15），并考虑以上由于温度变化造成三极管各参数的变化，

可知：

（1）温度升高时，将导致 I_C 的值增大，U_{CE} 变小，这意味着放大电路的静态工作点向饱和区的方向移动，如图 3-26 所示。

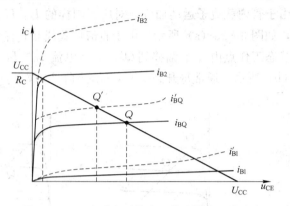

图 3-26　温度升高时静态工作点趋向于饱和区

（2）温度降低时，I_C 减少，U_{CE} 增大，放大电路的静态工作点趋向于截止区。

我们称这种情况为静态工作点不稳定。在这种情况下，造成的后果是放大电路易出现饱和失真和截止失真，如图 3-27 所示。

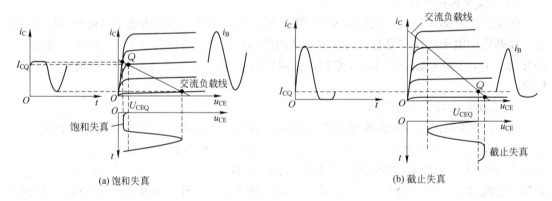

(a) 饱和失真　　　　　　　　　　　(b) 截止失真

图 3-27　放大电路出现的饱和失真和截止失真

出现这种情况的原因如下。

（3）当放大电路的静态工作点趋于饱和区时，若 u_i 处于正半周，i_B 增大，由于三极管进入饱和区时 i_C 几乎不增加，u_{CE} 也不减小，从而导致 u_o 波形的下半部被削去。

（4）当放大电路的静态工作点趋于截止区时，若 u_i 处于负半周，由于三极管进入截止区，i_B 不再减小，i_C 也不再减小，u_{CE} 也不再增加，从而导致 u_o 波形的上半部被削去。

综上可知，对于固定偏流的共射放大电路，其静态工作点会随着环境温度的变化而不稳定，易出现饱和失真或截止失真。另外还可以看出，对于放大电路来说，合理设置静态工作点以保证其稳定性是至关重要的。

如何使得放大电路的静态工作点尽量不随温度的变化而变化呢？换句话说，当温度发生变化时，能否基本保持 I_{CQ} 不变呢？运用反馈的思想（即利用电路自身变化量）来自动调节电路的工作点，是静态工作点稳定电路的设计思路。

2. 分压式共射基本放大电路

分压式偏置的共射基本放大电路是一种常见的静态工作点稳定电路，其电路如图 3 - 28 所示。

与固定偏置的共射基本放大电路相比，其不同之处在于：

（1）基极有两个偏置电阻 R_{b1} 和 R_{b2}，这两个电阻起到对电源电压 U_{CC} 进行分压的作用，从而得到基极电压 U_{BQ}，为三极管提供偏置电流 I_{BQ}；

（2）发射极有一个发射极电阻 R_e 和旁路电容 C_e。R_e 起到直流电流负反馈的作用，用来减少 I_{CQ} 的变化，从而稳定静态工作点。C_e 为一个大的电解电容，它在交流时相当于短路，从而避免了由于引入 R_e 而对放大电路的性能指标产生的影响。

3. 静态工作点稳定原理

画出图 3 - 28 所示的直流通路（C_1、C_2、C_e 均开路），如图 3 - 29 所示。

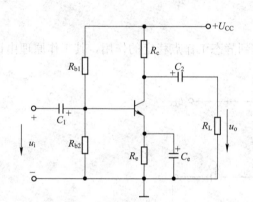
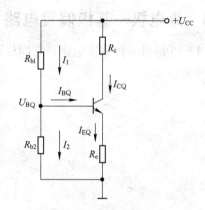

图 3 - 28　分压式共射基本放大电路　　　图 3 - 29　分压式共射基本放大电路的直流通路

因基极电流 I_{BQ} 相对于 I_1 较小，即 $I_1 \gg I_{BQ}$，故 $I_1 \approx I_2$，则

$$U_{BQ} = \frac{R_{b2}}{R_{b1}+R_{b2}} U_{CC} \tag{3-17}$$

由式（3 - 17）可以看出，U_{BQ} 是电源电压 U_{CC} 在电阻 R_{b2} 上的分压，与晶体管参数无关，可以认为不受温度的影响。这也是分压式电路名称的由来。

又因为

$$I_{CQ} \approx I_{EQ}, \quad I_{CQ} = \frac{U_{BQ}-U_{BE}}{R_e} \approx \frac{U_{BQ}}{R_e} \quad (U_{BQ} \gg U_{BE}) \tag{3-18}$$

将式（3 - 17）代入式（3 - 18），可得

$$I_{CQ} = \frac{R_{b2}}{R_{b1}+R_{b2}} \times \frac{U_{CC}}{R_e} \tag{3-19}$$

由式（3 - 19）可知，静态电流 I_{CQ} 仅与 U_{CC}、R_{b1}、R_{b2}、R_e 有关，而与三极管本身无关，因此，温度对三极管参数有影响，但不影响电路的静态工作点。

从反馈的角度来解释：当温度升高时，由于管子参数的变化，集中表现在集电极静态电流 I_{CQ} 随之增大。发射极电阻 R_e 作为一个反馈元件能感知 I_{CQ} 的变化，且可把它的变化转换为电压量 U_E（$U_E = I_{CQ} R_e$），并反映到输入回路中。对于分压式电路，由于 U_{BQ} 是固定的且 U_E 增大，故三极管基极和发射极之间的电压 U_{BEQ} 将减小，从而使 I_{BQ} 也减小，因此牵制了

I_{CQ}的增大，保证了I_{CQ}基本不变，稳定了静态工作点。以上反馈控制过程可表示如下：

$$温度升高 \longrightarrow I_{CQ}\uparrow \longrightarrow I_{CQ}R_e\uparrow \xrightarrow{U_{BQ}\,固定} U_{BEQ}\downarrow$$
$$I_{CQ}\downarrow \longleftarrow \downarrow I_{BQ}\longleftarrow$$

在以上自动调节的过程中，发射极电阻R_e起到一个关键作用。它把输出电流I_{CQ}的变化转换为电压U_E且影响输入电压U_{BEQ}，我们把这种作用叫做电流负反馈，故也可将这种电路称为电流负反馈偏置电路。

从上面的分析可知，对于分压式电流负反馈偏置电路，要求$I_1 \gg I_{BQ}$，$U_{BQ} \gg U_{BE}$，考虑到各种因素，通常取

$$I_1 \geqslant (5\sim10)I_{BQ} \tag{3-20}$$
$$U_{BQ} \geqslant (5\sim10)U_{BE} \tag{3-21}$$

3.4.3　集电极—基极偏置电路

图3-30是另一种偏置电路，它同样可以起到静态工作点稳定的作用，其工作原理由读者自行分析。

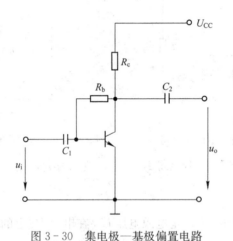

图3-30　集电极—基极偏置电路

3.5　其他形式的基本放大电路

在单管放大电路中，除了共射极形式以外，还有其他形式的基本放大电路，就是共集电极和共基极形式的放大电路，它们的放大性能有独特之处。

3.5.1　共集电极基本放大

1. 电路形式

共集电极基本放大电路如图3-31所示，从图中可以看出，它的负载电阻R_L接于发射极，故也常被称之为射极输出器。通常其集电极不接电阻R_C。

2. 静态工作点计算

与共射放大电路一样，要使得该电路正常工作，也需要合理设置其静态工作点。因此，需要先画出图 3-31 所示射极输出器的直流通路，此处略，然后分别计算 I_{BQ}、I_{CQ}、U_{CEQ}。

$$I_{BQ} = \frac{U_{CC} - U_{BE}}{R_b + (1+\beta)R_e} \tag{3-22}$$

$$I_{CQ} = \beta I_{BQ} \tag{3-23}$$

$$U_{CEQ} = U_{CC} - I_{CQ}R_e \tag{3-24}$$

3. 放大性能指标的计算

首先画出图 3-32 射极输出器的交流通路，然后画出其微变等效电路，如图 3-32 所示，然后按照上节关于放大电路输入电阻、输出电阻、电压放大倍数的定义进行求解即可。

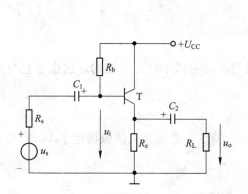

图 3-31 共集电极基本放大电路（射极输出器）

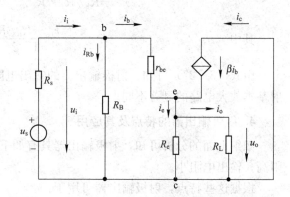

图 3-32 射极输出器的微变等效电路

1）电压放大倍数 A_u

根据图 3-32 所示的微变等效电路，可知：

$$u_o = i_e(R_e // R_L) = i_e R_L' = (1+\beta)i_b R_L'$$

$$u_i = i_b r_{be} + (1+\beta)i_b R_L' = i_b[r_{be} + (1+\beta)R_L']$$

则

$$A_u = \frac{u_0}{u_i} = \frac{(1+\beta)R_L'}{r_{be} + (1+\beta)R_L'} \tag{3-25}$$

由式（2-25）可知： 由于 $r_{be} \ll (1+\beta)R_L'$，故射极输出器的电压放大倍数小于1，且接近于1。此外，由于电压放大倍数为一正实数，表明输出电压与输入电压是同相位的。

故有 $u_0 \approx u_i$，表明输出电压与输入电压大小几乎相等，相位相同，具有良好的跟随特性，为此该电路常叫做射极跟随器。

2）输入电阻 R_i

根据图 3-32 所示的微变等效电路，可知：

$$u_i = i_b r_{be} + (1+\beta)i_b R_L' = i_b[r_{be} + (1+\beta) R_L']$$

$$i_i = i_{Rb} + i_b = \frac{u_i}{R_b} + i_b$$

则

$$R_i = \frac{u_i}{i_i} = \frac{u_i}{\dfrac{u_i}{R_b} + i_b} = R_b // [r_{be} + (1+\beta)(R_e // R_L)] \qquad (3-26)$$

由式（3-23）可知：射极输出器的输入电阻，比共射极放大电路的输入电阻要大得多。

3）输出电阻 R_o

根据图 3-28 所示的微变等效电路，可知

$$i_o = i_b + \beta i_b + i_e = \frac{u_o}{r_{be} + R_B // R_g} + \beta \frac{u_o}{r_{be} + R_B // R_g} + \frac{u_o}{R_E}$$

$$R_o = \frac{u_o}{i_o} = \frac{1}{\dfrac{1+\beta}{r_{be} + R_b // R_s} + \dfrac{1}{R_e}} = \frac{r_{be} + R_b // R_s}{1+\beta} // R_E \approx \frac{r_{be} + R_b // R_s}{1+\beta} \qquad (3-27)$$

其中

$$\frac{r_{be} + R_b // R_s}{1+\beta} \ll R_e$$

由式（3-27）可知：射极输出器的输出电阻很小，可以小到几个欧姆，这也是它与共射基本放大电路的显著不同点。

4. 射极输出器的特点及其应用

归纳上面的分析可知，射极输出器具有如下三个特点：电压放大倍数接近于 1；输入电阻高；输出电阻小。

根据这些特点，射极输出器可用于：

1）作多级放大电路的输入级

这是因为，对于高内阻的信号源，若接一个低输入电阻的放大电路，那么信号电压主要降在信号源本身的内阻上，分到放大电路的输入端的电压就很小。若输入电阻高，情况正好相反，能够使信号电压大部分降在放大电路的输入端。

2）作多级放大电路的输出级

这是因为，如果放大电路的输出电阻较低，当接入负载或当负载增大时，输出电压就会下降很少，或者说它的带负载能力较强。

3）作多级放大电路的中间级（或称缓冲级）

即把射极输出器接在两级放大电路之间，这样对前级放大电路而言，高输入电阻对前级的影响甚小，且由于电压跟随作用，信号能很好地被传输；对后级放大电路而言，由于其输出电阻低，可以与后级输入电阻低的电路配合，实现阻抗匹配，这样达到提高整个放大电路的电压放大能力的目的。

3.5.2　共基极基本放大电路

图 3-33（a）为共基极放大电路的原理图，从其交流通路看，它是共基极形式。该电路的特点是输入电阻比较小，常用于需要低输入阻抗的场合。其静态与动态时的工作情况由读者自行分析。

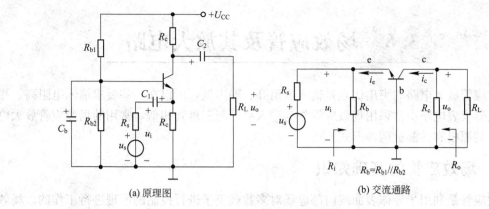

(a) 原理图   (b) 交流通路

图 3-33 共基极放大电路

3.5.3 三种基本放大电路放大性能的比较

1. 三种组态的判别

判断基本放大电路属于那种组态，一般看输入信号加在三极管的的哪个电极，输出信号从哪个电极输出。如共射极放大电路，输入信号是从基极输入，集电极输出；共集电极放大电路，输入信号从基极输入，从发射极输出；而共基极电路中，输入信号从发射极输入，集电极输出。

2. 三种组态的特点及用途

共射、共集、共基三种基本放大电路的放大性能不尽相同，各有特色，因此其用途也不相同，详见表 3-5。

表 3-5 放大电路三种组态的主要性能

	共射极电路	共集电极电路	共基极电路
电路图			
电压增益 A_u	$A_u = -\dfrac{\beta R_L'}{r_{be}+(1+\beta)R_e}$ $(R_L'=R_c//R_L)$	$A_u = \dfrac{(1+\beta)R_L'}{r_{be}+(1+\beta)R_L'}$ $(R_L'=R_e//R_L)$	$A_u = \dfrac{\beta R_L'}{r_{be}}$ $(R_L'=R_c//R_L)$
u_o 与 u_i 的相位关系	反相	同相	同相
最大电流增益 A_i	$A_i=\beta$	$A_i=1+\beta$	$A_i=\dfrac{\beta}{1+\beta}$
输入电阻	$R_i=R_{b1}//R_{b2}//[r_{be}+(1+\beta)R_L']$	$R_i=R_b//[r_{be}+(1+\beta)R_L']$	$R_i=R_b//\dfrac{r_{be}}{1+\beta}$ $(R_b=R_{b1}//R_{b2})$
输出电阻	$R_o=R_c$	$R_o=\dfrac{r_{be}+R_s'}{1+\beta}//R_e$ $(R_s'=R_b//R_s)$	$R_o=R_c$
用途	多极放大电路的中间级	输入级、中间级、输出级	高频或宽频带电路

3.6 场效应管及其放大电路

场效应管放大电路的突出优点是输入电阻高、噪声低，所以在一些要求输入电阻高、噪声低的仪器仪表电路中常采用场效应管作为输入级。与三极管相似，常用的场效应管放大电路也具有共源极和共漏极两种形式。

3.6.1 场效应管的基础知识

场效应管是利用半导体表面或内部电场对多数载流子进行控制的原理进行工作的。场效应管的主要优点是输入电阻高，控制端不需要电流，易于集成，因此在集成电路中被广泛应用。

1. 场效应管的类别

根据结构的不同，场效应管分为两大类，即绝缘栅场效应管和结型场效应管；按导电沟道划分，可分为 P 沟道和 N 沟道场效应管；按照导电沟道的形成条件分，有增强型和耗尽型场效应管。

由于场效应管的种类比较多，故重点以 N 沟道增强型 MOS 管为例简单介绍其工作原理，并以此为基础重点介绍各类场效应管的特性曲线与参数。

2. N 沟道增强型 MOS 管的结构与工作原理

N 沟道增强型 MOS 管是在一块 P 型硅片衬底上扩散出两个高掺杂的 N^+ 型区域，并引出两个电极（分别称为源极 s，漏极 d），然后在 P 型衬底的表面上覆盖一层很薄的二氧化硅绝缘层，再在绝缘层上覆盖一层金属并引出电极（称为栅极 g），从而就构成了一个 N 沟道的场效应管。由于这类场效应管是由金属—氧化物—半导体构成的，故简称为 MOS（metal-oxide-semiconductor）管，如图 3-34 所示为 N 沟道增强型 MOS 管的结构与符号。

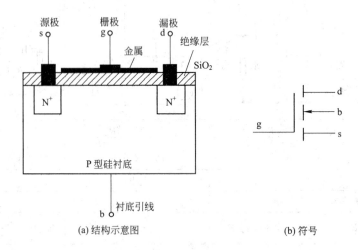

(a) 结构示意图　　　　　　　　　(b) 符号

图 3-34　N 沟道增强型 MOS 管的结构与符号

如果在 N 沟道增强型 MOS 管的漏极加上电源 U_{DD}，如图 3-35（a）所示，则由于两个

N^+ 与 P 型衬底间形成两个背靠背串联的 PN 结，因而流过管子的漏极电流 i_D 极小，该电流为 PN 结的反向电流。

如果再在栅、源极间加上电源 U_{GS}，如图 3-35（b）所示，则由于栅极接 U_{GS} 的正极，因此在栅极与衬底之间会形成一个电场。在此电场的作用下，在绝缘栅与衬底的交接面附近会感应出负电荷，它把 P 型衬底中的少子（自由电子）吸引过来，在 P 型衬底的表面形成一个 N 型层（也叫做反型层），从而将两个 N^+ 型区连通起来，形成一个 N 型的导电沟道。此时在 U_{DD} 作用下会产生漏极电流 i_D。使得导电沟道形成所需要的 U_{GS} 电压称为开启电压，记做 $U_{GS(th)}$。显然，U_{DD} 一定时，U_{GS} 越大，反型层越宽，i_D 越大。

可以想象，在上述增强型 N 沟道 MOS 管已形成导电沟道的基础上，再在栅、源极之间加入信号电压 u_i，如图 3-35（c）所示，则反型层的宽窄也将随 u_i 的变化而变化，导致 i_D 也会随之变化，从而可实现由信号电压 u_i 控制漏极电流 i_D 的目的。

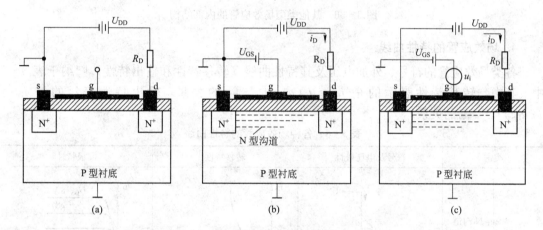

图 3-35　N 沟道增强型 MOS 管的工作原理

上面介绍的场效应管的导电沟道只有在 $U_{GS} > 0$ 时才可能形成，我们称这类场效应管为增强型场效应管。

3. 其他几种场效应管

1）N 沟道耗尽型 MOS 管

与 N 沟道增强型场效应管不同，这种场效应管的二氧化硅绝缘层中掺有大量的正离子，在 $U_{GS} = 0$ 时，它就能在 P 型衬底中感应出较多的负电荷，形成 N 沟道，如图 3-36（a）所示。此反型层的宽度同样随着 U_{GS} 的变化而变化，且只有当 U_{GS} 负到一定值后，反型层才被夹断。使得反型层被夹断时对应的 U_{GS} 称为夹断电压 $U_{GS(off)}$。由此可见，N 沟道耗尽型的 MOS 管可以工作在正栅压（$U_{GS} > 0$）、零栅压（$U_{GS} = 0$）和负栅压（$U_{GS} < 0$）3 种情况下。

2）P 沟道 MOS 管

若所用的衬底是 N 型的，则其反型层是 P 型的导电沟道，如图 3-36（b）所示，称为 P 沟道 MOS 管。与 N 沟道 MOS 管相似，它也有增强型和耗尽型之分，工作原理也类似，所不同的是电源的极性正好相反。

3）结型场效应管

这种场效应管是利用处于反偏状态的 PN 结受外加栅源电压变化的控制从而导致导电沟

道宽窄随之变化的原理来实现对漏极电流的控制的，如图 3-36（c）所示。结型场效应管也分为 P 沟道和 N 沟道两种。

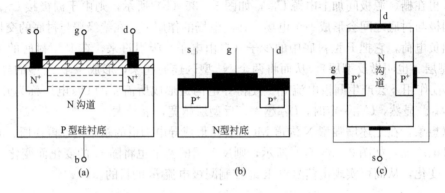

图 3-36　其他类型场效应管的内部结构

4. 场效应管的特性曲线

各类场效应管的符号、外加电压及其特性曲线（转移特性和输出特性）归纳于表 3-6 中。其中，转移特性表示的是 $i_D = f(u_{GS})\big|_{u_{DS}=常数}$ 的关系，输出特性表示的是 $i_D = f(u_{DS})\big|_{u_{GS}=常数}$ 的关系。

表 3-6　各种场效应管的特性曲线

类别		符号及电压极性	转移特性	漏极特性
绝缘栅增强型	N 沟道			
	P 沟道			
绝缘栅耗尽型	N 沟道			
	P 沟道			

续表

类别		符号及电压极性	转移特性	漏极特性
结型	N 沟道			
	P 沟道			

需要注意的是：对于耗尽型 MOS 管，其转移特性还可以用数学表达式表示

$$i_D = I_{DSS}\left(1 - \frac{|u_{GS}|}{|U_{GS(off)}|}\right)^2$$

式中，I_{DSS} 为场效应管在 $u_{GS} = 0$ 时对应的 i_D 值。

另外，场效应管的输出特性与三极管类似，也分为可变电阻区（Ⅰ）、放大区（Ⅱ）和击穿区（Ⅲ）。图 3-37 是以 N 沟道增强型 MOS 管为例画出的一个示意图。

5. 结型场效应管的检测

根据结型场效应管的 PN 结正反电阻的不同，可用万用表对其 3 个电极进行判别。将万用表拨至 R×1k 挡，用黑表笔接任意一个电极。红表笔依次触碰其他两个电极，若两次测得的阻值较小且近似相等，则黑表笔所接的电极为栅极 G，另外两个电极分别是源极 S 和漏极 D，且管子为 N 沟道。结型场效应管的源极和漏极原则上可以互换。

如果用红表笔接管子的一个电极，黑表笔分别触碰另外两个电极，若两次测得的阻值较小且近似相等，则红表笔所接的电极就是栅极 G，且管子是 P 沟道的。

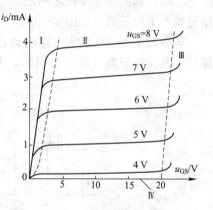

图 3-37 N 沟道增强型 MOS 管输出特性的分区示意图

3.6.2 共源极基本放大电路

图 3-38 所示为典型的共源极基本放大电路。该电路为分压式偏置电路，由于栅、源电压 U_{gs} 可正，可负，可为零，故可应用于各类场效应管中，但多用于耗尽型 MOS 管中。

1. 直流偏置电路分析

在图 3-38 中，由于场效应管的输入电阻很大，故栅极几乎没有电流，直流电源 U_{DD} 经偏置电阻 R_{g1} 和 R_{g2} 组成的分压器分压后，栅极有一定的偏压 U_G，图中 R_g 是为了减少 R_{g1} 和 R_{g2} 对放大电路输入电阻的影响而设置的。

栅源之间的直流偏压 U_{GS} 为

$$U_{GS}=U_G-U_S=\frac{R_{g2}}{R_{g1}+R_{g2}}U_{DD}-I_DR_s \qquad (3-28)$$

有了栅源电压 U_{GS} 及对应的漏极电流 I_D，如果是耗尽型 MOS 管，可结合其转移特性表达式联立求解，即可求出 U_{GS} 和 I_D。

因此漏源之间的管压降 U_{DS} 为

$$U_{DS}=U_{DD}-I_D(R_d+R_s) \qquad (3-29)$$

2. 微变等效电路分析

由场效应管的工作原理可知，在放大区，其输入端相当于一个无穷大的电阻 r_{gs}；在输出端，漏极电流 i_d 与跨导 g_m 和栅源电压 u_{gs} 成正比，即

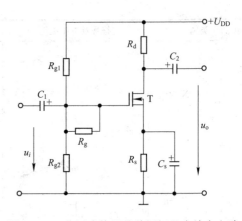

图 3-38 分压式偏置的共源极基本放大电路

$i_d=g_mu_{gs}$，而漏极与源极之间的动态电阻 r_{ds} 很大，故可视为开路。故场效应管在低频、小信号情况下可等效为如图 3-39 所示的简化微变等效电路。

若要对场效应管放大电路的动态性能指标进行分析计算，只需将场效应管的微变等效电路代入其交流通路（见图 3-40），求出其电压放大倍数、输入电阻和输出电阻即可。

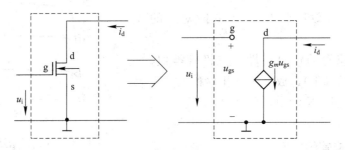

图 3-39 场效应管的简化微变等效电路

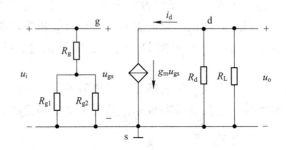

图 3-40 分压式偏置共源极场效应管放大电路的微变等效电路

1）电压放大倍数

$$A_u=\frac{u_o}{u_i}=\frac{-i_d(R_d/\!/R_L)}{u_{gs}}=\frac{-g_mu_{gs}(R_d/\!/R_L)}{u_{gs}}=-g_mR_L' \qquad (3-30)$$

式（3-30）中 g_m 的值随管子型号给出或由特性曲线求出，或根据定义求解。由推导出来的电压放大倍数可知，共源极场效应管放大电路的输出电压与输入电压的相位相反，放大

倍数与场效应管的跨导 g_m 有关，与其等效负载 R_L' 有关。

2）输入电阻

$$R_i = \frac{u_i}{i_i} = R_g + R_{g1} /\!/ R_{g2} \qquad (3-31)$$

由式（3-31）得知，共源极场效应管放大电路的输入电阻由偏置电路决定，是一个比较大的电阻。

3）输出电阻

$$R_o = R_d \qquad (3-32)$$

由式（3-32）得知，共源极场效应管放大电路的输出电阻为 R_d，其数值比较大。

3.6.3 源极输出器

共源极放大电路的输入电阻虽高，但输出电阻也高。在要求输出电阻小的情况下，使用源极输出器更为有利。源极输出器和三极管放大电路中的射极输出器类似，具有输入电阻高、输出电阻低、电压放大倍数小于 1 且接近于 1 以及输出电压与输入电压相位相同等特点。

图 3-41 所示为采用分压式偏置的 MOS 管源极输出器的电路，其输出是从源极引出来的。

同样，采用微变等效电路法可分析该电路的性能指标，图 3-42 所示为图 3-41 电路的微变等效电路。

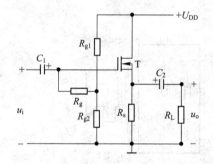 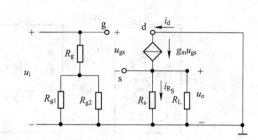

图 3-41 分压式偏置 MOS 管源极输出器   图 3-42 分压式偏置的 MOS 管源极输出器的微等效电路

1. 电压放大倍数

$$A_u = \frac{u_o}{u_i} = \frac{i_d(R_d /\!/ R_L)}{u_{gs} + i_d(R_d /\!/ R_L)} = \frac{g_m u_{gs} R_L'}{u_{gs} + g_m u_{gs} R_L'} = \frac{g_m R_L'}{1 + g_m R_L'} \qquad (3-33)$$

式中，$R_L' = R_d /\!/ R_L$

2. 输入电阻

$$R_i = \frac{u_i}{i_i} = R_g + R_{g1} /\!/ R_{g2} \qquad (3-34)$$

3. 输出电阻

$$R_o = \frac{u_o}{i_o} \Bigg|_{\substack{u_i = 0 \\ R_L = \infty}} = R_d \qquad (3-35)$$

由式（3-35）可知，源极输出器的输出电阻较小。

3.7 多级放大电路

单级放大电路的放大倍数优先，一般只有十几到几倍，在模拟集成电路或分立元件电子电路中，往往是几级放大电路一级接一级地连续放大，构成多级放大电路。

3.7.1 多级放大电路的耦合方式

放大电路的级与级之间的连接称为耦合。耦合的常用方式有阻容耦合、变压器耦合和直接耦合等。这三种方式各有特点。

（1）采用阻容耦合方式的多极放大器，级与级之间的直流通路相互独立，静态工作点的设计与调试都很方便，但由于耦合电容的存在，不适宜于放大频率低的交流信号或直流信号。

（2）变压器耦合方式，由于变压器中的线圈体积大，过于笨重，已趋淘汰，有时在功率放大电路中采用。

（3）直接耦合方式，既可以放大交流信号，也可以放大直流信号，便于集成，集成电路的内部全部采用这种方式；存在的问题是各级之间的静态工作点相互影响。

图 3-43 为集中耦合方式的示意图。图中 u_{o1}、u_{o2}、u_{o3} 是各级的输出电压，R_{i1}、R_{i2}、R_{i3} 是各级的输入电阻，R_{o1}、R_{o2}，R_{o3} 是各级的输出电阻。

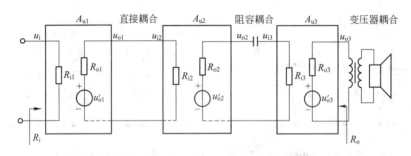

图 3-43　多级放大电路级间耦合方式示意图

在多级放大电路中，特别要注意的是，后级的输入电阻就是前级的负载，前级的输出电压就是后级的信号源。

3.7.2 多级放大电路的性能指标

多级放大电路，尽管从电路形式上与单管放大电路有所不同，但本质上仍然没有改变电路的功能，即它是一个放大电路。故其放大性能指标仍然是电压放大倍数、输入电阻和输出电阻，其计算原理如下。

1. 电压放大倍数

多级放大电路中的放大倍数，等于各单级的电压放大倍数的连乘积。在图 3-43 中，各级的输出均由其输入信号经本级放大后而得，而前级的输出信号就是后级的输入信号。故总的电压放大倍数为：

$$A_{\mathrm{u}} = \frac{u_{\mathrm{o3}}}{u_{\mathrm{o1}}} = \frac{u_{\mathrm{o3}}}{u_{\mathrm{o2}}} \times \frac{u_{\mathrm{o2}}}{u_{\mathrm{o1}}} \times \frac{u_{\mathrm{o1}}}{u_{\mathrm{i}}} = \frac{u_{\mathrm{i3}} A_{\mathrm{u3}}}{u_{\mathrm{o2}}} \times \frac{u_{\mathrm{i2}} A_{\mathrm{u2}}}{u_{\mathrm{o1}}} \times \frac{u_{\mathrm{i}} A_{\mathrm{u2}}}{u_{\mathrm{i}}} \left(\begin{matrix} u_{\mathrm{o2}} = u_{\mathrm{i3}} \\ u_{\mathrm{o1}} = u_{\mathrm{i2}} \end{matrix} \right)$$

$$= A_{\mathrm{o3}} \times A_{\mathrm{u2}} \times A_{\mathrm{u2}} \tag{3-36}$$

2. 输入电阻

多级放大电路的输入电阻由第一级放大电路的输入电阻决定，即

$$R_{\mathrm{i}} = R_{\mathrm{i1}} \tag{3-37}$$

因此，在电子电路，提高第一级的输入电阻十分重要。

3. 输出电阻

$$R_{\mathrm{o}} = R_{\mathrm{o3}} \tag{3-38}$$

最后一级电路的输出电阻越小，电路的带负载能力越强，所以要求输出级有较小的输出电阻。

3.7.3 多级放大电路的应用

图 3-44 是 JB-1B 型晶体管毫伏计中的放大电路，是一个多级放大电路。其中 T_1、T_2、T_3 为 3DG6C、T_4、T_5 为 3DG6D。

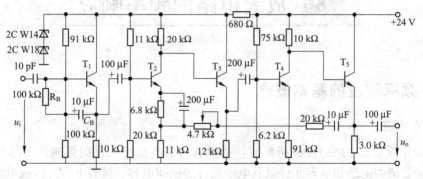

图 3-44 JB-1B 型晶体管毫伏表中的放大电路

1. 输入级

测量仪器里的放大电路应具有较高的输入电阻，以减小仪器接入时对被测电路产生的影响，所以用输入电阻较高的射级输出器作为输入级。但由射级输出器的特点可知，射级输出器的输入电阻受偏置电阻限制，为了进一步提高输入电阻，在图 16-67 中，加了 R_B 和 C_B。输入级的输出电压通过 C_B 反馈到 100 kΩ 的偏置电阻上，而输出电压与输入信号电压 u_i 又近于相等，故电阻 R_B 两端的交流电位近于相等，因而其中几乎没有信号电流通过，即对信号源来说，R_B 可视作开路。这样，输入级的输入电阻为：

$$R_{\mathrm{i1}} = r_{\mathrm{be1}} + (1 + \beta_1)(R_{\mathrm{e1}} /\!/ R_{\mathrm{i2}}) \approx (1 + \beta_1)(R_{\mathrm{e1}} /\!/ R_{\mathrm{i2}})$$

它不受偏置电阻的限制。式中，r_{be1} 是 T_1 管的输入电阻，β_1 是 T_1 管的电流放大系数，R_{e1} 是 T_1 管的发射级电阻（10 kΩ），r_{i2} 是第二级的输入电阻。第二级引入串联负反馈，R_{i2} 可增高。

同时，由于射级输出器的电阻很低，共输出电压基本稳定，即受 r_{i2} 的影响很小。

2. 中间级

第二级和第四级是共发射极放大电路，其间用 T_5 管组成的射级输出器隔离起来，以起阻抗变换的作用，使级间输入、输出电阻很好地配合，达到提高放大倍数的目的。第三级射极输出器称为中间隔离级或缓冲级。

各级晶体管都有发射极电阻，一方面引入电流负反馈以稳定静态工作点；另一方面引入交流负反馈以改善放大电路的工作性能。如 T_4 管的发射极电阻（910 Ω）上引入的串联电流负反馈，可增高这一级的输入电阻（即第三级的负载电阻），由此，第三级的输入电阻也就增高了，从而使第二级的电压放大倍数得以提高。

3. 输出级

由 T_5 管组成的射极输出器作为输出级，它的输出电阻低，带负载能力强。此外，还从 T_5 管的发射极输出端通过电容（10 μF）。电阻（20 kΩ）和电位器（4.7 kΩ）将输出电压的一部分反馈（是串联电压负反馈，读者可自行分析）到第二级的发射极电阻（110 Ω）上，使输出级的输出电阻更低，带负载能力更强。

此外 2CW14、2CW18 和 680 Ω 的电阻组成稳压电路。

3.8　放大电路的频率响应

3.8.1　频率响应的基本概念

1. 频率响应

在前面分析放大电路的性能指标时，都没有考虑电抗性元件的影响。实际的放大电路中，总存在着诸如电感和电容元件以及电子器件的极间电容、接线电容与接线电感之类的电抗性元件。

对于电容而言，其电抗为：$X_C = \dfrac{1}{j\omega C}$

对于电感而言，其电抗为：$X_L = j\omega L$

因此，在放大电路分析时，如果计及这些电抗性元件的影响，那么放大电路的输出和输入之间的关系，必然和信号的频率有关。

所谓放大电路的频率响应（或频率特性），指的是在输入正弦信号的情况，输出随输入信号频率连续变化的稳态响应。

此时，放大电路中的电参数间会产生相位移，因此最好采用相量分析法，此时由于要考虑电抗性元件的影响，电压增益可表示为

$$\dot{A}_u(j\omega) = \frac{\dot{U}_0(j\omega)}{\dot{U}_i(j\omega)} \quad \text{或} \quad \dot{A}_u(j\omega) = A_u(\omega) \angle \varphi(\omega)$$

式中，ω 为信号的角频率，$A_u(\omega)$ 为电压增益的模与角频率之间的关系，称为幅频响应（或幅频特性）；$\varphi(\omega)$ 为放大电路输出与输入正弦电压信号的相位差与角频率之间的关系，

称为相频响应（相频特性）。

图 3-45 是某放大电路的半对数幅频响应曲线，其横坐标通常采用频率 f 为单位（$f=\omega/2\pi$），纵坐标取幅值的对数。若图中的坐标均采用对数刻度（即幅值取 $20\lg|\dot{A}_u|$，频率取 $\lg f$）这样可以比较方便地看到在较宽频率范围内的幅度随频率变化的情况，而且也方便绘制近似频率曲线，这种图形常称为波特图（Bode Plot）。

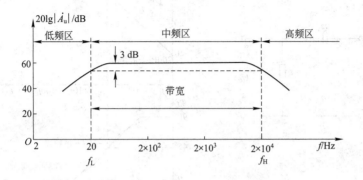

图 3-45　某放大电路的幅频特性

从图中可以看出，在频率的中间部分曲线是比较平坦的，大约为 60 dB 的样子，通常称之为中频区，有时候也叫做通带，意为输入信号可以顺利地通过而被线性地放大。而在 20 Hz 和 20 kHz 这两点，增益分别下降了 3 dB。在低于 20 Hz 和高于 20 kHz 的两个区域内，增益随频率远离这两点而下降。有时候称这两个频率范围为阻带，意为输入信号通过时会受阻导致其输出变小。

2. 通频带的定义

通常把当频率降低或升高时，其增益下降了 3 dB，即为中频时增益的 0.707 倍时对应的频率分别称之为下限频率 f_L 和上限频率 f_H。对应于图 3-45 来说，$f_L=20$ Hz，$f_H=20$ kHz。

$$通频带\ BW=f_H-f_L$$

由于 $f_L \ll f_H$，故 $BW \approx f_H$。

有些放大电路，如直接耦合放大电路，或叫做直流放大电路，其频率特性如图 3-46 所示，在低频甚至是直流（$f=0$）的时候，放大电路的增益并没有出现下降，即 $f_L=0$。此时 $BW=f_H$。

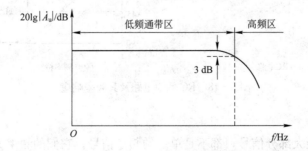

图 3-46　直接耦合放大电路的幅频特性

这是因为造成低频时放大电路的增益下降的原因，主要是电路中耦合电容等类元件的电抗性效应所引起的，它们是串联在输入回路或输出回路的，因此对于频率的响应，是具有高通的特点，见电路3-47。由于直接耦合放大电路中无耦合电容，故不存在低频或直流时增益下降的情况。图3-47（b）中的$\dot{A}_{UL}$表示的是3-47（a）的$\dot{U}_o$与$\dot{U}_i$之比。

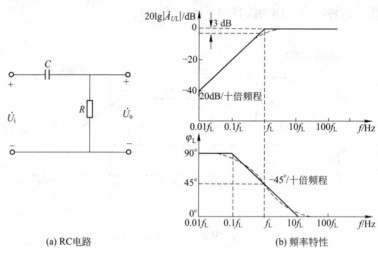

(a) RC电路　　　　　　　　　(b) 频率特性

图3-47　RC高通电路及其频率响应

而高频时放大电路增益下降的原因是三极管存在电容效应[①]等类元件所引起的，它们是并联在输入或输出回路之中的，因此对于频率的响应，是低通的特点，见图3-48。而无论是直接耦合放大电路，还是阻容耦合放大电路，三极管作为重要的放大器件，是必不可少的。由于三极管的电容效应，都不可避免地会在高频时出现放大倍数下降。图3-48（b）中$\dot{A}_{UH}$表示的是3-48（a）中的$\dot{U}_o$与$\dot{U}_i$之比。

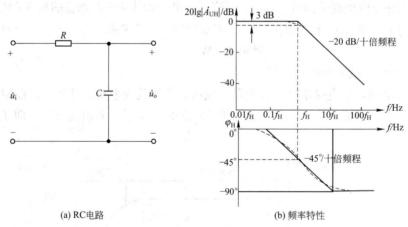

(a) RC电路　　　　　　　　　(b) 频率特性

图3-48　RC低通电路及其频率响应

3. 频率失真

现实生活中的绝大部分信号，都不是单一的频率信号。它们的频率分布范围不尽相同。

---

① 参见康华光《电子技术基础模拟部分（第五版）》，p66～68。

表 3－7 给出了某些典型信号的频率范围。

表 3－7 某些典型信号的频率范围

信号	频率范围	信号	频率范围
心电图	0.05～200 Hz	调频无线广播	88～108 MHz
音频信号	20 Hz～20 kHz	超高频电视	470～806 MHz
模拟视频信号	0～4.5 MHz	卫星电视	3.7～4.2 GHz
调幅无线广播	540～1 600 kHz		

从表 3－7 可以看出，放大不同的信号，由于信号的频率范围不同，欲使放大电路对其频率范围的信号都能同等地被放大，因此对放大电路通频带的要求也不尽相同。有些要求宽一些，如卫星信号；有些窄一些，如心电图信号。

如果要放大的信号的频率范围较宽，大于放大电路的通频带，这时，超出带宽范围的信号进入放大器后，就有可能产生幅值的下降，甚至相位也发生了变化，有可能造成幅度失真或相位失真，我们称之为频率失真。

由于在这种情况下，放大电路的元器件仍工作在线性状态，只是要计及电抗性元件的影响，故这种失真也叫做线性失真。以区别于 3.4 节介绍的非线性失真，在那种情况下由于三极管是一个非线性元件，而电路工作进入了非线性区。

3.8.2 放大电路的频率特性

1. 单级放大电路的频率特性

在之前的分析中，都假设放大电路的输入信号为单一频率的正弦信号，而且电路中的所有耦合电容和旁路电容对交流信号都视为短路，三极管的极间电容视为开路。

而实际的输入信号，大都含有许多频率成分，占有一定的频率范围。如广播中的语言及音乐信号的频率范围为 20 Hz～20 kHz，视频信号为 DC～4.5 MHz 等。

由于放大电路中存在着电抗性元件（如耦合电容和旁路电容）及三极管的极间电容，它们的电抗随着信号频率的变化而变化。由于放大电路对不同频率的信号具有不同的放大能力，其增益的大小和相移均会随频率而变化，即增益是信号频率的函数。

图 3－49 为某一阻容耦合单级共射放大电路的频率响应曲线，（a）为幅频响应曲线，（b）为相频响应曲线，并把信号频率划分为三个区域：低频区、中频区和高频区。

通常，每个电容只在某一段频率范围产生作用。如在中频区（$f_L \sim f_H$），耦合电容和旁路可视为对交流信号短路，三极管的极间电容和电路中的分布电容可视为开路。

在这种情况下，放大电路的增益 $|\dot{A}_{UM}|$ 基本

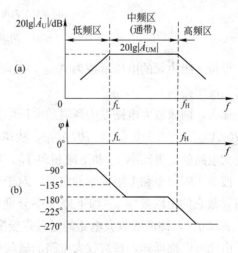

图 3－49 阻容耦合单级共射放大电路的频率响应

上为一常数，输出与输入信号间的相位差也为常数。

在 $f<f_L$ 的低频区域，耦合电容和旁路电容不能再被视为对交流信号短路，其增益会随着信号频率的降低而减少，相位移也发生了变化，相移减少。在 $f>f_H$ 的高频区，三极管的极间电容和电路中的分布电容，不能视为地交流信号开路，造成增益会随着信号频率的增加而减少，相位移增大。

以上为利用三个频段的等效电路和近似技术分析得到的放大电路的频率响应，比较简便，尽管比较粗略。

2. 多级放大电路的频率特性

由 3.7.2 节可知，多级放大电路的电压增益为各级电压增益的乘积。由于单级放大电路的电压增益是频率的函数，故多级放大电路的电压增益必然也是频率的函数。

为简便起见，假设有一两级的放大电路，由两个电压频率特性相同的单管共射放大电路组成，见图 3-50，级间采用 RC 耦合方式。

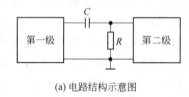

(a) 电路结构示意图

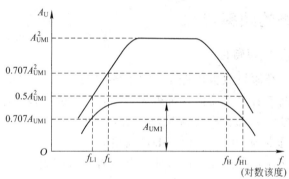

(b) 单级和两极放大电路的幅频特性

图 3-50　两级阻容耦合放大电路

设每一级中频的电压增益为 A_{UM1}，上限频率为 f_{H1}，上限频率为 f_{L1}，对应于 f_{H1} 和 f_{L1} 处的电压增益为 $0.707A_{UM1}$。

那么，两级放大电路在中频时的电压增益为 A_{UM1}^2。显然对应于 f_{L1} 和 f_{H1} 的电压增益为 $(0.707A_{UM1})^2=0.5A_{UM1}^2<0.707A_{UM1}^2$，故单管的下限频率 f_{L1} 和上限频率 f_{H1}，不可能是两级放大电路的上限频率 f_L 和下限频率 f_H，见图 3-47。

按照下限频率和上限频率的定义，对于两级放大电路而言，由于其中频时的电压增益为 A_{UM1}^2，故它的上限频率 f_L 和下限频率分别对应于 $0.707A_{UM1}^2$ 的频率点，显然分别有 $f_{L1}<f_L$，$f_H<f_{H1}$，即两级放大电路的通频带变窄了。

由此可以推理知，多级放大电路的通频带，一定比任何一级的通频带要窄。级数越多，则下限频率越高，上限频率越低，其通频带越窄。

因此，通过把几个单管所谓的放大电路级联而成多级放大电路，虽然总的电压增益提高了，但通频带这个指标变小了，即有得有失。理论可以证明，任何一个放大器的电压增益与通频带的乘积近似为一常数。这也从另一个侧面说明，电压增益提高了，通频带变窄了；电压增益降低了，通频带将变宽。

技 能 实 训

1. 对 3DG6A，9018H，3AX31，用万用表判断其管型，以及三个电极。

2. 设计一射极基本放大电路，要求电压放大倍数为 100，输入电阻 900 Ω，输出电阻 3 kΩ。

复习参考题

3-1　有一只晶体管接在放大电路中，今测得它的三个管脚对地电位分别为-9 V，-6 V，-6.2 V，试判别管子的三个电极，这只管子的类型是什么？还有一只晶体管接在放大电路中，测得它的三个管脚对地电位分别为$+9$ V，$+6$ V，$+6.2$ V，试判别管子的三个电极，这只管子的类型又是什么？

3-2　在如图 3.51 所示的放大器中，

(1) 若三极管的 $\beta=70$，试计算电路的静态工作点；并说明当温度升高时，为了保持静态工作点不变，应该如何调节 R_B？

(2) 三极管的 $\beta=100$，重新计算电路的静态工作点。

3-3　什么是非线性失真？放大电路为什么要设置合适的静态工作点？

3-4　当 NPN 型三极管放大器输入正弦信号时，由示波器观察到的输出波形如图 3-52 (a)、(b)、(c) 所示，试判断这是什么类型的失真？如何才能消除这种失真？

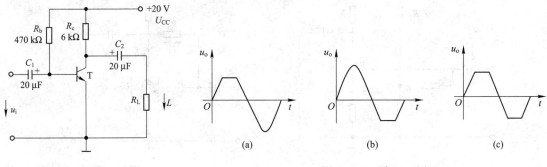

图 3-51　题 3-2 图　　　　　　　　　　　图 3-52　题 3-4 图

3-5　在图 3-53 所示的共发射极基本放大器中，已知三极管的 $\beta=50$。

(1) 画出电路的直流通路。

(2) 计算电路的静态工作点。

（3）若要求 $I_{CQ}=0.5$ mA，$U_{CEQ}=6$ V，求 R_b 和 R_c 的值。

（4）若 $R_L=6$ kΩ，求电压放大倍数、输入电阻和输出电阻。

3-6　分压式偏置电路如图 3-54 所示，已知三极管的 $U_{BE}=0.6$ V。试求：

（1）放大电路的静态工作点、电压放大倍数、输入和输出电阻。

（2）如果将发射极电容 C_E 开路，重新计算电压放大倍数、输入电阻和输出电阻。

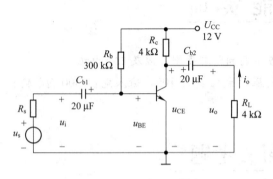
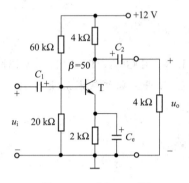

图 3-53　题 3-5 图　　　　　图 3-54　图 3-6 题

3-7　比较共源极放大电路和共射极放大电路，为什么前者的输入电阻高？

3-8　场效应管共源极大电路如图 3-55 所示，已知 $R_g=100$ MΩ，$R_{g1}=2$ MΩ，$R_{g2}=47$ kΩ，$R_d=30$ kΩ，$R_s=2$ kΩ，$R_L=5$ kΩ，$U_{DD}=18$ V，耗尽型 MOS 管的夹断电压 $U_{GS(off)}=-1$ V，饱和漏极电流 $I_{DSS}=0.45$ mA，$g_m=0.7$ mS。试求：

（1）静态工作点的 I_D、U_{GS}、U_{DS} 的值；

（2）画出场效应放大电路的微变等效电路，并计算电路的 A_u、R_1、R_o。

3-9　图 3-56 是集电极-基极偏置放大电路。

（1）试说明其稳定静态工作点的物理过程；

（2）设 $U_{CC}=20$ V，$R_c=10$ kΩ，$R_b=100$ kΩ，$\beta=50$，试求其静态值。

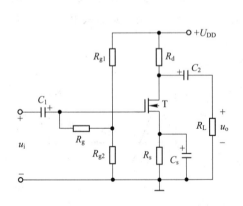
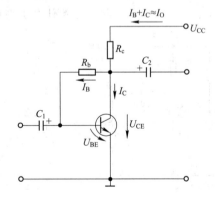

图 3-55　图 3-8 题　　　　　图 3-56　图 3-9 题

3-10　图 3-57 是由 T_1 和 T_2 组成的复合管，各管的电流放大系数分别为 β_1 和 β_2，输入电阻分别为 r_{be1} 和 r_{be2}，试证明复合管的电流放大系数为 $\beta=\beta_1\beta_2$，输入电阻 $r_{be}\approx\beta_1 r_{be2}$，由此可见，采用复合管有何好处？

3-11　多级放大器有哪几种耦合方式？各有什么特点？

3-12　两级放大器中，若 $A_{u1}=50$，$A_{u2}=60$，问总的电压放大倍数是多少？折算成分贝是多少？

3-13　在图 3-58 所示的两级阻容耦合放大器中，$U_{CC}=20$ V，$R_{b11}=100$ kΩ，$R_{b12}=24$ kΩ，$R_{c1}=15$ kΩ，$R_{e1}=33$ kΩ，$R_{b21}=R_{b22}=6.8$ kΩ，$R_{c2}=7.5$ kΩ，$R_{e2}=2$ kΩ，$r_{be1}=r_{be2}=1$ kΩ，$R_L=5$ kΩ，$\beta_1=60$，$\beta_2=120$，求总的电压放大倍数、输入电阻和输出电阻。

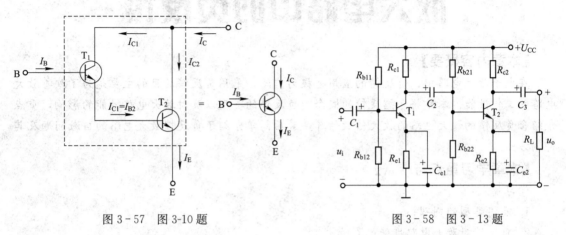

图 3-57　图 3-10 题　　　　　　　　图 3-58　图 3-13 题

第4章
放大电路中的负反馈

【本章内容概要】

在电子放大电路中，负反馈的应用也极为广泛，采用负反馈的目的主要是为了改善放大电路的工作性能。本章将介绍反馈的概念、负反馈的类型以及对放大电路性能的影响，重点介绍含负反馈的放大电路的放大倍数估算，最后简单介绍了负反馈放大电路的自激问题及其抑制方法。

【本章学习重点与难点】

学习重点：

1. 反馈类型的判别；

2. 负反馈对放大电路性能的影响；

3. 负反馈放大电路放大倍数的估算。

学习难点：

反馈类型的判别。

4.1 反馈的基本概念和基本类型

4.1.1 基本概念

所谓反馈，是将放大电路（或某个系统）的输出端信号（电压或电流）的一部分或全部通过某种电路（反馈电路）引入到输入端，从而实现对输出信号的控制的过程。

由以上定义可以发现，反馈包含几个关键问题：

(1) 反馈的目的之一是实现对基本放大电路的输出量的控制的；

(2) 反馈的实现是借助于反馈电路来实现的，它相当于是一座桥梁一样，连接着放大电路的输入端与输出端，而且需要把输出端的信号通过反馈电路加到输入端去；

(3) 在反馈的过程中的关键要素是取什么样的输出信号，反馈到输入端，如何实现对输入量的作用。

4.1.2 反馈的类型

1. 正反馈与负反馈

根据反馈的定义，若引回的反馈信号削弱了输入信号，从而使得基本放大电路的放大倍数降低，则称这种反馈为负反馈。

若反馈信号增强了输入信号，则为正反馈，会使电路产生自激振荡。

图 4-1 所示为含有负反馈的放大电路的方框图。任何带有负反馈的放大电路都包含两个部分：一部分是不带负反馈的基本放大电路 A，它可以是单级或多级的电压放大电路，也可以是后几章介绍的其他放大电路，如运算放大器等；另一部分是反馈电路 F，它是联系放大电路的输出电路和输入电路的环节，多数由电阻元件组成，但有时也可能由电抗性元件（如电容 C 和电感 L）组成。

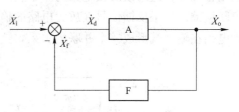

图 4-1 含有负反馈的放大电路的方框图

在图 4-1 中，用 $\dot{X}$ 表示信号，它既可以表示电压，也可以表示电流，并设为正弦信号，故用相量表示。信号的传递方向如图中箭头所示，$\dot{X}_i$、$\dot{X}_o$ 和 $\dot{X}_f$ 分别为输入、输出和反馈信号。$\dot{X}_i$ 和 $\dot{X}_f$ 在输入端进行比较（$\otimes$ 是比较环节的符号），并根据图中的"$+$"、"$-$"极性可得差值信号 $\dot{X}_d$（或称净输入信号），用公式表示为

$$\dot{X}_d = \dot{X}_i - \dot{X}_f \tag{4-1}$$

若 3 个信号具有同相位，则式（4-1）可写成

$$x_d = x_i - x_f \tag{4-2}$$

可见，对负反馈而言，$x_d < x_i$，即反馈信号起到了削弱净输入信号的作用。

2. 直流反馈与交流反馈

如果反馈信号中只有直流成分，即反馈元件只能反映直流量的变化，这种反馈就叫直流反馈，主要是用于稳定静态工作点。如果反馈信号中只有交流成分，即反馈元件只能反映交流量的变化，这种反馈就叫做交流反馈。需要指出的是，反馈信号中既有直流成分，也有交流成分，这种反馈则称为交直流反馈。

3. 电压反馈与电流反馈

如果反馈取自输出电压，则称之为电压反馈，其反馈信号与输出电压成正比；如果反馈信号取自输出电流，则称之为电流反馈，其反馈信号与输出电流成正比。如图 4-2 所示。

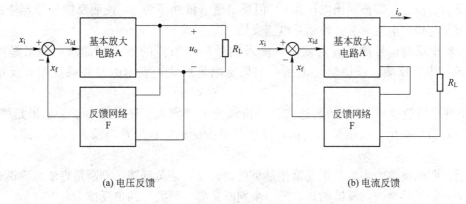

(a) 电压反馈　　　　　　　　　　　　　(b) 电流反馈

图 4-2 电压反馈与电流反馈

4. 串联反馈与并联反馈

如果反馈信号在放大电路的输入端以电压形式出现，那么在输入端必定与输入信号进行电压相加减，这时候反馈电路与基本放大电路在输入端形成一个串联的关系，这种反馈就是串联反馈。如果反馈信号在放大电路的输入端以电流形式相加减，这时候反馈电路与基本放大电路在输入端形成一个并联的关系，这就是并联反馈。如图 4-3 所示。

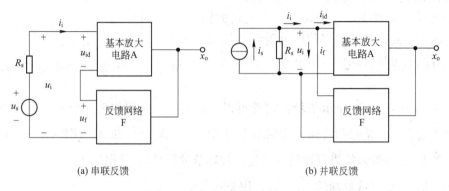

(a) 串联反馈   (b) 并联反馈

图 4-3   串联反馈与并联反馈

5. 反馈类型的判别

要判别放大电路中是否有反馈，以及反馈的类型是什么，可以参照以下步骤进行。

（1）明确基本放大电路信号的传输路径，并依次标好各点信号的瞬时极性。所谓瞬时极性，指的是假设从基本放大电路输入端的信号在某一瞬间的瞬时极性为正，并用⊕标记（⊕表示的是在选定时刻信号量增大了）。然后根据每一级放大电路的输出信号与输入信号的关系，依次标出其他各点的瞬时极性（⊕表示增加，⊖表示减少）。

（2）看基本放大电路的输出端与输入端，是否有连线，找到反馈支路。注意，有的反馈只是实现一级放大电路的反馈，常称为本级反馈；有的反馈是实现多级之间的反馈，常称为级间反馈。一般情况下，指的是整个放大电路输入与输出之间所连接的反馈。

（3）判断反馈到输入端的反馈信号，是引自输出端的电流还是电压。常采用输出短路法来判别。即假设输出电压为 0，若反馈信号随之为 0，说明反馈信号与与输出电压有关，则为电压反馈。反之，即便输出电压为 0，但反馈信号依然不为 0，说明反馈信号与输出电压无关，而是与输出电流有关，说明是电流反馈。

（4）根据反馈信号加在输入端，与输入信号是以怎样的方式相加减，如果是电压形式，表示是串联反馈，反馈量是电压；如果是电流形式，表示的是并联反馈，反馈量是电流。

（5）列出反馈量 u_f 或 i_f 的表达式，分析该变量是增大了还是减少了。如果是增大了，导致净输入信号减少，表示是负反馈；反之是减少的话，将导致净输入信号增加，则为正反馈。

最后，明确反馈的类型是正反馈还是负反馈。如果是负反馈，判断是直流负反馈还是交流负反馈。如果是交流负反馈的话，进一步判断是哪一种类型的负反馈。

下面应用以上所介绍的方法，来判断图 4-4 所示的两级放大电路的反馈类型。

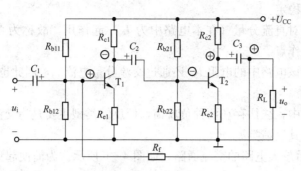

图 4-4　含有反馈的放大电路

从该电路看，它是一个两级的放大电路，采用阻容耦合方式。第一级是共射基本放大电路，第二级也是共射基本放大电路。采用瞬时极性法标注，知道 u_o 与 u_i 的瞬时极性相同。

连接该放大电路的输出和输入的支路是 R_f。由于反馈连接在 b_1 点，因此实现的是节点电流的相加减，故为并联反馈，且反馈量是 i_f。显然

$$i_f = \frac{u_i - u_0}{R_f} \approx -\frac{u_0}{R_f}$$

采用输出短路法，可知当 $u_o = 0$ 时，i_f 也等于 0，说明反馈信号与输出电压有关，故为电压反馈。由于 u_o 瞬时极性为正，说明信号的变化是增大的，而此时 i_f 是变小的，说明净输入电流将会增大，故该反馈是一个正反馈。

4.2　负反馈的四种组态

如果一个放大电路中的反馈是交流反馈，它会对放大电路的性能指标产生影响。反馈类型不同，有些影响也不尽相同。通常把负反馈分成四种组态。

4.2.1　电流串联负反馈

图 4-5 为 3.4 节介绍的分压式偏置共射放大电路，所不同的是发射极电阻 R_e 旁没有加旁路电容。

由前面的介绍可知，R_e 的作用是自动稳定静态工作点，其稳定过程实际上是一个负反馈过程。从反馈的角度可以这样来理解，因为 R_e 联系着放大电路的输入电路和输出电路，因此是一个反馈电阻。在静态时，当温度升高导致输出直流电流 I_C 增大时，它通过 R_e 而使发射极电位 V_E 升高，由于基极电位 V_B 是 R_{b1} 和 R_{b2} 由于 U_{CC} 分压得到的，故是一个固定值，于是输入电压 U_{BE} 就会减小，从而牵制了 I_C 的变化，

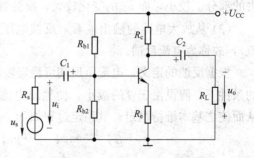

图 4-5　电流串联负反馈

致使静态工作点趋于稳定。

由于这种反馈是对直流分量（在本电路中为 I_c）起作用，故称为直流负反馈。它的主要作用是稳定静态工作点。

需要注意的是：该电路中的电阻 R_e 还通过交流分量电流 i_c，因此也起到负反馈的作用，故被称为交流负反馈。

在一个放大电路中，往往存在两种负反馈，但反馈类型主要是指交流负反馈，对直流负反馈一般不具体讨论其反馈类型。

画出图 4-5 所示放大电路的交流通路，如图 4-6 所示。为简便起见，图中略去了偏置电阻 R_{b1} 和 R_{b2}。

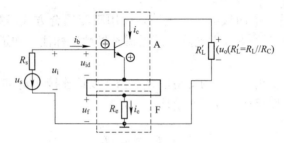

图 4-6   图 4-5 电路的交流通路

判断负反馈类型的方法如下。

（1）假定在 u_i 的正半周，其瞬时极性如图 4-6 所示，这时 i_b 和 i_c 也在正半周，其实际方向与图 4-6 中的正方向一致，因此这时 $i_e(\approx i_c)$ 流过电阻 R_e 所产生的电压 $u_e \approx i_c R_e$ 其瞬时极性如图 4-6 中所示，u_e 即为反馈电压 u_f。由输入回路可知

$$u_{be} = u_i - u_f \tag{4-3}$$

由于其正方向与瞬时极性一致，故三者同相。

可见，净输入电压 $u_{be} < u_i$，即 u_f 削弱了净输入信号，故为负反馈。

（2）从放大电路的输入端看，反馈信号与输入信号串联，并以电压形式相加减，故称为串联反馈。

对于串联反馈而言，信号源内阻 R_s 越小，反馈效果越好。这是因为若单独讨论反馈电压 u_f，由于信号源的内阻 R_s 与 r_{be} 是串联的（忽略 R_{b1} 和 R_{b2} 时），当 R_s 比较小时，u_f 被其分去的部分也较小，而 u_{be} 的变化较大，反馈效果很好。当 $R_s = 0$ 时，反馈效果最好。

（3）从放大电路的输出端看，反馈电压 $u_f \approx i_c R_e$，是取自输出电流 i_c（即流过 R'_L 的电流），故称为电流反馈。

根据反馈的定义，电流负反馈可稳定输出电流。对于图 4-5 所示电路，可知在 u_i 一定的条件下，假设由于 β 的减小，使输出电流 i_c 减小，因此负反馈的作用将牵制 i_c 的减小，从而使之基本维持恒定。其稳定过程如下。

$$\beta \downarrow \longrightarrow i_c \downarrow \longrightarrow u_f \downarrow \longrightarrow u_{be} \uparrow \longrightarrow i_b \uparrow$$
$$i_c \uparrow \longleftarrow $$

由此可知，图 4-5 为一含有串联电流负反馈的放大电路。

4.2.2 电压并联负反馈

图 4-7 为一含有电压并联负反馈的放大电路，为什么呢？可根据前面介绍的方法进行判断。

首先分析一下电路的组成。在集电极与基极之间接有电阻 R_f，它联系着放大电路的输出电路和输入电路，故是一个反馈电阻。

为了判断反馈的类型，画出其交流通路，如图 4-8 所示。

（1）假定 u_i 在正半周，则 i_i 和 i_b 也在正半周，其实际方向与图中的正方向一致。这时，u_{be} 也在正半周，故基极的瞬时极性为正，而输出电压 u_o 与输入电压 u_{be} 是反相的，集电极的瞬时极性为负，如图 4-8 所示。这时反馈电流 $i_f = (u_i - u_o)/R_f = -u_o/R_f$，即 i_f 的瞬时极性为正，也处于正半周。由输入回路可知

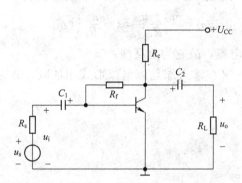

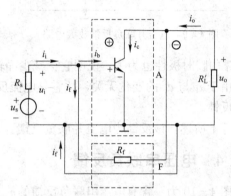

图 4-7 电压并联负反馈放大电路　　　　图 4-8 图 4-8 所示电路的交流通路

$$i_b = i_i - i_f \tag{4-5}$$

由于三者同相，净输入电流 $i_b < i_i$，即 i_f 削弱了净输入信号，为负反馈。

（2）从放大电路的输入端看，反馈信号与输入信号并联，即进行电流相加减，故为并联反馈。

对于并联反馈而言，信号源 R_s 越大，反馈效果越好。这是因为若单独讨论反馈电流 i_f，由于信号源的内阻 R_s 与 r_{be} 是并联的，当 R_s 比较大时，i_f 被其所在支路分去的部分也比较小，i_b 的变化就大，因此反馈效果很好。当 $R_s = 0$ 时，无论 i_f 多大，i_b 将只由 u_s 决定，故无负反馈作用。

（3）从放大电路的输出端看，反馈电流 i_f 为：$i_f = \dfrac{u_{be} - u_o}{R_f} \approx -\dfrac{u_o}{R_F}$，它与输出电压 u_o 有关，故为电压反馈。

同样，根据反馈的定义，电压负反馈能稳定输出电压，对于图 4-7 所示电路，在 $R_s \neq 0$ 的条件下，假设由于 R_L 的减小，使输出电流 u_o 减小，则 i_f 也将减小，负反馈的作用将牵制 U_o 的减小，使之基本维持恒定。其稳定过程如下。

$$p_L \downarrow \longrightarrow u_o \downarrow \longrightarrow i_f \downarrow \longrightarrow i_b \uparrow \longrightarrow i_c \uparrow$$
$$u_o \uparrow \longleftarrow \underline{\hspace{6cm}}$$

由此可见，图 4-7 为一含有电压并联负反馈的放大电路。

此外，电阻 R_f 也起着直流负反馈的作用，可以稳定静态工作。

4.2.3 电流并联负反馈

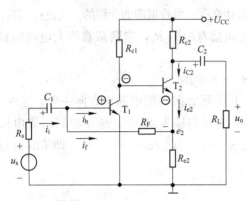

图 4-9 电流并联负反馈放大电路

图 4-9 为一含有电流并联负反馈的放大电路。它为一两级直接耦合放大电路，第一级是共射方式，第二级仍是共射方式，电路的输入信号从 b_1 输入，从 c_2 输出。从输出回路的 e_2 通过 R_f 连到输入回路的 b_1 点，故反馈存在于此。

由于该支路并接在 b_1 点，故它是并联反馈，且反馈量是 i_f。

按照瞬时极性法，假设 b_1 点的瞬时极性为 $\oplus$，依次标记，知道 e_2 的瞬时极性为负。

由于 $i_f = \dfrac{u_{b1} - u_{e2}}{R_f} \approx -\dfrac{u_{e2}}{R_f}$（$u_{b1} \ll u_{e2}$），可

知：i_f 的瞬时极性也为 $\oplus$，说明它会减少净输入电流，故它为负反馈。

由于 i_f 与 u_o 的变化无关，故它是电流反馈；又在输入端是以电流形式相加减，故为并联负反馈。

综上所述，该反馈为电流并联负反馈。

4.2.4 电压串联负反馈

图 4-10 为一含有电压串联负反馈的放大电路。

该电路是一个单管放大电路，也是第 3 章介绍的射极输出器。

该电路的输入从 b_1 送进来，从 e_1 输出去，连接着输入和输出回路的只有 R_e 支路，故反馈存在于此。

由于反馈信号加在 e_1 端，与输入信号呈串联方式，故反馈量是电压 u_e。

由于 $u_e = u_o$，它会使净输入电压减少，故是一个负反馈。

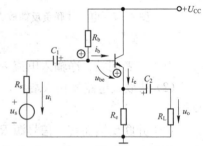

图 4-10 电压串联负反馈放大电路（射极输出器）

又由于 u_e 取决于 u_o，故是一个电压反馈，且在输入回路，反馈电压与输入电压是以电压形式相加减，故为串联反馈。

综上所述，该反馈为电压串联负反馈。

4.3 负反馈对放大电路性能的影响

4.3.1 降低放大倍数

由图 4-1 反馈放大电路的方框图可知，未引入负反馈时的电路放大倍数为 $\dot{A} = \dfrac{\dot{X}_o}{\dot{X}_d}$；

加入负反馈后，电路的反馈系数为 $\dot{F}=\dfrac{\dot{X}_o}{\dot{X}_d}$，电路的净输入为 $\dot{X}_d=\dot{X}_i-\dot{X}_f$。

包含反馈电路在内的整个放大电路的放大倍数，即引入负反馈后的放大倍数（也称闭环放大倍数）为

$$\dot{A}_f=\frac{\dot{X}_o}{\dot{X}_i}=\frac{\dot{A}}{1+\dot{A}\dot{F}} \tag{4-7}$$

当放大电路工作于中频范围且反馈电路为纯电阻时，式（4-7）可写成代数式，即

$$A_f=\frac{A}{1+AF} \tag{4-8}$$

在负反馈中，由于 $\dot{X}_f$ 与 $\dot{X}_d$ 同是电流或电压，并且是同相的，故 AF 是正实数，因此

$$|A_f|<|A| \tag{4-9}$$

式（4-9）表明，引入负反馈后，闭环放大倍数比开环放大倍数小，即放大倍数降低了。需要特别注意的是：这里的放大倍数是一个广义的概念，不一定指电压放大倍数，而是与反馈的类型有关。对应于电流串联负反馈放大电路、电流并联负反馈放大电路、电压串联负反馈放大电路和电压并联负反馈放大电路，分别是指电导放大倍数、电流放大倍数、电压放大倍数和电阻放大倍数。

其中，式（4-8）中的 $|1+AF|$ 常被称为反馈深度，其值越大，意味着负反馈作用越强，$|1+AF|$ 的值也就越小，即放大倍数降得越多。

尽管放大电路引入负反馈后，放大倍数降低了，但却在很多方面改善了放大电路的性能，因此在保留主电路（指原放大电路）的基础上稍加改进（即引入负反馈），就可以实现对放大电路性能的新要求，具体内容见 4.3.2～4.3.5 节。

4.3.2　提高放大倍数的稳定性

放大电路常因某些原因（如温度）导致放大倍数不稳定，如果引入了负反馈，这一情况可得到改善。

通常，电路放大倍数的稳定性是用放大倍数绝对值的相对变化量来表示的，即由 $\dfrac{\mathrm{d}A}{A}$ 的大小来评定。

运用式（4-8）来分析，由于放大倍数不稳定，在这种情况下，A 是一个变量，式（4-8）对 A 求导数，可得

$$\frac{\mathrm{d}A_f}{\mathrm{d}A}=\frac{1+AF-AF}{(1+AF)^2}=\frac{1}{(1+AF)^2} \tag{4-10}$$

整理式（4-10），可得

$$\mathrm{d}A_f=\frac{1}{(1+AF)^2}\mathrm{d}A \tag{4-11}$$

式（4-11）两边同除以 A_f 并代入式（4-10），可得

$$\frac{\mathrm{d}A_f}{A_f}=\frac{1}{(1+AF)}\frac{\mathrm{d}A}{A} \tag{4-12}$$

式（4-12）表明，放大电路引入负反馈后，放大倍数的相对变化量是未加反馈时的 $\dfrac{1}{1+AF}$ 倍，即放大倍数的稳定性提高了。

4.3.3 减少了非线性失真

3.3 节曾介绍过，由于静态工作点选择不当或者输入信号过大，都将引起输出信号的失真，出现如图 4-11 所示输出信号上下不对称的情形。

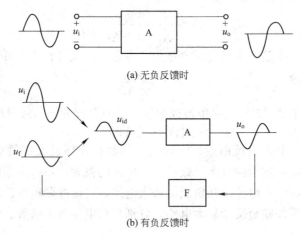

(a) 无负反馈时

(b) 有负反馈时

图 4-11 负反馈减少非线性失真示意图

引入负反馈后，可将输出端的失真信号反送到输入端，使净输入信号发生某种程度的预先失真（即波形的不对称情况与输出信号正好相反），经过放大后，可使输出信号的失真得到一定程度的补偿。

需要指出的是：负反馈利用了失真的波形来改善输出波形的失真，此举只能减小非线性失真，不能完全消除非线性失真。

4.3.4 对放大电路输入电阻的影响

1. 串联反馈时

从图 4-3（a）的输入端看，无反馈时的输入电阻为 $R_i = \dfrac{u_{id}}{i_i}$，有反馈时的输入电阻为

$R_{if} = \dfrac{u_i}{i_i}$

因为 $u_{ib} < u_i$，故 $R_{if} > R_i$，所以串联负反馈时放大电路的输入电阻变大。

2. 并联反馈时

从图 4-2（b）的输入端看，无反馈时的输入电阻为 $R_i = \dfrac{u_i}{i_{id}}$，有反馈时的输入电阻为

$R_{if} = \dfrac{u_i}{i_i}$

因为 $i_{id} < i_i$，故 $R_{if} > R_i$，所以并联负反馈时放大电路的输入电阻变小。

4.3.5 对放大电路输出电阻的影响

1. 电压反馈时

由于电压负反馈放大电路具有稳定输出电压 u_o 的作用，即具有恒压输出的特点，而恒

压源的内阻很低，故加负反馈后，放大电路的输出电阻变小了。

2. 电流反馈时

由于电流负反馈放大电路具有稳定输出电流 i_o 的作用，即具有恒流输出的特点，而恒流源的内阻很大，故加负反馈后，放大电路的输出电阻变大了。

需要注意的是：这里所指的输出电阻是针对反馈环内而言的，对于电流负反馈，如图 4-5 所示电路，反馈环内不包含电阻 R_c，故这里指的输出电阻不包含 R_c。

4.4　深度负反馈放大电路放大倍数的估算

4.4.1　深度负反馈放大电路放大倍数估算原理

所谓深度负反馈，是指反馈深度 $|1+AF| \gg 1$ 时（一般取 $|1+AF| > 10$），利用式（4-8）可以推出

$$A_f = \frac{A}{1+AF} \approx \frac{1}{F} \tag{4-13}$$

由式（4-13）可知：

(1) 反馈放大电路放大倍数 A_f 的计算最后归结为反馈系数 F 的计算；

(2) 根据 A_f 和 F 的定义以及式（4-13），可得

$$X_i \approx X_f \tag{4-14}$$

对于串联负反馈，$u_i \approx u_f$；

对于并联负反馈，$i_i \approx i_f$。

(3) 深度负反馈情况下放大电路的放大倍数与基本放大电路无关，因此外界因素的变化不会影响到加反馈后的放大电路的放大倍数，从而保证了放大倍数的稳定。

在对负反馈放大电路进行估算时，可采用如下两种方法。

方法①：利用式（4-13）求解广义放大倍数，然后将其转换成电压放大倍数。

方法②：利用式（4-14），根据电压放大倍数的定义直接求解。

下面以图 4-5 所示电流串联负反馈放大电路、图 4-9 的电流并联负反馈放大电路、图 4-7 所示电压并联负反馈放大电路以及图 4-10 所示电压串联负反馈放大电路，分别介绍其计算过程。

4.4.2　计算举例

1. 电流串联负反馈

方法①：

由于这是一个电流串联负反馈，故其放大倍数为输出电流与输入电压之比，$A_f = \dfrac{i_o}{u_i}$。

根据深度负反馈的特点，有 $A_f \approx \dfrac{1}{F}$。

对于该负反馈放大电路而言，$F = \dfrac{u_f}{i_o}$，

又：$u_f \approx i_0 \times R_E$

最后代入，得：$A_f = \dfrac{i_o}{u_i} \approx \dfrac{1}{\dfrac{u_f}{i_o}} = \dfrac{1}{R_e}$

该放大倍数是电导的量纲，为西门子（简称为西），常称之为互导增益。

如果要求出其电压放大倍数，即 $A_{uuf} = \dfrac{u_o}{u_i}$

因为

$$u_o = -i_o \times R'_L \quad (R'_L = R_C \,/\!/\, R_L)$$

则

$$A_{uuf} = \dfrac{u_o}{u_i} = \dfrac{-i_o \cdot R'_L}{u_i} = -\dfrac{R'_L}{R_e}$$

其中，负号表示输入与输出电压反相。

方法②：

由于该电路的反馈式串联反馈，且满足深度负反馈的特点，有 $u_i \approx u_f$。

其中，$u_f = i_o \times R_e$

则根据电压放大倍数的定义，有 $A_{uuf} = \dfrac{u_o}{u_i}$

又

$$u_o = -i_o \times R'_L$$

最后代入，有

$$A_{uuf} = \dfrac{u_o}{u_i} = \dfrac{-i_o \times R'_L}{i_o R_e} = -\dfrac{R'_L}{R_e}$$

该计算结果与方法①相同。

2. 电压并联负反馈

无论电路中含有哪种组态的负反馈，其估算放大倍数的方法是通用的，对于电压并联负反馈也不例外。

方法①：

对于电压并联负反馈而言，其放大倍数表示的是输出电压与输入电流之比，其量纲是欧姆，故常称之为互阻增益。即

$$A_f = \dfrac{u_o}{i_i}$$

根据深度负反馈的特点，有

$$A_f = \dfrac{1}{F}$$

由前面的分析知

$$i_f \approx -\dfrac{u_o}{R_f}$$

故

$$F = \dfrac{i_f}{u_o} \approx -\dfrac{1}{R_f}$$

代入，有 $A_f \approx \dfrac{1}{F} = \dfrac{1}{\dfrac{i_f}{u_o}} = -R_f$

欲求出电压放大倍数，即为 $A_{uu_s f}=\dfrac{u_o}{u_s}$

由于 $i_i \approx i_f$，代入整理后，有

$$A_{uu_s f}=\frac{u_o}{u_s}=\frac{u_o}{i_i \times R_s}=A_f \times \frac{1}{R_s}=-\frac{R_f}{R_s}$$

方法②：

由于是电压负反馈，且满足深度负反馈条件，则有

$i_i \approx i_f$，且 $i_f=\dfrac{u_i-u_o}{R_f} \approx -\dfrac{u_o}{R_f}$

$$A_{uu_s f}=\frac{u_o}{u_s}=\frac{u_o}{i_i \times R_s} \approx \frac{u_o}{i_f \times R_s}, \text{ 代入 } i_f, \text{ 有 } A_{uu_s f}=\frac{u_o}{-\dfrac{u_o}{R_f} \times R_s}=-\frac{R_f}{R_s}$$

3. 电流并联负反馈

方法①

对于这个电流并联负反馈电路，有 $i_f=\dfrac{u_{b1}-u_{e2}}{R_f} \approx -\dfrac{u_{e2}}{R_f}$（$u_{b1} \ll u_{e2}$），而 $F=\dfrac{i_f}{i_{e2}}$，又 $u_{e2}=i_{e2} \times R_{e2}$，故 $F=\dfrac{i_f}{i_{e2}}=-\dfrac{u_{e2}}{R_f}/i_{e2}=-i_{e2} \times R_e/R_f=-\dfrac{R_e}{R_f}$

由于 $A_f \approx \dfrac{1}{F}$，它表示的是输出电流和输入电流之比，是一个电流放大倍数的含义，故

$$A_f=\frac{i_{e2}}{i_i} \approx -\frac{R_f}{R_e}$$

那么，$A_{uu_s f}=\dfrac{u_o}{u_s}$，$u_o=i_{e2} \times R_L'$（$R_L'=R_L // R_{c2}$），$U_s=i_i \times R_s$，代入得

$$A_{uu_s f}=\frac{u_o}{u_s}=\frac{i_{e2} \times R_L'}{i_i \times R_s}=\left(-\frac{R_f}{R_{e2}}\right) \times \left(\frac{R_L'}{R_s}\right)=-\frac{R_f R_L'}{R_{e2} R_s}$$

方法②

因为是并联负反馈，故有 $i_i \approx i_f$，

而 $i_f \approx -\dfrac{u_{e2}}{R_f}$，$u_o=i_{e2} \times R_L'$（$R_L'=R_L // R_{c2}$），$u_s=i_i \times R_s \approx \dfrac{u_{e2}}{R_f}$

又 $u_{e2}=i_{e2} \times R_{e2}$

则 $A_{uuf}=\dfrac{u_o}{u_i}=\dfrac{i_{e2} \times R_L'}{i_i \times R_s}=\dfrac{i_{e2} \times R_L'}{\left(\dfrac{i_{e2} \times R_{e2}}{R_f}\right) \times R_s}=-\dfrac{R_f R_L'}{R_{e2} R_s}$

4. 电压串联负反馈

方法①

对于该电压串联负反馈电路，因为 $u_f=u_o$，故反馈系数为

$$F=\frac{u_f}{u_o}=1$$

由于负反馈满足深度负反馈的条件，故 $A_f \approx \dfrac{1}{F}=1$

显然 A_f 表示的输出电压和输入电压之比，因此它表示的是电压放大倍数。

故，$A_{uuf} = A_f = 1$，这与第 3 章用微变等效电路求得的结果是一致的。

方法②

因为是串联负反馈反馈，且满足深度负反馈的条件，故 $u_i \approx u_f$

又根据电路，可知：$u_f = u_o$

则 $A_{uuf} = \dfrac{u_o}{u_i} \approx \dfrac{u_o}{u_f} = 1$

从以上几个算例的分析结果来看，无论是采用方法①还是方法②，其计算结果是一样的，两者没有任何区别。只是方法②显得更为简捷一些。值得注意的是，正确的估算是建立在负反馈组态判断正确的基础之上的。因此，反馈的判别是一项基础性工作。

4.5　负反馈放大电路的稳定性

从前面的讨论可知，交流负反馈对放大电路性能的影响程度，是由负反馈深度或环路增益的大小决定的，$|1 + \dot{A}\dot{F}|$ 或 $|\dot{A}\dot{F}|$ 越大，放大电路的性能越好。然而，如果反馈过深时，不但不能改善放大电路的性能，反而会使电路产生自激振荡，使电路无法稳定地工作。

4.5.1　产生自激振荡的原因

前面讨论的负反馈放大电路，都是假定其工作在中频区，这时电路中各个电抗性元件的影响均可忽略。按照定义，引入负反馈后，放大电路的净输入信号 $\dot{X}_{id}$ 将减少，因此，$\dot{X}_f$ 与 $\dot{X}_i$ 必然是同相的。即满足

$$\varphi_a + \varphi_f = 2n \times 180° \quad (n = 0,\ 1,\ 2,\ \cdots)$$

其中 φ_a 和 φ_f 分别为 $\dot{A}$ 和 $\dot{F}$ 的相角。

但是，在高频区或低频区，电路中各种电抗性元件的影响，不能再被忽略。$\dot{A}$ 和 $\dot{F}$ 是频率的函数，它们的幅值和相位都会随频率而变化。其中，相位的改变，使 $\dot{A}$ 和 $\dot{F}$ 不再同相，会产生附加的相位移（$\Delta\varphi_a$ 和 $\Delta\varphi_f$）。可能在某一频率下，$\dot{A}$ 和 $\dot{F}$ 的附加相位移达到 180°，使得

$$\varphi_a + \varphi_f = (2n + 1) \times 180° \quad (n = 0,\ 1,\ 2,\ \cdots)$$

这时，$\dot{X}_f$ 与 $\dot{X}_i$ 必然由中频区的同相变为反相，使放大电路的净输入信号由中频时的减少变为增大，放大电路由负反馈变成正反馈。

当正反馈足够强，以至于 $\dot{X}_{id} = -\dot{X}_f = -\dot{A}\dot{F}\dot{X}_{id}$，也就是

$$\dot{A}\dot{F} = -1 \qquad (4-15)$$

在这个时候，即使输入端不加输入信号，输出端也会产生输出信号，电路产生了自激振荡。如图 4-12 所示，电路将失去正

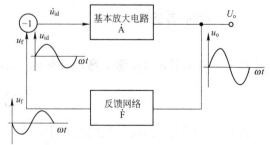

图 4-12　负反馈放大电路的自激振荡

常的放大作用，式（4-15）也常称为自激振荡条件。

4.5.2 抑制自激振荡的措施

发生在负反馈放大电路中的自激振荡是有害的，必须设法消除，常采用以下方法。

1. 减少反馈深度

即减少反馈系数 $\dot{F}$，这种方法，实际上是破坏自激振荡条件，从而也就抑制了自激振荡的产生。但反馈深度的减少，会对放大电路性能指标的改善产生不利的影响。

2. 频率修正法（或频率补偿法）

这种方法的主导思想，是通过在反馈环路内，增加一些电抗性元件，从而改变环路增益 $\dot{A}\dot{F}$ 的频率特性，破坏自激振荡条件，达到抑制自激振荡的目的。这种方法的特点是环路的增益可以得到有效的增加。

1）增加主极点的频率补偿

如图 4-13 为一个三级放大电路，采用受控源和 RC 电阻来模拟。其中 R_1 和 C_1，R_2 和 C_2，R_3 和 C_3 分别表示这三级放大电路频率分析用的等效 R 和 C，它们有可能使放大电路在高频或低频时产生附加的相位移。若电路还有电压串联负反馈，将有可能产生自激。现增加一级 R_c 和 C_c 进行补偿，只要设计合理，使它成为主极点，保证总的相位移不超过180°，且留有一定的富余，即可保证电路不自激。

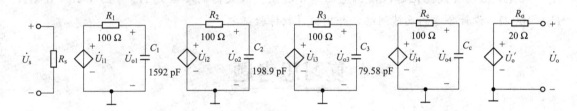

图 4-13 密勒补偿

2）改变主极点的频率补偿

这种方法与上面提到的方法不同，它在补偿前和补偿后的极点的个数不发生变化，只是把原来的主极点左移，使之远离其他极点，从而不满足自激条件，从而避免了自激的产生。

以图 4-14 为例，它是在基本放大电路中时间常数最大的回路，即决定主极点的回路，

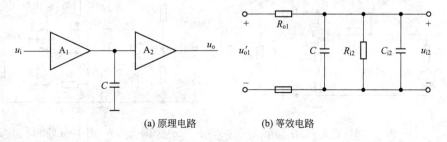

(a) 原理电路　　　　(b) 等效电路

图 4-14 改变主极点的频率补偿

接入一电容，即图中的 C。图中 u'_{o1} 表示第一级放大电路的等效空载电压，R_{o1} 表示等效后输出电阻。

3. 密勒补偿

主极点补偿中所用的电容和电阻都比较大，在集成电路内部使用起来比较困难，这时采用将补偿元件跨接在某一级放大电路的输入输出之间，如图 4 - 15 所示，利用其密勒效应。这样，用较小的电容（几皮法到几十皮法）就可以获得满意的补偿。

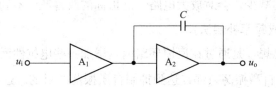

图 4 - 15 增加用作补偿用的 RC 电路

技 能 实 训

1. 设计一个负反馈电路。它的输入信号来自一个内阻 $R_s = 2\ \text{k}\Omega$ 的电压源 v_s，负载电阻 $R_L = 50\ \Omega$，且当负载变化时，输出电压趋于稳定。放大器的参数是 $A_{u0} = 10^4$，$R_i = 5\ \text{k}\Omega$，$R_o = 100\ \Omega$。设计合适的反馈网络，并用仿真软件验证之。

复习思考题

4 - 1 通常采用瞬时判别法判别反馈电路的反馈极性。若反馈信号加强了输入信号，则为 ＿＿＿＿＿＿ 反馈；反之为 ＿＿＿＿＿ 反馈。

4 - 2 在图 4 - 16 的负反馈放大电路中，试判断反馈的类型。

4 - 3 图 4 - 17 所示为电视音频功放电路，试用瞬时极性法判断级间反馈类型。

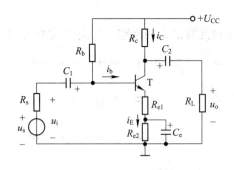

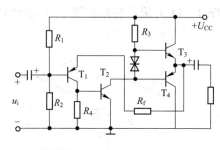

图 4 - 16 题 4 - 2 图 　　　　　图 4 - 17 图 4 - 3 题

4-4 在图4-18所示各电路中，哪些元件组成了极间反馈？它们所引入的反馈是正反馈还是负反馈？是直流反馈还是交流反馈？（设电路中电容的容抗都可以忽略）如果是交流负反馈，试说明反馈组态。

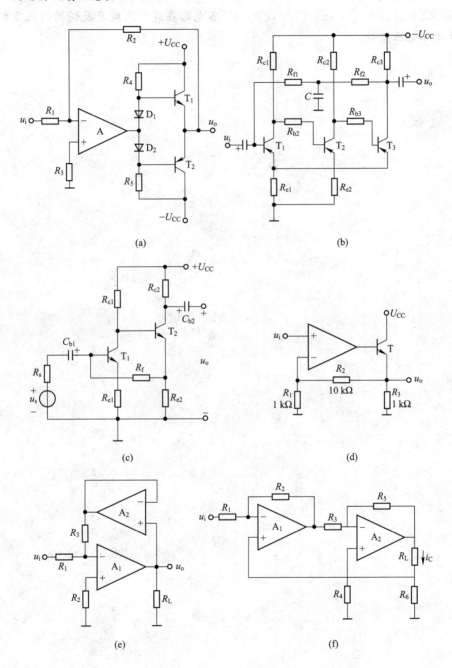

图4-18 题4-4图

4-5 已知某反馈放大电路的开环电压增益 $A_u = 2\,000$，反馈系数 $F_u = 0.049\,5$。若输出电压 $u_o = 2\,V$，求输入电压 u_s，反馈电压 u_f 及净输入电压 u_{id}。

4-6 一放大电路的开环电压增益为 $A_{u0} = 10^4$，当它接成负反馈放大电路时，其闭环电

压增益为 $A_{uf}=50$，若 A_{u0} 变化 10%，问 A_{uf} 变化多少？

4-7　对于如图 4-18 所示各电路，哪些能稳定输出电压？哪些能稳定输出电流？哪些能提高输入电阻？哪些能降低输入电阻？

4-8　试估算图 4-18（a）（b）（c）（d）各电路在满足深度负反馈的情况下的闭环增益，以及闭环电压增益。

第 5 章
功率放大电路

【本章内容概要】

功率放大电路的主要目的是驱动负载，这一般对功率输出有一定的要求。本章首先介绍了功率放大电路的特点以及分类，然后重点介绍了 OTL 和 OCL 的工作原理及其分析计算，最后简单地介绍复合管的概念以及类型，BTL 功率放大电路以及集成功放等方面的内容。

【本章学习重点与难点】

学习重点：

1. 功率放大器的特点与分类；

2. OTL 和 OCL 功率放大器的工作原理及分析计算；

3. 复合管的概念与类型。

学习难点：

功率放大电路的分析计算。

5.1 功率放大电路的基本要求及其类型

5.1.1 功率放大电路及其特点

多级放大电路除了应有电压放大级，以实现电压信号的放大，还要求有一个能输出一定信号功率的输出级，这就是所谓的功率放大级。其作用是将前置电压放大级送来的信号进行功率放大，从而推动负载工作。例如，使扬声器发声，使电动机旋转，使继电器动作，使仪表指针偏转，等等。

从能量控制的角度来看，电压放大电路和功率放大电路并没有本质的区别，都是利用三极管、场效应管等有源器件，将电源的直流能量转换成放大的交流信号输出，实现的是信号放大的，所不同的是：前者的目的是输出足够大的电压或电流放大，而后者主要是要求输出最大的功率。但无论是哪种放大电路，在负载上都同时存在输出电压、电流和功率，因此，两者称呼上的区别，只不过是强调输出量的不同而已。由于两者在工作任务上的不同，因此在信号处理方面也有差异，体现在前者是工作在小信号状态，而后者则工作在大信号状态。与此同时，也带来了对电路的技术指标和分析方法上的差异，详见表 5-1。

表 5-1 电压放大器与功率放大器的比较

比较内容	电压放大器	功率放大器
工作任务	电压放大 输出信号的电压足够大	功率放大 输出信号的功率足够大
技术指标	1. 不允许出现信号失真 2. 电压放大数速足够大 3. 输入电阻大 4. 输出电阻小 5. 通频带宽	1. 视情况，允许信号有一定程度的失真 2. 输出功率大 3. 能量转换效率高 4. 功放管满足散热条件
分析方法	微变等效电路 图解法	图解法

5.1.2 功率放大电路的基本要求

1. 减少失真，能尽可能地输出大功率

为了获得较大的功率，三极管往往工作在极限状态，但不能超出三极管的极限参数 P_{Cmax}、I_{Cmax}、$U_{BR(CEO)}$ 所限定的范围。由于是在大信号情况下工作，功率放大电路的动态变化范围大，非线性失真往往比较严重，这就使得输出功率和非线性失真，成为一对主要矛盾。

一般情况下，如工业控制系统，是以输出功率为主要目的的，这时对非线性失真的要求不高，因此非线性失真就降为了次要问题。但在一些测量系统和电声设备中，对失真的要求非常严格，这需要尽量减少非线性失真。因此，到底是追求非线性失真指标，还是输出功率指标，应视具体情况而定。

2. 提高转换效率

由于三极管输出的大功率是从直流电源转换而来的，因此提高效率则意味着减少在三极管上的损耗。转换效率指负载上得到的交流信号功率与电源供给的直流功率之比。用公式来表示就是

$$\eta = \frac{P_0}{P_E} \times 100\%$$

其中，η 表示转换效率，P_0 表示交流输出功率，P_E 表示直流电源输出的功率。

3. 注意功放管的散热

在功率放大电路中，由于功放管承受着高电压、大电流，有相当大的功率消耗在管子的集电结上。在工作时，管耗所产生的热量，使结温和管壳温度升高。当温度太高时，功放管容易老化，甚至损坏。为了充分利用允许的管耗而使管子输出足够大的功率，要特别注意功放管的散热问题。通常把功放管做成金属外壳，并加装散热片。为了防止功放管被损坏，也常采取过载保护。

在一个功率放大电路中，效率、失真和输出功率这三者指标之间是相互影响的，因此有时候需要做出取舍。

5.1.3 功率放大器的分类

功率放大电路的形式多种多样，按照功率放大电路中静态工作点位置的不同（见图 5-1），

可分为 3 种基本类型，即甲类、乙类和甲乙类。

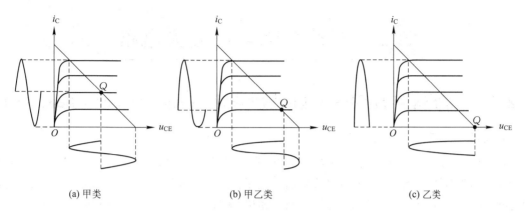

(a) 甲类　　　　　　　(b) 甲乙类　　　　　　　(c) 乙类

图 5-1　功率放大电路的 3 种基本类型

1. 甲类

这类功率放大电路的静态工作点 Q 位于交流负载线的中点，如 3.2.1 节所介绍的电压放大电路就工作在这种状态，由于输出电流和电压都较输入的电流和电压大，因此，它们也具有功率放大能力。

但是这种电路不论有无输入信号，电源供给的功率 $P_E = U_{CC}I_C$ 总是不变的。当没有信号输入时，电源功率全部消耗在管子和电阻上，绝大部分损耗在管子的集电结上；当有信号输入时，其中一部分转换为有用的输出功率 P_o，信号越大，输出功率也越大。

可以证明，在理想情况下，甲类功率放大电路的最高效率只能达到 25%。

2. 乙类

这类功率放大器的静态工作点位于交流负载线与 $I_C = 0$ 的交点。显然，在这种情况下，无信号输入时，由于 $I_C = 0$，故直流电源无功率输出，$P_E = 0$，管耗也为零；在有信号时，电源供给的功率为 $P_E = U_{CC}I_{C(AV)}$，其中，$I_{C(AV)}$ 为集电极电流 i_C 的平均值，P_E 降低，P_o 增大，电路的转换效率提高，理想情况下能达到 78.5%。

但是，这种类型的功率放大器存在一个严重的问题，即输出波形产生具有严重的失真。

3. 甲乙类

这类功率放大器的静态工作点接近于乙类的静态工作点，即 $I_C \neq 0$，但接近于零，故其特性与乙类接近，转换效率比甲类高，但低于乙类，且接近乙类，输出也出现了失真。

为此，为了达到既能提高效率，又能减少信号失真的目的，需要引入互补对称功率放大电路。其主要思路是利用性能对称的两个三极管进行推挽工作（即每个管子工作半个周波），并设法将其输出信号都加在负载上，从而在负载上得到一个完整的电压、电流波形。

此外，按照功率放大器与负载之间耦合方式的不同，可分为变压器耦合功率放大器、电容耦合功率放大器（也叫做无输出变压器功率放大器，OTL）、直接耦合功率放大器（也叫做无输出电容功率放大器，OCL）以及桥接式功率放大器（BTL）四种。

若按照功放电路是否是集成的，可分为分元件式功率放大器和集成功率放大器。

5.2 互补对称功率放大电路

5.2.1 无输出电容的互补对称功率放大电路 (Output Capacitor Less, OCL)

1. 乙类互补对称功率放大电路

图 5-2 所示为一乙类互补对称功率放大电路，图中，T_1 为 NPN 型三极管，T_2 为 PNP 型三极管，两管分别构成参数对称的射极输出器电路。由于该电路与负载直接相连，因此没有耦合电容，故称为无输出电容的功率放大电路，简称 OCL（Output Capacitor Less）。

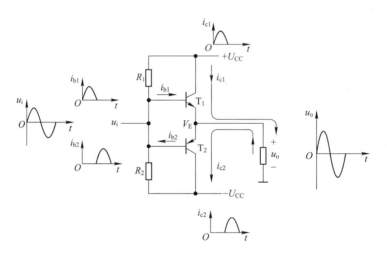

图 5-2　乙类互补对称功率放大电路

这种电路的输出端没有电容，使放大器的低频特性范围增大。由于隔直的输出电容，所以必须设置扬声器保护电路。

1）静态分析（$u_i = 0$）

设三极管 T_1 和 T_2 的参数及正、负电源电压完全对称，则：

（1）两管射极的静态电位 $U_E = 0$，即 $U_{CE1} = U_{CC}$，$U_{CE2} = -U_{CC}$，负载中没有电流；

（2）输入电压 $u_i = 0$，静态工作点 Q 设在横轴 U_{CC} 处，见图 5-3。T_1 和 T_2 均处于截止状态，两管都工作在乙类放大状态；

（3）输出电压 $u_o = 0$。

2）动态分析（$u_i \neq 0$）

（1）正半周时，T_1 管的发射结电压处于正向偏置，此时只要 u_{be1} 大于死区电压，T_1 管就导通；而 T_2 管因发射结电压处于反向偏置而截止。负载上的电流 $i_0 \approx i_{c1}$，负载 R_L 上形成正半周输出电压，见图 5-4（a）。

（2）负半周时，T_2 管导通，T_1 管截止，负载上的电流 $i_0 \approx i_{c2}$，负载 R_L 上形成负半周输出电压，见图 5-4（b）。

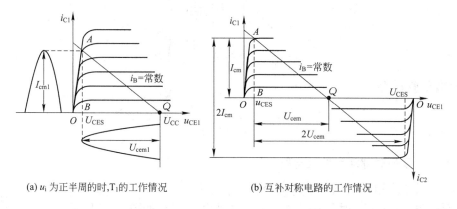

(a) u_i 为正半周的时, T_1 的工作情况　　　(b) 互补对称电路的工作情况

图 5-3　互补对称电路的图解分析

因此，在一个周期内，负载 R_L 上可以得到完整的输出信号波形，如图 5-2 所示。

3）输出功率及效率的计算

从图中可以看出，输出电流 i_o 的最大幅值为 $I_{cm} = \dfrac{U_{cem}}{R_L}$，输出电压的最大幅值为 $U_{cem} \approx U_{CC}$（忽略管子的饱和压降 U_{CES}），则输出的最大功率为

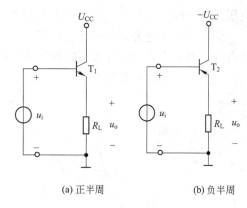

$$P_{om} = \frac{1}{2} I_{cm} U_{cem} = \frac{U_{cem}^2}{2} \approx \frac{U_{CC}^2}{2R_L} \qquad (5-1)$$

(a) 正半周　　　(b) 负半周

图 5-4　图 5-1 电路的正负半周的工作情况

两个直流电源供给的总功率为

$$P_E = 2I_{c1}U_{CC} = 2U_{CC} \times \frac{1}{2\pi}\int_0^\pi I_{cm}\sin\omega t\,\mathrm{d}(\omega t) = \frac{2U_{CC}^2}{\pi R_L} \qquad (5-2)$$

式（5-2）中 I_{c1} 为 T_1 管在半个周期内集电极电流的平均值。

该功率放大电路的效率为

$$\eta = \frac{P_{om}}{P_E} = \frac{\pi}{4} = 78.5\% \qquad (5-3)$$

由式（5-3）可知，乙类功率放大电路的转换效率可达 78.5%，该值是在忽略管子的饱和压降 U_{CES} 和输入信号足够大的情况下得到的（$u_i \approx U_{CC}$），实际效率会略低于这个数值。

考虑到 T_1 和 T_2 在一个信号周期内各导电通 180°，且通过两管的电流和两管两端的电压 u_{CE} 考虑在数值上都分别相等，只是在时间上错开了半个周期。因此，总管耗等于单管消耗功率的 2 倍。T_1 管的管耗为

$$P_{T1} = \frac{1}{2\pi}\int_0^\pi (U_{CC} - u_o)\frac{u_o}{R_L}\mathrm{d}(\omega t)$$

$$= \frac{1}{2\pi}\int_0^\pi (U_{CC} - U_{om}\sin\omega t)\frac{U_{om}\sin\omega t}{R_L}\mathrm{d}(\omega t)$$

$$= \frac{1}{2\pi}\int_0^\pi \left(\frac{U_{CC}U_{om}\sin \omega t}{R_L} - \frac{U_{om}^2\sin^2\omega t}{R_L} \right) \mathrm{d}(\omega t)$$

$$= \frac{1}{R_L}\left(\frac{U_{CC}U_{om}}{\pi} - \frac{U_{om}^2}{4} \right)$$

故两管的管耗为

$$P_T = 2P_{T1} = \frac{2}{R_L}\left(\frac{U_{CC}U_{om}}{\pi} - \frac{U_{om}^2}{4} \right)$$

2. 甲乙类互补对称功率放大电路

在 OCL 乙类互补对称功率放大电路中，静态时，T_1 和 T_2 均处于截止状态，当输入信号小于三极管的死区电压时，基极电流 i_B 基本上等于零，如图 5-5 所示。

通常把乙类功率放大电路在两管交替工作前后存在的由于三极管死区电压而导致的输出电压、输出电流波形产生的信号失真叫做交越失真。

为了消除交越失真，可在三极管上加一很小的直流偏压，将静态工作点设置在稍高于截止点处，当两个功放管在静态时处于微导通状态，即可避开输入特性曲线上的死区电压。人们常把处于这种状态的功率放大电路称为甲乙类功放。图 5-6 为甲乙类互补对称功率放大电路。

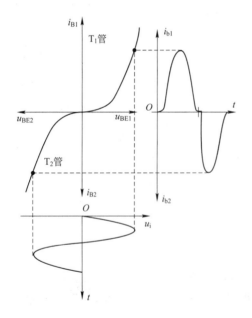

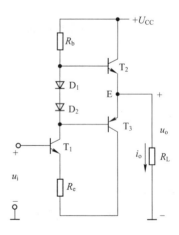

图 5-5　乙类功率放大电路中存在的交越失真　　　图 5-6　甲乙类互补对称功率放大电路

由图 5-6 可以看出，在功率放大级 T_2 管和 T_3 管的基极之间加了两只二极管 D_1 和 D_2（有的电路加入电阻或者电阻与二极管串联），其中 T_1 为共射形式的前置电压放大级。

该电路的工作原理如下：

（1）静态时，T_1 管的集电极静态工作电流在 D_1 和 D_2 上产生正向压降，以供给 T_2 和 T_3 一定的基极偏置电流，从而使这两个管子处于微导通状态。

由于电路是对称的，因此 T_2 和 T_3 的电流也相等，故负载电阻 R_L 上没有静态电流流过，两管的发射极电位为零。

（2）动态时，由于二极管的 D_1 和 D_2 的动态电阻很小，比 T_1 管集电极电阻小很多，因此可以认为 T_2 和 T_3 的基极交流电位基本相等。

在这种情况下，T_2 和 T_3 在输入信号由正半周向负半周过渡或者由负半周向正半周转换时仍然导通，如图 5-7 所示，从而克服了交越失真。其中，负载电流 i_o 为 i_{c2} 和 i_{c3} 之差。

综上所述，甲乙类互补对称功率放大电路可以克服交越失真，但为了提高效率，T_2 和 T_3 的基极偏置电流不宜太大，应尽可能接近于乙类功放的情况。

图 5-6 甲乙类功放电路的偏置方法，存在的不足是其偏置电压不易调整。而利用 u_{BE} 扩大电路进行偏置时，见图 5-8。由于流入 T_4 的基极电流远小于流过 R_1 和 R_2 的电流，则可由图求出

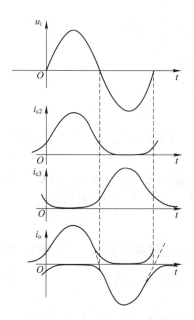

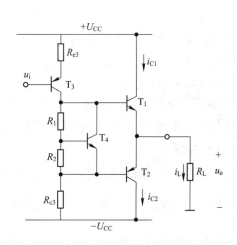

图 5-7　甲乙类互补对称功率
放大电路的工作波形

图 5-8　利用 u_{BE} 扩大电路进行偏置
的互补对称电路

$$U_{CE4} = \frac{R_1 + R_2}{R_2} U_{BE4}$$

因此，利用 T_4 管的 U_{BE4} 基本为一固定值，如硅管约为 $0.6 \sim 0.7$ V，只要适当调节 R_1、R_2 的比值，就可以改变 T_1、T_2 的偏压值。

这种电路叫做 u_{BE} 扩大电路进行偏置的互补对称电路，在集成电路中经常被用到。

5.2.2　无输出变压器的互补对称功率放大电路（Output Transformer Less，OTL）

图 5-9 所示的功率放大电路与 OCL 不同，具体表现在以下方面：

（1）只有一个工作电源 U_{CC}；

（2）三极管的发射极与负载电阻 R_L 之间增加了一个大容量的电容 C，由于这个电容能

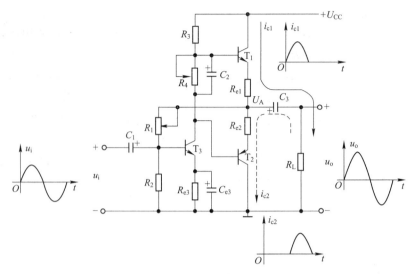

图 5-9　甲乙类单电源互补
对称功率放大电路

隔直，所以不必设置扬声器保护电路。

通常把这种功率放大电路称为无输出变压器的功率放大电路，简称为 OTL（Output Transformer Less）。

简单说明一下该电路的组成，T_3 为前置放大电路，为共射方式，其基极的偏置是从输出级 U_A 处引过来的。T_1 和 T_2 构成甲乙类功率放大方式，并采用单电源供电。

1. 静态分析

在 OTL 电路中，调节电压放大级三极管 T_3 的偏流电阻 R_1，使 T_1、T_2 两管的射极静态电位 $U_A = \frac{1}{2}U_{CC}$，则输出隔直电容 C_3 两端的电压稳定在 $\frac{1}{2}U_{CC}$，即 T_1、T_2 两管平分电源电压 U_{CC}，静态工作点 Q 设置在 $U_{CEQ} = \frac{1}{2}U_{CC}$ 处，从而可以保证输出波形上下幅值相等。

调节电阻 R_4 可使得 T_1、T_2 两管处于导通状态，在 R_4 上并联的电容 C_2 可使得 T_1、T_2 两管的基极交流电位相等，输出信号对称。

2. 动态分析

在 u_i 的正半周，T_1 管导通，T_2 管截止，此时电源 U_{CC} 通过 T_1 管对耦合电容 C_3 充电，充电电流 i_{c1} 流过负载电阻 R_L 形成正半周输出信号，电流方向和波形如图 5-10 所示。

在 u_i 的负半周，T_1 管截止，T_2 管导通，这时电容 C_3 相当于电源，并通过 T_2 对 R_L 放电，形成负半周输出信号。

因此，在负载 R_L 上就获得了一个完整的交变输出的电压波形。

3. 输出功率和效率

由于该电路是单电源供电，因此电路是对称的，加在两个三极管上的电压是 $U_{CC}/2$，放大电路的输出电压幅值最大为 $U_{cem} \approx \frac{1}{2}U_{CC}$，$I_{om} = \frac{U_{cem}}{R_L} \approx \frac{U_{CC}}{2R_L}$，故最大输出功率为

$$P_{om} = \frac{1}{2} I_{om} U_{cem} = \frac{U_{CC}^2}{8R_L} \tag{5-4}$$

直流电源只在 u_i 的正半周供给电流，所以 i_{C1} 的波形是半个正弦波，其平均值 $I_{c(AV)} = \frac{I_{om}}{\pi}$，故直流电源供给的功率为

$$P_E = I_{c(AV)} U_{CC} = \frac{U_{CC}}{2\pi R_L} \cdot U_{CC} = \frac{U_{CC}^2}{2\pi R_L} \tag{5-5}$$

效率为

$$\eta = \frac{P_{om}}{P_E} = \frac{U_{CC}^2}{8R_L} \cdot \frac{2\pi R_L}{U_{CC}^2} = \frac{\pi}{4} = 78.5\% \tag{5-5}$$

从式（5-5）可以看出，其效率与双电源的互补对称功率放大电路相同。

图 5-10 为一含有自举电路的功率放大器，其中 R_4、C_4 为自举电路。T_1 管为前置放大器，为共射方式，且采用分压式偏置电路。R_p 可实现对静态时，A 点电压 U_A 的调整，使之等于 $U_{CC}/2$，其工作原理如下。

$$R_p \uparrow \rightarrow U_{B1} \downarrow \rightarrow U_{B2} \uparrow \rightarrow U_A \uparrow$$

因此，改变 R_P 的大小，即可调整 U_A 的电位。

在自举电路中，R_4 为隔离电阻，将 M 点的电位 U_M 与 U_{CC} 隔离开。有 R_4 的阻值较小，一般远小于 R_3。C_4 是自举电容，其电容值很大，这样在交流的时候，u_M 能紧跟 u_A 变化。

如果没有自举电路，设在功放处在正半周，注意此时 u_i 应为负半周，因为前置放大级为共射电路，有反相作用。这时简化的电路如图 5-11 所示。

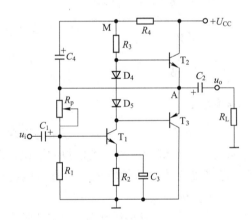
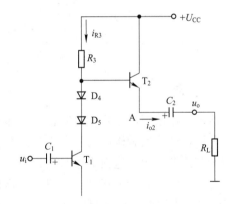

图 5-10　含有自举电路的甲乙类单电源　　　　图 5-11　无自举电路时的正半
　　　　互补对称功率放大电路　　　　　　　　　　周输出的等效简图

在交流时，由于 R_3 上将形成一定的压降 $u_{R3} = R_3 i_{R3}$，同时 T_2 管发射结也有一部分的压降，这就造成了 u_A 正向变化时，远不能达到 U_{CC}。这表示，该电路的正半周的输出幅值比较小，远不能达到 $U_{CC}/2$，因此影响了输出功率的大小。

加上自举电路后，由于 R_4 较小，故静态时 $U_M \approx U_{CC}$。电路在正半周输出时，由于大电容 C_4 的作用，可使 u_M 与 u_A 同幅上升，从而弥补了这一过程中的 u_{R3} 和发射结上的压降。当 u_A 由 $U_{CC}/2$ 升至 U_{CC} 时，u_M 将升至 $3U_{CC}/2$。由此可见，自举电路可使输出的幅值增加，使其最大能达到 $U_{CC}/2$。

5.3　复合管的功率放大电路

互补对称功率放大器要求功放管互补对称，但在实际当中，要使互补的 NPN 管和 PNP 管配对是比较困难的，为此，常采用复合管的接法来实现互补，以解决大功率管互补配对难的问题。

此外，由于功放需要输出足够大的功率，这就要求功放管必须是一对大电流、高耐压的大功率管，而且推动级必须提供足够大的输出电流。采用复合管，可以满足这一要求。

5.3.1　复合管

所谓复合管，指的是按一定原则，将两只或两只以上的放大管连接在一起，组成一个等效的放大管，我们称之为复合管，如图 5 - 12 所示。

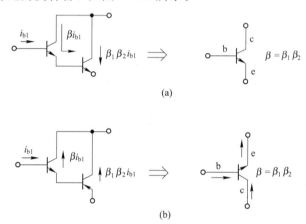

图 5 - 12　复合管的连接方法

所谓连接原则，是要使得复合管内部各晶体管的各极电流方向，必须符合原来的极性。

采用这种连接后构成的复合管，其电流放大倍数变成了两级的电流放大倍数的乘积，即 $\beta = \beta_1 \beta_2$，因此输出的电流大大增加。此外，由复合管组成的放大器的输入电阻有可能会提高。对于图 5 - 12（a）的接法，其输入电阻 $r_{be} = r_{be1} + (1 + \beta_2) r_{be2}$。

需要指出的是，采用这种接法后，复合管的穿透电流会比较大，从而使其温度稳定性变差。

复合管连接时，一般第一个管子是小功率管，第二个为大功率管。最后，复合管的管子的类型，是由第一个管子的类型决定的。如 5 - 12（a）的复合管为 NPN 型，5 - 12（b）也为 NPN 型。

5.3.2　复合管的功率放大电路

图 5 - 13 为采用复合管的互补对称功率放大电路。T_2 和 T_3 复合成一个 NPN 型三极管，T_3 和 T_4 复合成一个 PNP 管。图中 R_6、R_7 分别为 T_2、T_3 的电流负反馈电阻，它们同时也为 T_4、T_5 提供基极偏置。R_8 和 C_4 组成移相网络，用于改善输出的负载特性。

图 5 - 14 是采用复合管构成的一个准互补对称功率放大电路。图中 T_2 和 T_4 复合成一个

NPN 型的管子，T_3 和 T_5 复合成一个 PNP 型的管子。由于 T_4 和 T_5 都是 NPN 型管子，不是互补型管子，但它们的复合管是互补的，通常称之为准互补对称。

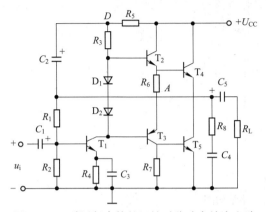

图 5 - 13 采用复合管的互补对称功率放大电路

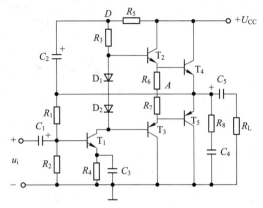

图 5 - 14 采用复合管的准互补
对称功率放大电路

　　需要指出的是，在调试和维修复合管功率放大电路时，为了减少对功率管的损害，一般大功率管先不接入电路。由复合管的知识可知，此时功放电路仍然可以进行功率放大，只是这时的输出功率比较小。注意此时信号不要太大，以免损害复合管中的小功率管。最后，在保证电路正常工作后，再接入大功率功放管。

5.4 BTL 功率放大电路

　　BTL（Bridge Transformer Less）是桥接式推挽电路，它是在 OCL 和 OTL 功放的基础上发展起来的一种功放电路，图 5 - 15 为其原理图。

　　图 5 - 16 为 BTL 的电路结构，它是由四个功放管连接成电桥形式，负载电阻 R_L 不接地，而是接在电桥的对角线上。

　　下面分析一下其工作原理。从电路结构来看，两个 OCL 电路的输出端，分别接在负载的两端。

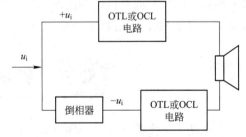

图 5 - 15 BTL 电路的原理图

　　（1）在静态时，两个输出端的电位相等，即负载两端的电位相等，无直流电流流过负载。

　　（2）在动态时，有信号输入时，两输入端分别加上了幅度相等、相位相反的信号。

　　在正半周时，T_1、T_4 导通，T_2、T_3 截止。导通电流是：

$$电源 \rightarrow T_1 \rightarrow 负载 R_L \rightarrow T_4 \rightarrow 地$$

电流流向如图中实线所示，负载得到了正半周波形。

　　在负半周时，T_2、T_3 导通，T_1、T_4 截止。导通电流为：

$$电源 \rightarrow T_3 \rightarrow 负载 R_L \rightarrow T_2 \rightarrow 地$$

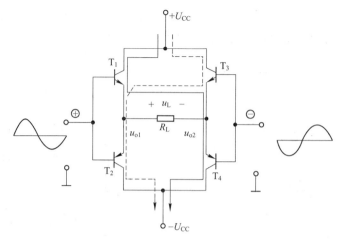

图 5-16 BTL 的电路结构图

电流的流向如图中虚线所示，负载得到负半周波形。

4 只功率放大管以推挽方式轮流工作，共同完成了对一个周期信号的放大。T_1 导通时，T_4 也导通，在这半个周期内，负载两端的电压为 $2\Delta u_{o1}$。在理想情况下，T_1 导通时，u_{o1} 从 "0" 变化到 U_{CC}，即 $\Delta u_{o1}=U_{CC}$；而 T_4 导通时，u_{o2} 从 "0" 变到 $-U_{CC}$，即 $\Delta u_{o2}=-U_{CC}$。这样，负载上的电压为 $\Delta u_L=2U_{CC}$。在另半个周期内，T_2 和 T_3 导通，负载上的电压也为 $\Delta u_L=2U_{CC}$。由于输出功率与输入电压的平方成正比，因此在同样条件下，BTL 的输出功率为 OTL 或 OCL 电路的 4 倍。

BTL 功率放大器是由两个完全相同的 OTL 或 OCL 电路，按照 5-16 所示的方式组成的。由图可见，BTL 电路需要的元件，比 OTL 或 OCL 电路多一倍。因此，用分离元件来构成 BTL 电路，就显得成本要高一些。

根据电桥平衡原理，BTL 电路的左右两臂的三极管分别配对即可实现桥路的对称。这种同极性、同型号间三极管的配对，显然比互补对管的配对更加容易，也更加经济，特别适宜制作输出级为分立元件的功放。

5.5 集成功率放大器

集成功率放大器的芯片有很多，LM380 是其中一款应用较广的芯片。图 5-17 给出了它的外部接线图。它采用差分输入，2 和 6 为输入端，8 为输出端。

图 5-18 给出了其内部原理电路。从图中可以看出：它是由输入级、中间级和输出级组成。

三极管 $T_1 \sim T_4$ 构成复合管差分输入级，由 T_5、T_6 构成镜像电流源作为其有源负载。

输入级的单端输出信号传送至由 T_{12} 组成的共射中间级，T_{10} 和 T_{11} 构成其有源负载，这一级的主要

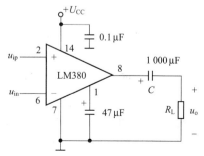

图 5-17 LM380 的一种外部接线

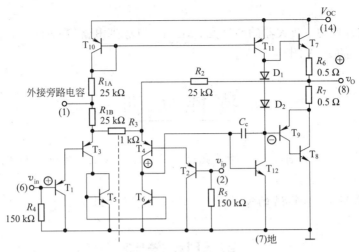

图 5 - 18　LM380 的内部原理图

作用是提高电压放大倍数，其中 C_c 是补偿电容，保证电路稳定地工作。

T_7、T_8、T_9 和 D_1、D_2 组成通常所说的互补对称输出级。T_8、T_9 等效于一个 PNP 管。

差分输入级的静态工作电流，分别由输出端和电源正端通过电阻 R_1（$R_1 = R_{1A} + R_{1B}$）和 R_2 来供给。从电路的结构和参数可以看出，通过这一级两边的电流是接近相等的。例如，当量输入端对地短路时，有

$$\frac{U_{CC} - 3U_{BE}}{R_A + R_B} \approx \frac{U_0 - 2U_{BE}}{R_2}$$

其中，U_{CC} 为电源电压，U_{BE} 为三极管的发射结的电压降；U_0 为直流输出电压，其值近似为 $U_{CC}/2$。因此，静态时，R_3 几乎没有直流电流流过。

为了改善电路的性能，引入了交、直流两种反馈。直流反馈是由输出端通过 R_2 引到输入级 T_4 的发射极，以保持静态时输出电压 U_0 的基本恒定。

交流反馈是由 R_2 和 R_3 引入的。若将差分输入级以对称轴（虚线）划分为两半，则 R_3 的中点为交流的地电位点。用瞬时极性法可以判断，见图 5 - 18 中所标的各点瞬时极性，可知，所引入的是电压串联负反馈，其反馈系数为

$$F_u = \frac{R_3/2}{R_2 + R_3/2}$$

这样就可以保持电压放大倍数的恒定。

按图中给定的参数，可求出电路的闭环电压增益为：

$$A_{uf} \approx \frac{1}{F_u} = 1 + \frac{2R_2}{R_3} = 51$$

LM380 的输入信号可以从两端输入，也可以从单端输入。由于 T_1、T_2 管的输入回路各有电阻 R_4、R_5（150 Ω）构成偏流通路，故允许一端开路。

图中电容 C_c 为相位补偿电容，跨接在中间放大级 T_{12} 的基极和集电极之间，构成密勒效应补偿，以消除可能产生的自激振荡。

LM380 功率放大器是一种很流行的固定增益功率放大器，它能够提供大到 5 W 的交流

信号输出。

另一种集成音频功率放大器的型号为 LM384，其原理电路与 LM380 相同，但其额定电源电压由 LM380 的 22 V 升至 28 V。

技 能 实 训

（1）调试图 5-11 含自举电路的功放放大器，比较加上自举电路和不加自举电路两种情况下，输出电压的差异。

（2）查找 LM380，LM384 的技术资料，比较两者的异同。

复 习 思 考 题

5-1   在甲类、乙类、甲乙类放大电路中，放大管的导通角各是多少？它们中的哪一类放大电路的效率最高？

5-2   一双电源互补对称电路如图 5-19 所示，已知 $U_{CC}=12$ V，$R_L=16$ Ω，u_i 为正弦波，求：

（1）在三极管的饱和压降 U_{ces} 可以忽略的条件下，负载上可能得到的最大输出功率 P_{om} 为多少？

（2）每个管子允许的管耗 P_{CM} 至少为多少？

（3）每个管子的耐压 $|U_{(BR)CEO}|$ 应大于多少？

5-3   电路如图 5-20 所示，已知 T_1 和 T_2 的饱和管压降 $|U_{CES}|=2$ V，直流功耗可忽略不计。试求：

（1）R_3、R_4 和 T_3 的作用是什么？

（2）负载上可能获得的最大输出功率 P_{om} 和电路的转换效率 η 各为多少？

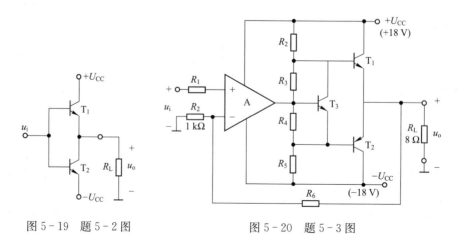

图 5-19   题 5-2 图   图 5-20   题 5-3 图

5-4   准互补的 OCL 对称输出电路如图 5-21 所示。试分析回答下列问题：

（1）简述图中晶体管 $T_1 \sim T_5$ 构成的形式及其作用；

（2）说明 R_{e3}、R_{e4}、R_{c2} 的作用；

（3）调整电阻 R_1，可解决什么问题？

　　5-5　在如图 5-22 所示电路中，已知 T_1 管输出的最大集电极电流和电压分别 $I_{CM1}=$ 10 mA，$U_{CM1}=10$ V 供给复合管功放级，所有管子的 $\beta=30$，求负载上最大输出功率 P_{om}。

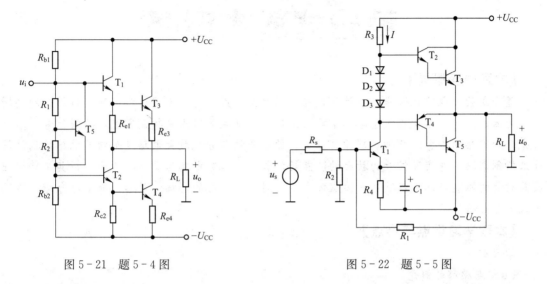

图 5-21　题 5-4 图　　　　　　　　　图 5-22　题 5-5 图

　　5-6　单电源互补对称电路中如图 5-23 所示，负载电阻 $R_L=150$ Ω，要求最大输出功率 $P_{om}=120$ mW，求电源 U_{CC} 的值。

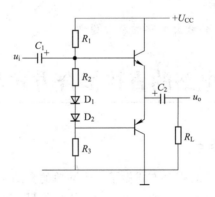

图 5-23　题 5-6 图

第6章 差分式放大电路

【本章内容概要】

差分式放大电路在性能上有许多优点，而且是集成运算放大器这样一种直接耦合的高增益放大器，或其他模拟集成电路的重要组成部分，其主要特点是抑制零漂和共模信号。本章首先介绍零漂的概念以及抑制零漂的意义，然后介绍差分式放大电路是如何从电路结构的设计来抑制零漂，并实现信号的放大的。然后以长尾式差分电路为重点，着重分析其工作原理及其放大的性能指标，以及输入输出方式不同对性能指标的影响。最后，简单地介绍了恒流源式差分电路的特点。

【本章学习重点与难点】

学习重点：

1. 零点漂移的概念；

2. 差分式放大电路的工作原理。

学习难点：

1. 抑制单管零漂的原理；

2. 单端输入方式时，差分放大电路的放大原理。

6.1 放大电路的直接耦合方式及零点漂移

6.1.1 直接耦合的特点

在 3.7 节多级放大电路中对耦合方式做了一个简单的介绍。在生产实践中，有很多这类待放大的信号，其变化极为缓慢。显然，要放大这样的信号，采用含有耦合电容的放大电路是行不通的，因为它会被大电容滤掉，从而不能进入放大电路。这时，需要采取直接耦合方式的放大电路，即第一级和第二级之间是直接相连的，如图 6-1 所示。

这种耦合方式的放大电路也叫做直流放大电路。需要指出的是，这种电路不仅能放大直流信号，也能放大交流信号。由于电路中没有大的耦合电容，易于集成，故当前集成电路主要采取这种耦合方式，应用十分广泛。

尽管这种电路对缓慢变化的信号，甚至是直流信号都能传输放大，但同阻容耦合电路不同的是，它级与级之间的静态工作点是不相互独立的，因此设计电路以及调试电路时，都比较麻烦。

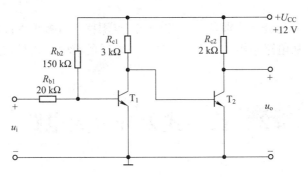

图 6-1　直接耦合式多级放大电路

6.1.2　零点漂移的含义

此外，直接耦合放大电路还存在着一个重要问题，就是零点漂移问题。什么是零点漂移呢？

对一个放大电路而言，当输入信号为零时，输出信号应该为零，或者为某一固定不变的值，这称为零点。但是，由于种种原因，例如，电源电压波动、元件老化，特别是环境温度的变化，使输出电压缓慢而不规则地偏移"零点"，如图 6-2 所示，这种现象就叫做零点漂移。

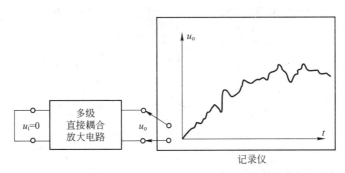

图 6-2　零点漂移现象

需要指出的是：从输出端看，零点漂移电压，与由真正需要放大的输入信号输入至直接耦合差动放大电路所产生的有用输出电压是无法区分的。尤其是当漂移量（无用信号）与有用信号可比拟时，有可能造成放大器工作失误。

比如，当有用的输入信号 $u_i = 0$ 时，直接耦合放大电路的漂移量足够大，这时，放大器的无用输出信号等效于有用输出信号以推动执行元件，从而造成误动。

由此可见，零点漂移问题是直接耦合放大电路必须要解决的一个重要问题。

从零点漂移产生的原因看，其与第 3 章的静态工作点不稳定的原因有共同之处，即温度是主要的影响因素。只不过后者表现为静态工作点的移动，需采用稳定静态工作点的电路来解决这个问题。此外，由于阻容耦合电路中隔直电容的作用，从时序的角度看，各级静态工作点的移动是一个缓慢变化的信号，故被耦合电容隔离，不能被逐级放大，只能够局限于本级之内，不会造成大的危害。而在直接耦合多级放大电路中，第一级很微小的零点漂移经多级放大后足以混淆有用信号。

由此可见，减小前几级（特别是第一级）的零点漂移，对多级直接耦合放大电路来说非常重要，不容忽视。从电路结构的角度来解决这一问题的有效办法是在第一级采用差分放大电路。

6.2　长尾式差分放大电路

6.2.1　电路组成

图 6-3 为长尾式差分放大电路，它由两个单级放大电路组成，左右完全对称，输入信号 u_{i1} 和 u_{i2} 分别从两个管子的基极输入，输出信号 u_o 从两个管子的集电极之间取出，这种输入/输出方式叫做双端输入、双端输出方式。该方式采用正的集电极电源 U_{CC} 和负的射极电源 $-U_{EE}$，射极有电阻 R_e（故名长尾式，以区别于基本差动放大电路），它为两个管子共用。

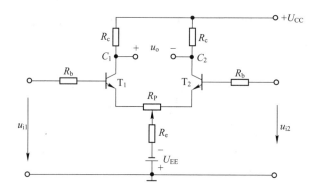

图 6-3　长尾式差动放大电路

6.2.2　抑制零点漂移的原理

1. 利用对称原理抑制零点漂移

静态时，即 $u_{i1}=u_{i2}=0$ 时，由于电路的对称性，可得

$$I_{B1}=I_{B2}, \quad I_{C1}=I_{C2}, \quad U_{C1}=U_{C2} \tag{6-1}$$

而

$$u_o=U_{C1}-U_{C2}=0 \tag{6-2}$$

由此可见，静态时，若差动放大电路采取双端输出，其输出为零。

当环境温度升高时，两管的参数发生相同的变化，两管的集电极电流同时增大，集电极电压同时减小，在理想情况下，其变化是相等的，即

$$\Delta I_{C1}=\Delta I_{C2}, \quad \Delta U_{C1}=\Delta U_{C2} \tag{6-3}$$

此时输出电压的变化量为

$$\Delta u_o=\Delta U_{C1}-\Delta U_{C2}=0 \tag{6-4}$$

由此可见，差动放大电路采用双端输出方式，由于相同变化的信号相抵，从而能很好地

克服零点漂移问题。由于温度变化引起的零点漂移的控制过程可以表示为

$$温度升高 \uparrow \begin{array}{l} \longrightarrow I_{C1} \uparrow \longrightarrow I_{C2}R_{C2} \uparrow \longrightarrow U_{C1} \downarrow \\ \longrightarrow I_{C2} \uparrow \longrightarrow I_{C2}R_{C2} \uparrow \longrightarrow U_{C2} \downarrow \end{array} \longrightarrow u_o = \Delta U_{C1} - \Delta U_{C2} = 0$$

2. 利用射极电阻 R_E 的深度电流负反馈作用抑制单管零点漂移

在采用双端输出方式时，利用差动放大电路的对称性的确可以抑制零点漂移，其前提条件是要求两个管子的参数完全对称，这在实际当中很难满足，换句话说，由于对称是相对的，因此利用这个特点来抑制零点漂移是有限的。

而且当电路采取单端输出时，即下一级电路或负载要求输出端接地，这时温度的变化将会影响每一个管子的 I_{C1} 和 I_{C2} 的变化，从而会造成 U_{C1} 和 U_{C2} 的变化。由于单端输出是从 C1 或者 C2 引出的，因此这一级的零点漂移会传至下一级放大，这时的零漂经过多级放大后，就变得不容忽视了。

然而由于发射极接有电阻 R_e，其抑制零点漂移的原理与分压式射极偏置放大电路稳定静态工作点的原理相同，而且其稳定能力更强。这是因为：在静态时，当环境温度升高时，两管的集电极电流都增加，即每一个管子的射极电流均增加，而流过射极电阻 R_e 的电流 I_E 为 I_{E1} 与 I_{E2} 的和，它也会增大。当管子对称时，可以认为 $I_E = 2I_{E1}$，因此发射极电位 U_E 也增大，从而导致 U_{BE1}、U_{BE2} 均减小，则 I_{B1} 和 I_{B2} 减小，I_{C1}、I_{C2} 减小，从而保证了 U_{C1} 和 U_{C2} 的稳定，有效地抑制了因温度变化引起的每一个管子集电极电流的变化。简单地说：它抑制了单管的零点漂移。该负反馈的工作原理可用下面的控制过程表示。

从控制过程来看，R_e 的值越大，其反馈效果越好，抑制单管的零点漂移作用也就越强。然而，R_e 的引入会导致 U_e 的电位升高，从而使电路的动态输出范围变小，负电源 $-U_{EE}$ 起到降低 U_e 电位的作用。

6.2.3　差分放大电路的静态分析（$u_i = 0$ 时）

由于差分式放大电路，从本质上将仍是一个起放大作用的放大电路，只不过它在抑制零漂问题上，其性能更为优越而已。因此，同基本放大电路一样，它实现对输入信号的处理，也是建立在三极管工作在合适的区域，即放大电路要具有合适的静态工作点。

当 $u_i = 0$ 时由地—R_b—三极管的发射结—R_e—负 U_{eE}，形成偏置电流 I_B，只要其他参数设置合适，即可保证两个三极管都处在放大区，有合适的静态工作点，具体计算见 6.2.6 例题。

6.2.4　差分放大电路的动态分析（$u_i \neq 0$ 时）

由于长尾式差动放大电路与恒流源式差动放大电路在动态时的工作原理相同，只不过在抑制单管零点漂移问题上有差异，故我们以长尾式差动放大电路为例进行介绍。

1. 输入一对差模信号（双端输出时）

输入一对差模信号时，电路的接法如图 6-4 所示。

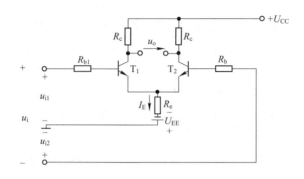

图 6-4　差动放大电路的差模输入方式

所谓差模信号，指的是 $u_{i1} = |-u_{i2}| = \frac{1}{2}u_i$，即它们的大小相等，极性相反。

显然，电路在差模信号的作用下，T_1、T_2 两管的电流变化方向相反，U_{C1}、U_{C2} 的变化方向相反，即当一个管子的集电极电压上升 ΔU_{C1} 时，另一个管子的集电极电压则减少 ΔU_{C2}，它们变化的大小相同。因此，在电路对称的情况下，其输出电压 u_o 的值为

$$u_o = \Delta U_{C1} - (-\Delta U_{C2}) = 2\Delta U_{C1} = 2|-\Delta U_{C2}| \tag{6-5}$$

需要指出的是，发射极电阻 R_e 对差模信号不产生影响。这是因为输入的差模信号会使一个管子的射极电流增加，另一个则减小，故流过 R_e 的电流 i_e 将保持不变，所以 R_e 对于差模信号而言可视为短路。

故该差动放大电路的交流通路如图 6-5 所示。

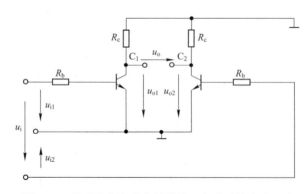

图 6-5　差动放大电路在差模输入方式时的交流通路

在图 6-5 中，u_{o1}、u_{o2} 分别表示差动放大电路的单端输出电压，其双端输出电压 u_o 为

$$u_o = u_{o1} - u_{o2} \tag{6-6}$$

由图 6-5 所示的交流通路可求得差模输入时其双端输出方式下的电压放大倍数：

$$A_{ud} = \frac{u_o}{u_i} = \frac{u_{o1} - u_{o2}}{u_{i1} - u_{i2}} = \frac{2u_{o1}}{2u_{i1}} = A_{ud1} = A_{ud2} \tag{6-7}$$

由此可见，双端输出差动放大电路的差模放大倍数与单管的放大倍数相同。所不同的

是，该电路具有较强的抑制零点漂移的能力。式（6-7）中的 A_{ud1}、A_{ud2} 表示差动放大电路的单管电压放大倍数，即

$$A_{ud1}=A_{ud2}=-\frac{\beta\left(R_c\,/\!/\,\frac{1}{2}R_L\right)}{r_{be}} \tag{6-8}$$

式（6-8）中的 R_L 表示负载接在 C_1 和 C_2 之间。显然，在差模信号作用下，在 R_L 中点位置的电位不发生变化，故在交流分析时，可认为是交流接地。因此计算单管电压放大倍数时，其负载电阻只有 $\frac{1}{2}R_L$。单管的微变等效电路如图 6-6 所示。

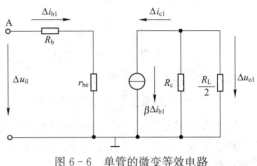

图 6-6　单管的微变等效电路

需要指出的是，作为一个能放大差模信号的放大器，当输入信号过大，也会超出三极管的线性工作范围，从而产生非线性失真。

2. 输入一对差模信号（单端输出时）

假设差动放大电路的输出端采用单端输出方式，即负载接在 C_1 与地之间，或者接在 C_2 与地之间，这时差动电路的放大倍数为

$$A_{ud}=\frac{u_{o1}}{u_i}=\frac{u_{o1}}{u_{i1}-u_{i2}}=\frac{u_{o1}}{2u_{i1}}=\frac{1}{2}A_{ud1}$$

或者

$$A_{ud}=\frac{u_{o2}}{u_i}=\frac{u_{o2}}{u_{i1}-u_{i2}}=\frac{u_{o2}}{-2u_{i2}}=-\frac{1}{2}A_{ud2} \tag{6-9}$$

由式（6-9）可以看出，单端输出时的电压放大倍数是双端输出时的一半。

其中，单管电压放大倍数按照式（6-10）计算，与式（6-8）不同，其负载电阻为 R_L。

$$A_{ud1}=A_{ud2}=-\frac{\beta\left(R_C\,/\!/\,R_L\right)}{r_{be}} \tag{6-10}$$

特别要强调的是，差动放大电路有两个输入端和两个输出端，故要特别注意在不同输入/输出方式下，输入信号和输出信号之间的相位关系，其中包括：

（1）每一个管子的集电极输出信号与其基极输入信号的相位相反；

（2）u_{o2} 与 u_{i1} 的相位相同，与 u_{i2} 相位相反；

（3）u_{o1} 与 u_{i2} 的相位相同，与 u_{i1} 相位相反。

因此，可以这样理解：如果以某端为输出端，则两个输入端中必然有一个为同相输入端，另一个为反相输入端。

在集成电路中，其第一级通常是差分式放大电路，故在输入端有同相输入端与反相输入端之分。

3. 输入一对共模信号（双端输出时）

所谓共模信号，指的是在差动放大电路的两个输入端加入大小相等、极性相同的信号，用公式表示为

$$u_{i1}=u_{i2} \tag{6-11}$$

共模输入方式时差动放大电路的接法如图 6-7 所示。

由于差动放大电路的两个输入端接的是共模信号，故两管的基极电流、集电极电流的变化方向相同，其集电极电压 U_{C1} 和 U_{C2} 的变化方向也相同且大小相等，因此，

$$u_o = u_{o1} - u_{o2} = 0 \qquad (6-12)$$

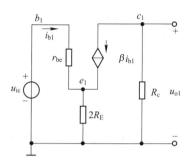

图 6-7　共模输入时差分放大电路的交流通路

这说明差动放大电路对共模输入信号不具有放大能力。在理想情况下，共模放大倍数为

$$A_{uc} = \frac{u_o}{u_{i1}} = \frac{u_o}{u_{i2}} = 0 \qquad (6-13)$$

式（6-13）表明，差动放大电路只有在输入有差别时才有输出，若无差别，则输出为零。

4. 输入一对共模信号（单端输出时）

与加入共模信号且为双端输出时不同，单端输出时其输出为 u_{o1} 或 u_{o2}，此时它并不为零，但由于 R_e（或 r_{ce}），射极采用有源电路时对两个管子都有很强的负反馈作用，故 u_{o1} 或 u_{o2} 都比较小，其共模放大倍数为

$$A_{uc} = \frac{u_{o1}}{u_{i1}} = \frac{u_{o2}}{u_{i2}} = -\frac{\beta (R_C /\!/ R_L)}{r_{be} + 2(1+\beta)R_e} \qquad (6-14)$$

式（6-14）表明，由于 R_E 的存在，因此 A_{uc} 也比较小。其中，共模输入单端输出时的微变等效电路，如图 6-8 所示。

需要指出的是，对于差动放大电路而言，其输出端的零点漂移电压可以折合到两个输入端，等效为两个共模输入信号。故差动放大电路抑制共模信号的能力与抑制零点漂移的能力是一致的。

5. 共模抑制比 CMRR

通过前面的分析可知，对于差动放大电路来说，需要考虑两个方面的内容：一是其抑制零点漂移的能力（或者说抑制共模信号的能力）；二是差模放大信号的能力。

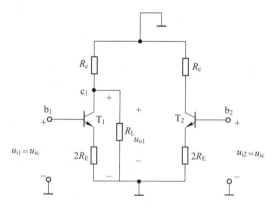

图 6-8　共模输入单端输出时的微变等效电路

为了综合衡量差动放大电路对差模信号的放大能力和抑制共模信号的能力，人们引入了共模抑制比这样一个参数，其定义为

$$CMRR = \left| \frac{A_{ud}}{A_{uc}} \right| \qquad (6-15)$$

式（6-15）表明，共模抑制比为差模放大倍数 A_{ud} 与共模放大倍数 A_{uc} 之比。显然，CMRR 越大，说明差动放大电路抑制零点漂移的性能越好。

有时，共模抑制比也用分贝数来表示，则：

$$CMRR = 20\lg \left| \frac{A_{ud}}{A_{uc}} \right| \qquad (6-16)$$

6. 输入一对比较信号时（即$|u_{i1}| \neq |u_{i2}|$）

有时，采用双端输入时，输入的既不是一对差模信号，也不是一对共模信号，而是一对比较信号，即$|u_{i1}| \neq |u_{i2}|$，此时电路是如何工作的呢？

在这个时候，这两个信号可以分别分解为一对差模信号u_{id}和一对共模信号u_{ic}，有：

$$\begin{cases} u_{i1} = u_{ic} + u_{id} \\ u_{i2} = u_{ic} - u_{id} \end{cases} \tag{6-17}$$

这时，
$$\begin{cases} u_{ic} = \dfrac{1}{2}(u_{i1} + u_{i2}) \\ u_{id} = \dfrac{1}{2}(u_{i1} - u_{i2}) \end{cases} \tag{6-18}$$

此时，差分放大电路将只对差模信号放大，而抑制的是共模信号。

例如：$u_{i1} = 8 \text{ mV}$，$u_{i2} = 6 \text{ mV}$，则差模信号$u_{id} = 1 \text{ mV}$，共模信号$u_{ic} = 7 \text{ mV}$。

在这种情况下，电路的输出，就是两部分之和，即：

$$u_o = A_{ud} \cdot u_{id} + A_{uc} \cdot u_{ic} \tag{6-19}$$

其中，A_{ud}和A_{uc}取决于电路采取的是双端输出或单端输出，分别按照式（6-9）（6-10）、式（6-13）和式（6-14）来求取。

7. 差动放大电路单端输入方式的探讨

在前面进行差动放大电路的动态分析时假定输入采用双端输入方式，实际上也可以采取单端输入方式，如图6-9所示。

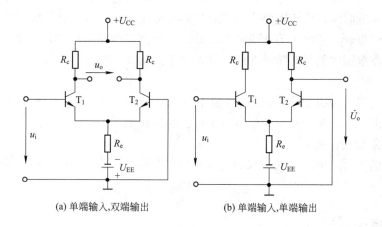

(a) 单端输入,双端输出　　　　(b) 单端输入,单端输出

图6-9　差动放大电路的单端输入方式

所谓单端输入，指的是输入信号加在T_1管的基极，T_2管的基极经基极电阻接地，所以输入信号有一端接地。

在单端输入的差动电路中，虽然信号从一个管子的输入端加入，但另一个管子仍然有信号输入。这是因为当输入信号电压从T_1管的基极加入后，T_1管的I_{B1}增大，I_{C1}增大，I_{E1}增大，发射极电位U_E升高。由于T_2管的基极基本上是地电位，所以T_2管的基—射极间的电压U_{BE2}减小，I_{C2}减小。此时，流过R_E上的电流为两管电流变化量之差，即$\Delta I_E = \Delta I_{E1} - \Delta I_{E2}$。$R_E$上的电压变化量$\Delta U_E = (\Delta I_{E1} - \Delta I_{E2})R_e$。

当 ΔU_E 为一个有限值时，由于 R_e 的值较大（如恒流源的动态电阻），所以（ΔI_{E1} − ΔI_{E2}）的值很小，甚至可以近似为零。

那么，ΔI_{C1} 和 ΔI_{C2} 可以近似认为其大小相等，相位相反，折合到输入端，则有：

$$\Delta U_{be1} = -\Delta U_{be2}$$

也就是说，输入信号电压一半加在 T_1 管上，另一半加在 T_2 管上。

此外，由于 $\Delta U_{be1} + \Delta U_{be2} = \Delta U_i$，只能要求：

$$\Delta U_{be1} = \frac{1}{2}\Delta U_i, \quad \Delta U_{be2} = -\frac{1}{2}\Delta U_i \tag{6-20}$$

由此可见，单端输入与双端输入对电路的放大并没有差异，也就是说，粗看起来两者似乎不同，实际上单端输入时两个管子仍是差动工作的。即输入信号从 T_1 的基极输入，射极输出，然后直接耦合到 T_2 的射极作为它的输入，因此，差分式放大电路有时也称为射极耦合方式。

8. 差分式放大电路的其他动态性能指标

差分式放大电路，其本质上是一个直接耦合形式的放大器，只不过其特殊的电路结构，使得其抑制零漂或共模信号的能力方面，性能更为优越。前面已经讨论了其放大倍数这个性能指标的计算方法。同样地，也可以求出其他动态性能指标，如通频带、输入电阻和输出电阻等。

1）频率特性

通过前面的分析，可以看出差分式放大电路无论是单端输入，抑或是双端输入，两者的电压放大倍数是没有区别的，只是在单端输出和双端输出时，是有区别的。

以双端输入、双端输出的差分式放大电路为例，因两边电路对称，故可以用单边共射放大电路来分析在低频时，由于电路中无耦合电容和旁路电容，故它具有极好的低频响应。但由于电路中有三极管，故结电容造成的米勒效应，使其高频响应与共射极放大电路相同。故该电路的全频率范围内的频率特性曲线，同 3.8 节的图 3-46。

2）输入电阻

因为输入电阻，取决于输入回路，但跟输入方式有关，从前面的分析，可以知道，对输入端而言，可能输入的是一对共模信号，也可能是差模信号。

（1）差模输入电阻 R_{id}：

根据前面的分析，单端输入与双端输入时没有差别的，故根据图 6-5，可知：

$$R_{id} = \frac{u_{id}}{i_i} = \frac{2u_{i1}}{i_{i1}} = 2r_{be} \tag{6-21}$$

（2）共模输入电阻 R_{ic}：

若两个输入端都接为共模电压 u_{ic} 时，根据图 6-7，可知：

$$R_{ic} = \frac{u_{ic}}{i_i} = \frac{u_{i1}}{2i_{i1}} = \frac{1}{2}[r_{be} + (1+\beta)2R_E] \tag{6-22}$$

3）输出电阻

输出电阻只与输出方式有关，对差分式放大电路而言，有单端输出和双端输出之分。故：

（1）双端输出时的输出电阻 R_o：

根据图 6-5，有 $u_o = 2u_{o1}$：

$$R_o = \frac{u_o}{i_o} = \frac{2u_{o1}}{i_{o1}} = 2R_c \tag{6-23}$$

（2）单端输出时的输出电阻 R_o：

因为 $u_o = u_{o1}$

$$R_o = \frac{u_o}{i_o} = \frac{u_{o1}}{i_{o1}} = R_c \tag{6-24}$$

6.3 具有恒流源的差分放大电路

6.3.1 工作原理

从对长尾式差动放大电路中 R_e 的分析可知，其值越大，直流电流负反馈效果越好，抑制零点漂移的能力也越强，然而要求 $-U_{EE}$ 的值也越大。对于电子电路而言，过高的电源电压是不合适的。特别是在集成电路中，由于集成工艺的要求，不能采用这种形式的大电阻。

为了解决大的 R_e 和 $-U_{EE}$ 的矛盾，在长尾式差动电路的基础上，人们又研究出一种性能更为优越的、具有恒流源的差动放大电路，如图6-10所示，其简化画法如图6-11所示。

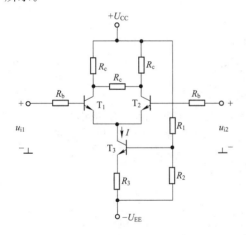

图6-10 具有恒流源的差动放大电路

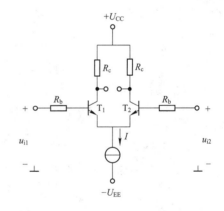

图6-11 恒流源式差动放大电路的简化画法

从图中可以看出，它利用三极管 T_3 的集—射极动态电阻 r_{ce3} 代替 R_e。这是因为三极管的输出特性表明，在放大区，当基极电流不变时，尽管集—射极间的电压 u_{ce} 有变化，但集电极电流 i_c 基本上不变，称为其具有恒流特性，这时的集—射极之间相当于一个很大的电阻，会形成很强的负反馈，从而满足了用大电阻来抑制零点漂移的要求。

换一个角度来说，由于 T_1 和 T_2 管的集电极电流是由发射极皆有的恒流源提供的，因此只要这个电流源提供的电流 I 是恒定的，则两个管子的集电极电流 $I_{C1} = I_{C2} \approx \frac{1}{2}I$ 就是恒定的，与温度等变化因素无关。

具有恒流源的差动放大电路有很多，图6-10只是其中比较典型的一种，其中三极管 T_3 为恒流源电路的主要元件，R_1 和 R_2 是分压电阻，R_3 是射极电阻，该电路是分压式射极偏置的静态工作点稳定电路。由于 I 的值是恒定的，故 T_1 管的集电极电流 I_{C1} 和 T_2 管的集

电极电流 I_{C2} 也是确定的，这个恒流源的 U_{EE} 也不需要过大，只要保证 T_3 工作在放大区即可，从而很好地解决了大阻值的 R_3 与 U_{EE} 之间的矛盾。

6.3.2 差分式放大电路的分析算例

由于差分式放大电路的结构相对单管而言比较复杂，且其输入输出方式也可以是双入—双出，双入—单出，单入—双出，单入—单出，加在输入端信号，也未必是一对差模信号，在这种情况下，对差分式放大电路的分析，就比单管放大电路要复杂一些。为了对该电路的工作情况有一个清楚的认识，通过以下算例加以说明。

【例 6 - 1】 电路图如图 6 - 10 所示。设 T_1，T_2 的 $\beta=200$，$U_{BE}=0.7$ V，$r_{bb}'=200\ \Omega$，静态工作电流 $I=1$ mA，$R_{c1}=R_{c2}=R_c=10$ kΩ，$U_{CC}=+10$ V，$-U_{EE}=-10$ V，试求：

(1) 电路的静态工作点；

(2) 在双端输入、双端输出，不带负载的情况下，差模电压放大倍数 A_{ud}，差模输入电阻 R_{id}，输出电阻 R_0；

(3) 当电流源的 $r_{ce3}=83$ kΩ，单端输出时的 A_{ud1}，A_{uc1} 和 K_{CMR1} 的值；

(4) 当电流源 I 不变，差模输入电压的 $U_{id}=0$，共模输入电压 $U_{iC}=-5$ V 或 $+5$ V 时 U_{CE1} 的值各为多少？

【解】

(1) 在静态时，$U_{i1}=U_{i2}=0$，因为 $I=1$ mA，由于电路两边对称，有：

$$I_{C1}\approx I_{E1}=\frac{1}{2}I=0.5\ \text{mA}$$

$$U_{C1}=U_{CC}-I_{C1}R_c=10-0.5\times10=5\ \text{V}$$

$$U_{E1}\approx U_{i1}-U_{BE1}=0-0.7=-0.7\ \text{V（忽略 }R_B\text{ 上的压降，因为 }I_{B1}\text{ 很小）}$$

$$U_{CE1}=U_{C1}-U_{E1}=5-(-0.7)=5.7\ \text{V}$$

$$I_{B1}=\frac{I_{C1}}{\beta}=\frac{0.5\ \text{mA}}{200}=2.5\ \mu\text{A}$$

此时，三极管的输入等效电阻为

$$r_{be1}=r_{bb}'+(1+\beta)\frac{26\ \text{mV}}{I_{E1}}=200+(1+200)\frac{26}{0.5}=10.7\ \text{k}\Omega$$

(2) 在双端输入、双端输出，且不带负载（即不考虑 R_L 的影响）时，

$$A_{ud}=-\frac{\beta R_C}{r_{be1}}=-\frac{200\times10}{10.7}=-187\ \text{（差模电压放大倍数同单管）}$$

若需要考虑 R_L 的影响时，注意 $R_c'=R_c\ /\!/\ \dfrac{R_L}{2}$。

$$R_{id}=2r_{be1}=21.4\ \text{k}\Omega$$

$$R_0=2R_c=20\ \text{k}\Omega$$

在这种情况下，共模输出电压为零，理论上完全抑制了零漂。

(3) 在单端输出，且从 u_{01} 输出时，

$$A_{ud1}=\frac{1}{2}\left(-\frac{\beta R_C}{r_{be1}}\right)=\frac{1}{2}\times(-187)=-93.5\ \text{（差模电压放大倍数为单管的一半）}$$

$$A_{uc1}=-\frac{\beta R_C}{r_{be1}+2(1+\beta)r_{ce3}}\approx-\frac{R_C}{2r_{ce3}}=-\frac{10}{2\times83}=-0.06$$

在单端输出时，共模输出电压不为零，但它的共模放大倍数很小，即意味着它有很好的抑制零漂或共模信号的能力，它的共模抑制比为

$$K_{CMR1} = \left| \frac{A_{ud1}}{A_{uc1}} \right| = \left| \frac{93.5}{0.06} \right| = 1\ 558$$

在这种情况下的差模输入电阻和输出电阻各是多少，请读者自行思考。

（4）当输入端加入共模输入电压 $u_{ic} = -5$ V 或 $+5$ V，且保持 I 不变时，

$$U_E \approx (-5-0.7) = -5.7 \text{ V } (u_{ic} = -5 \text{ V 时})$$

$$U_{CE1} \approx (U_{C1} - U_{E1}) = [5 - (-5.7)] = 10.7 \text{ V }(I \text{ 保持不变，故 } U_{C1} \text{ 保持不变})$$

$$U_E \approx (5-0.7) = 4.3 \text{ V}(u_{ic} = +5 \text{ V 时})$$

$$U_{CE1} \approx (U_{C1} - U_{E1}) = (5 - (4.3)) = 0.7 \text{ V}(I \text{ 保持不变，故 } U_{C1} \text{ 保持不变})$$

在第二种情况下，T_1，T_2 管已经进入饱和区，这说明输入的共模电压，对电路的静态工作点会产生影响，这将影响放大电路的正常放大。因此，输入的共模输入电压，一般要对它进行限制。

读者可用图解法进行分析解释。

技 能 实 训

针对含恒流源的差分式放大电路，设计在不同情况下电路的静态工作点，以及动态性能指标的测试电路（包括差模电压放大倍数，共模电压放大倍数，共模抑制比，差模输入电阻，共模输入电阻，输出电阻，通频带等）。

复习思考题

6-1　在图 6-12 中，已知 $\beta_1 = \beta_2 = 100$，$r_{be1} = r_{be2} = 2.9 \text{ k}\Omega$，$U_{BE1} = U_{BE2} = U_{BE3} = 0.6$ V。试求：

（1）静态值 I_{C1}、I_{C2}、I_{C3}、U_{CE1}、U_{CE2}；

（2）双端输出时的差模电压放大倍数；

（3）T_1 管和 T_2 管的偏流从何而来？

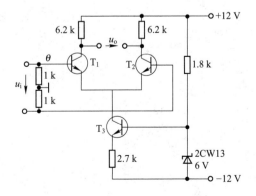

图 6-12　题 6-1 图

6-2 电路如图 6-13 所示，$R_{e1}=R_{e2}=100\ \Omega$，三极管的 $\beta=100$，$U_{BE}=0.6\ V$，电流源动态输出电阻 $r_o=100\ k\Omega$，求：

(1) 当 $u_{i1}=0.01\ V$，$u_{i2}=-0.01\ V$ 时，求输出电压 $u_o=u_{o1}-u_{o2}$ 的值；

(2) 当 c_1、c_2 间接上负载电阻 $R_L=5.6\ k\Omega$ 时，求输出电压 $u_o'=?$

(3) 单端输出且 $R_L=\infty$ 时，u_{o2} 等于多少？求 A_{ud2}，A_{uc2} 等于多少？其共模抑制比又为多少？

(4) 电路的差模输入电阻 R_{id}，共模输入电阻 R_{ic} 于各为多少？不接负载 R_L 时，单端输出的输出电阻 R_{o2} 为多少？

6-3 电路如图 6-14 所示，设三极管的 $\beta_1=\beta_2=30$，$\beta_3=\beta_4=100$，$U_{BE1}=U_{BE2}=0.6\ V$，$U_{BE3}=U_{BE4}=0.7\ V$，试计算双端输入、单端输出时的 R_{id}，A_{uc1}，A_{ud1} 以及共模抑制比。

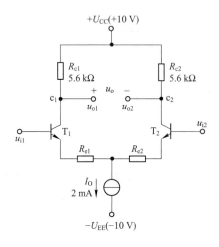

图 6-13 题 6-2 图

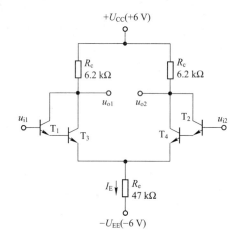

图 6-14 题 6-3 图

第7章 运算放大电路及其应用

【本章内容概要】

随着集成电子技术的发展，运算放大器已经作为一种新型的器件，得到广泛的应用。本章首先介绍运放的基础知识，包括其主要特点、组成、性能指标等，然后介绍了理想运放的定义及其重要特性，最后重点介绍了运放的各种线性与非线性应用，包括在运算方面、滤波器、比较器和信号发生器等。

【本章学习重点与难点】

学习重点：

1. 理想运算放大器的定义及重要特性；

2. 运放在运算方面的应用；

3. 运放在比较器方面的应用。

学习难点：

1. 运算放大器的内部结构；

2. 运放在滤波器方面的应用。

7.1 运算放大电路的基础知识

7.1.1 集成电路及其特点

集成电路（Integrated Circuit，IC）是 20 世纪 60 年代发展起来的一种半导体器件。通过半导体制造工艺，将许多二极管、三极管、电阻器、电容器等，以及元器件的连线集中制造在一块极小的半导体基片上，使其成为具有一定功能的不可分割的固体块电路，称为集成电路。目前，一个超大规模的集成电路可以含有 10 000 个以上的元器件。通常，它有 4 种外形，如图 7-1 所示，（a）为金属圆壳式，（b）为扁平形，（c）为单列直插式，（d）为双列直插式。

集成电路按其功能分为数字集成电路和模拟集成电路两大类。模拟集成电路按其不同的用途又可分为很多种，可以说，各种不同用途的原分立元件的模拟电路都由集成块来替代。其中以集成运算放大器（简称集成运放）发展最快，通用性最强。集成运放因早期用于各种模拟基本运算而得名。如今，集成运放的应用早已超过模拟计算的范畴。将集成运放当做一种器件，通过改变外部元件就可以实现各种功能的电路和系统。

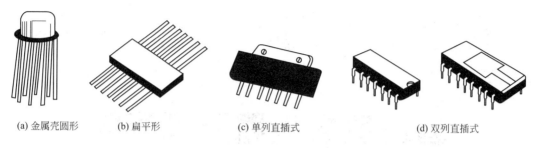

(a) 金属壳圆形　　　(b) 扁平形　　　(c) 单列直插式　　　(d) 双列直插式

图 7-1　集成电路外形

集成电路具有以下特点：

（1）体积小、耗电少、可靠性高；

（2）由于电路中的相同元件通过相同工艺制造在同一硅片上，因此具有良好的对称性，这一点对差动放大器具有更重要的意义；

（3）在集成运放中，其电阻均为半导体的体电阻，其阻值一般较小，当需要大电阻时，常用三极管恒流源来替代，必要的直流大阻值电阻均采用外接方式；

（4）采用集成工艺不易制造电感元件，制成较大的电容也很困难，故电路采用直接耦合方式，必须采用大电容和电感的场合，均采用外接方法；

（5）电路中的二极管常用三极管的发射结来替代，一般将三极管的基极和集电极相连接来构成二极管。

7.1.2　集成运算放大器的简介

1. 基本组成

集成运放实际上是一个电压放大倍数很高的直接耦合放大器。这个电压放大倍数通常称为开环电压放大倍数。由于电路从输入到输出不形成闭合系统，故称开环。当输出信号再引入到输入端使整个电路形成闭环系统时，则产生了闭环放大倍数。

集成运放目前已发展到第 4 代产品，品种繁多，内部电路各有特色，但在结构上有一个基本的共同点，即由输入电路、中间放大级、输出电路及偏置电路组成。其方框图如图 7-2 所示。

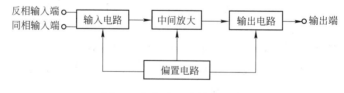

图 7-2　集成运放结构框图

各部分作用和组成特点如下。

（1）输入电路：通常都是由高质量的差动放大器组成的。它对集成运放的各项指标起决定性的作用。

（2）中间电压放大级：主要任务是提供足够大的电压放大倍数，通常由多级直接耦合放大级来完成。

（3）输出级：不但要具有一定的功率输出，还要有很高的带负载能力。通常由射极输出器或由称为互补对称式的功率放大电路组成。

（4）偏置电路：其主要任务是为前后各级提供偏置电流，使其各具合适的工作点。该电路通常由各种类型的三极管电流源组成。

图 7-3 为 741 型集成运算放大器的内部原理电路，由 24 个三极管、10 个电阻和一个电容组成。

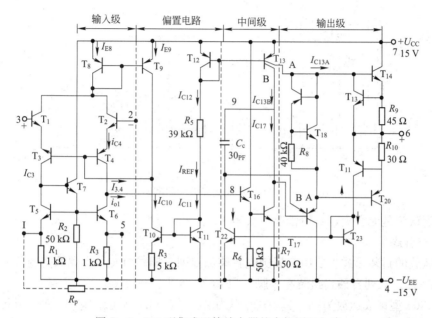

图 7-3　741 型集成运算放大器的内部原理电路

在这个电路中，输入级是由 $T_1 \sim T_6$ 组成的差分式放大电路。由 T_6 的集电极输出，T_1、T_3 和 T_2、T_4 组成共集—共基复合差分电路。中间电压级是由 T_{16}，T_{17} 组成，T_{16} 为共集极电路，T_{17} 为共射极放大电路。输出级是由 T_{14} 和 T_{20} 组成的互补对称电路。

在分立放大电路中，静态工作点的设置是利用外接电阻元件来建立起来的。但在集成电路中，制造一个三端器件比制造一个电阻所占用的面积小，也比较经济，因而常采用三极管制成电流源。这主要是利用三极管的输出特性在放大区内，具有近似的恒流特性，从而为各级提供稳定的直流偏置。在如图 7-4 中，I_{C10}，I_{C13B}，I_{C13A} 分别为输入级、中间级、输出级的偏置等效电路。

2. 集成运放的外部引线和符号

从应用角度来讲，关于集成运放通用符号、外部接线、主要参数、使用条件、主要用途、应用注意等知识是学习和应用集成运放的基础。

1）集成运放的通用符号

各种集成运放（不管是专用型，还是通用型）都有一个标准符号，如图 7-5（a）所示，其两个输入端相当于差动放大器的两个输入端。以一个输出端为标准，一个是反相输入端"－"，表明此输入信号与输出信号相位相反；另一个输入端为同相输入端"＋"，表明此输入信号与输出信号相位相同。符号框图中的"▷∞"表明集成运放的开环放大倍数很大，

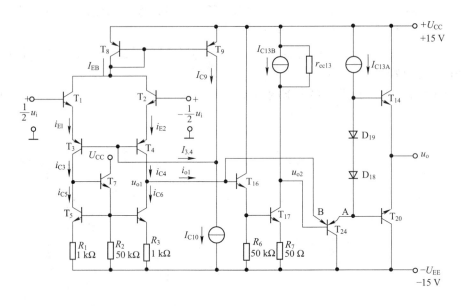

图 7 - 4   741 型集成运算放大器的简化电路

理想情况下认为是无穷大，一般情况下大于 10^5。

2）外部引线

集成运放的封装形式主要由金属圆壳封装和双列直插式封装，金属圆壳封装有 8 脚、10 脚、12 脚三种。双列直插式封装有 8 脚、14 脚和 16 脚三种。

以 BG305 型集成运放为例，其引脚引线如图 7 - 5 （b）所示。它有 12 个引脚，其中①和②为输入端，⑨为输出端，⑦为公共地端，⑪和⑤分别接正、负电源，R_C、R_B、R_P 为实际使用中的外接电阻。R_P 为调零电阻，当输入为零时，调节 R_P 可使输出为零。⑥和⑩外接电容 C_F，它称为相位补偿，以防止集成运放的高频自激。

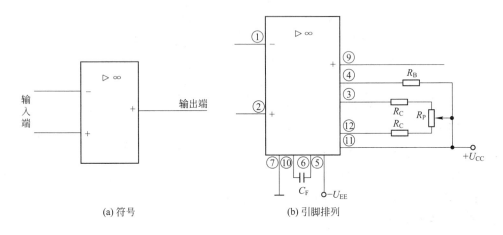

图 7 - 5   集成运放结构的符号和引线图

3. 集成运放的主要参数

集成运放的品种很多，不同型号集成运放的内部电路不同，特性也不一样，因此描述其性能的参数也很多，现主要介绍如下。

1）开环差模电压放大倍数 A_{ud}

指集成运放输出端无负载且没有外接反馈元件时对差模输入信号的电压放大倍数。通常，A_{ud}一般大于 10^5（或 100 dB）。A_{ud}越高，由其构成的各种运算电路的运算精度越高。

2）差模输入电阻 R_{id}和输出电阻 R_o

输入电阻指的是开环工作时，两个输入端的对差模信号所体现的等效动态电阻。它一般大于 10^4 Ω，目前可高达 10^8 Ω。

输出电阻指的是集成运放开环下的输出端对地的动态电阻，一般为几十欧姆。

3）最大输出电压 U_{om}

在额定的电源电压下，集成运放的最大不失真输出电压。

4）共模抑制比 CMRR

指的是运放在开环下工作时，集成运放的差模电压增益 A_{ud}与共模电压增益 A_{uc}之比。通常表示为对数形式，它可达 80 dB 以上，体现了集成运放抑制零点漂移的能力。

5）开环带宽 BW

指的是在开环下，集成运放的差模电压增益较直流工作时下降 3 dB 所对应的信号频率。它约为 7 Hz，如图 7-6 所示。图中的 f_T 为开环增益下降到 1 时所对应的频率，称之为单位增益带宽。

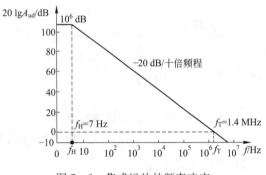

图 7-6 集成运放的频率响应

6）输入失调电压 U_{IO}

当集成运放的输入电压为零时，希望其输出电压也为零，但由于各种原因，输出电压不为零。为使输出电压为零，需要在输入端加入补偿电压，该电压称为输入失调电压 U_{IO}。通用型集成运放的输入失调电压一般为 $\pm(1\sim10)$mV。

7）输入失调电流 I_{IO}

当输入电压为零时，流入集成运放两个输入端的静态电流 I_+ 和 I_- 之差就是 I_{IO}（$I_{IO} = I_{ip} - I_{in}$）。I_{IO}越小越好，通常在零点几微安以下。

8）输入偏置电流 I_{IB}

指的是 $u_o = 0$ 时，集成运放两输入端偏置电流的平均值。一般典型值在几十至几百纳安。

9）最大共模输入电压 U_{icm}

指的是集成运放所能承受的最大共模输入电压值。超出该值时，集成运放的共模抑制比将显著下降。高质量的集成运放，该值可达 ±13 V。

10）最大差模输入电压 U_{idm}

指的是集成运放所能承受的最大差模输入电压值。超出该值时，集成运放的输入级会出现发射结击穿，造成运放的性能严重恶化，甚至永久性损坏。

以上介绍了集成运放的主要参数，其他参数的含义及其典型值，如转换速率、功耗、输入失调电压温漂等，可查运放手册。需要注意的是，这些参数都是在一定条件下测出的，当使用条件不同时，参数会有所变化。

此外，根据性能和应用场合的不同，运放分为通用型和专用型。通用型运放的各种性能指标比较均衡全面，适用于一般工程的要求。为了满足特殊要求而制造出来的、具有特殊功能的专用型运放，如高输入电阻性、低温漂性、低噪声型、高精度型、高速型、宽带型、高压型、大功率型、仪用型等，它们适合一些特殊要求的情况下选用。

4. 集成运放使用的保护

如果集成运放的输入电压过大，输出端的外电路有高电压，或电源极性接反，都有可能造成运放的损坏。因此，运放在使用时，一般需采取相应的保护措施。

1）输入保护

当集成运放的共模或差模输入电压过大时，都会造成运放的性能变差甚至损坏，图 7-7（a）为用于同相输入时，对共模信号过大所采取的限幅保护。7-7（b）为用于反向输入时，对差模信号过大时所采取的限幅保护。

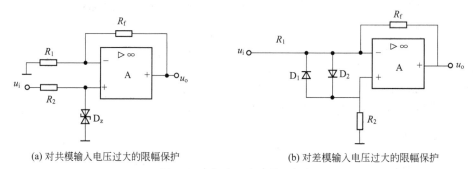

(a) 对共模输入电压过大的限幅保护　　　　　　(b) 对差模输入电压过大的限幅保护

图 7-7　集成运放的输入保护

2）输出保护

图 7-8 为对集成运放的输出采取的过电压保护。利用稳压管 D_z，将输出电压限制在稳压管的正、负稳压值范围内，以免后级电路的高电压"袭击"集成运放的内部器件。

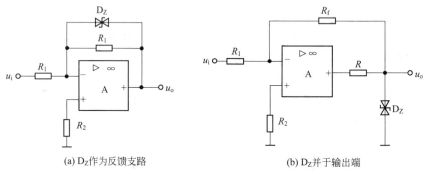

(a) D_z 作为反馈支路　　　　　　(b) D_z 并于输出端

图 7-8　集成运放的输出过电压保护

3）电源极性保护

图 7-9 为含有电源极性保护的集成运放。当外加电源的极性连接正确时，二极管的 D_1，D_2 导通，不影响运放的正常工作。如果电源的极性接反，则二极管会截止，从而隔离了电源，避免对集成运放的损坏。

5. 集成运放的识读与检测

集成运放的识读，主要包括两个部分：一是对产品型号的识读；二是关于引脚的识读，即引脚号的排列和各引脚的功能。

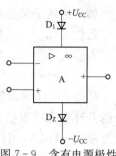

图 7 - 9 含有电源极性保护的集成运放

集成运放的检测，在没有专用集成电路监测仪的情况下，可进行简易监检。根据集成运放是否存在于工作的电路中，分为在路检测与不在路检测。

所谓在路检测是测量工作电路的电流、电压、波形等，并与参考值做比较，进行判别。

而不在路检测是采用电阻测量法，用万用表的欧姆挡（一般选用 R×1k 挡），测量各引脚到接地引脚的正向、反向电阻，并与参考值进行比较进行判别。

7.2 理想运算放大器的定义及其重要特性

7.2.1 集成运算放大器的电压传输特性

把运算放大器看做是一个简化的具有端口特性的标准器件，可以用一个包含输入端口、输出端口和供电电源端的电路模型来表示，见图 7 - 10。

在该模型中，输入端口用输入电阻 r_i 来模拟，输出端口用输出电阻 R_o 和与它串联的受控电压源 $A_{u0}(u_{ip} - u_{in})$ 来模拟。

由于开环电压增益 A_{u0} 的值较大，通常为 10^4 以上，两输入端之间的输入电阻 R_i 值较大，通常为 10^6 Ω 或更高。与此相反，输出电阻 R_o 的值较小，通常为 100 Ω 或更低。这三个参数的值，是由运放内部电路决定的。

电路模型中的输出电压 u_o 不可能超越正、负电源的电压值，即最大输出电压 U_{om} 受集成运放所用的直流电源的电压限制，它通常略小于电源电压。

实际运放工作于线性区时，输出电压 u_o 的变化范围往往是低于 $+U_{om}$，又高于 $-U_{om}$ 的值。只有工作于非线性区，输出电压 u_o 的变化范围才扩展到正负饱和极限值。见图 7 - 11，常把该曲线称为运算放大器的电压传输特性。

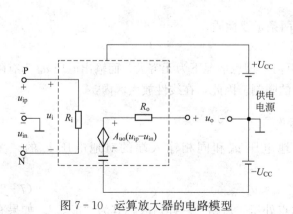

图 7 - 10 运算放大器的电路模型

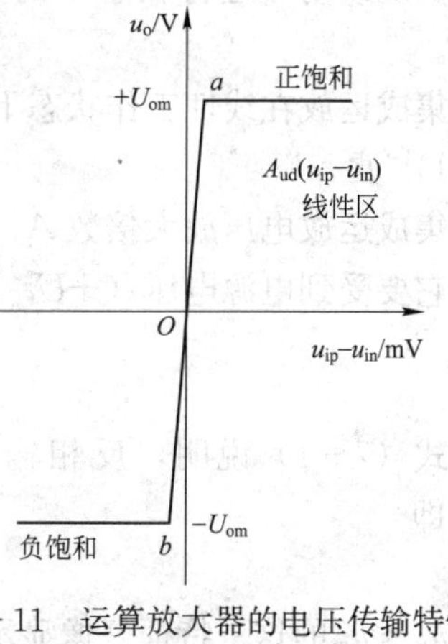

图 7 - 11 运算放大器的电压传输特性

如果用式子来描述的话，即为：

若输入 $|u_{ip} - u_{in}|$ 较小时，$-U_{0m} < A_{ud}(u_{ip} - u_{in}) < +U_{0m}$，则 $u_0 = A_{ud}(u_{ip} - u_{in})$；

若输入 $|u_{ip} - u_{in}|$ 较大时，$A_{ud}(u_{ip} - u_{in}) > +U_{0m}$，则 $u_0 = +U_{0m}$；

或者 $A_{ud}(u_{ip} - u_{in}) < -U_{0m}$，则 $u_0 = -U_{0m}$；

从图 7-11 可以看出，ab 段几乎为一条垂直线，这是由于它的斜率即为 A_{ud}。运算放大器的开环放大倍数很大，所跨越的范围称为线性区。上、下两条水平线，分别表示正、负饱和极限值 $+U_{0m}$ 和 $-U_{0m}$，这两条水平线表示运放工作在非线性区。有时也称为限幅区。

由于 A_{ud} 的值很大，容易导致性能的不稳定。因此，为使由集成运放组成的各种应用电路能稳定地工作于线性区，必须在电路中引入负反馈。

7.2.2　理想运算放大器的定义

由运算放大器的电压传输特性可知，其开环电压放大倍数很高，输入电阻值很大，输出电阻很小。为了简化运放电路的分析，可以把实际运放的指标理想化，具体来说就是：

(1) 开环电压放大倍数 $A_{ud} \to \infty$；

(2) 开环输入电阻 $R_i \to \infty$；

(3) 开环输出电阻 $R_o \to 0$；

(4) CMRR $\to \infty$；

(5) 输入偏置电源 $I_B \to 0$；等等。

需要指出的是，实际运放理想化后，会使运放的计算结果产生一定程度的偏差，但这个误差是工程范围内允许的。

7.2.3　理想运算放大器的重要特性

集成运放在实际应用时可分为两种工作状态，即线性工作状态和非线性工作状态。

1. 线性工作状态

集成运放工作于线性状态时，其输出电压 u_o 和输入电压 u_i 呈线性关系，即所谓处于线性放大区。由于理想集成运放的开环放大倍数为无穷大，所以工作于线性放大区的集成运放总是处于负反馈闭环运行状态。

负反馈闭环运行状态下的集成运放主要有两种类型：电压并联负反馈；电压串联负反馈。

集成运放在线性工作状态下具有以下两条重要性质。

1) "虚短"

集成运放电压放大倍数 A_u 高达几十万倍，理想情况下为无穷大，而输出电压 u_o 为有限值，它要受到电源电压（$+U_{CC}$，$-U_{CC}$）的限制。因此，在线性放大区内：

$$u_{ip} - u_{in} = \frac{u_o}{A_{ud}} \approx 0 \tag{7-1}$$

式 (7-1) 说明，反相输入端的对地电压 u_{in} 和同相输入端的对地电压 u_{ip} 的差为零，即

$$u_{in} \approx u_{ip} \tag{7-2}$$

$u_{in} \approx u_{ip}$ 的这一特征好像显示这两个端点处于"短路"一样，故称其为"虚短"。如果有

一端真正接"地",那么另一端就称为"虚地"。"虚短"并非真正短路,"虚地"也非真正接地。值得注意的是,这个"虚短"的概念是在负反馈工作状态下得到的,只适用于这种情况。

2)"虚断"

理想集成运放的输入电阻为无穷大,则流入输入反相端的电流 i_{in} 和流入输入反相端的电流 i_{ip} 为零。即集成运放本身不吸收电流。由于集成运放的输入端没有电流流入,好像"断路"一样,因此简称"虚断"。需要说明的是,"虚断"的概念不仅适用于线性工作状态,也同样适用于非线性工作状态,但在线性工作状态分析时,使用较多。

3) 非线性工作状态

集成运放工作于非线性区时,其 u_i 和 u_o 无比例放大关系,集成运放总是处于开环运行状态或具有正反馈电路的闭环运行状态。由于集成运放的 $A_{ud} \to \infty$,只要输入端有微小的输入电压,输出电压就会超出集成运放的线性范围,从而达到其标记为 u_{o+} 的正向饱和电压和标记为 u_{o-} 的负向饱和电压。u_{op}、u_{on} 的大小接近于集成运放的电源电压值。一般写做 $u_{op} \approx +U_{CC}$,$u_{on} \approx -U_{CC}$。因此,非线性工作状态下集成运放的输出电压只有两个值,即

$$\left. \begin{array}{l} 当 u_{ip} > u_{in} 时, \ u_o = U_{om} \approx +U_{CC} \\ 当 u_{in} > u_{ip} 时, \ u_o = -U_{om} \approx -U_{CC} \end{array} \right\} \tag{7-3}$$

式 (7-3) 是很重要的结论,在信号处理电路中,就是由输出电压的正负来比较两个输入信号大小的。

集成运放共有 3 种输入方式。

(1) 反相输入方式:图 7-12 所示电路为反相输入方式,即输入信号加于反相输入端。输出信号和输入信号相位相反。

(2) 同相输入方式:图 7-14 所示电路为同相输入方式,即输入信号加于同相输入端。输出信号与输入信号相位相同。

(3) 差动输入方式:图 7-15 所示电路为差动输入方式,即输入信号分别加于反相和同相输入端。

7.3 集成运算放大器的线性应用

集成运算放大器通用性很强,已广泛应用于各种领域,在热动专业中的热工测量、热工自动化等领域应用更为广泛。

7.3.1 在运算方面的应用

1. 反相输入运算电路

从反相端输入信号的运算电路称为反相输入运算电路。

1) 反相比例运算电路

图 7-12 所示电路为反相比例运算电路。输入信号通过 R_1 从反相输入端输入,同相输入端经平衡电阻 R_2 接地,反馈电阻 R_f 跨接于输出端与反相输入端之间,属电压并联负反馈

类型。

根据"虚断"的概念，即 $i_{ip}=i_{in}=0$，则 R_2 上没有电压降，故 $u_{ip}=0$；又根据"虚短"的概念，即 $u_{ip}=u_{in}$，可得 $u_{in}=0$，即"虚地"。

由图 7-12 所示电路，根据"虚地"的概念，可得

$$i_1=\frac{u_i}{R_1} \qquad (7-4)$$

$$i_f=-\frac{u_o}{R_f} \qquad (7-5)$$

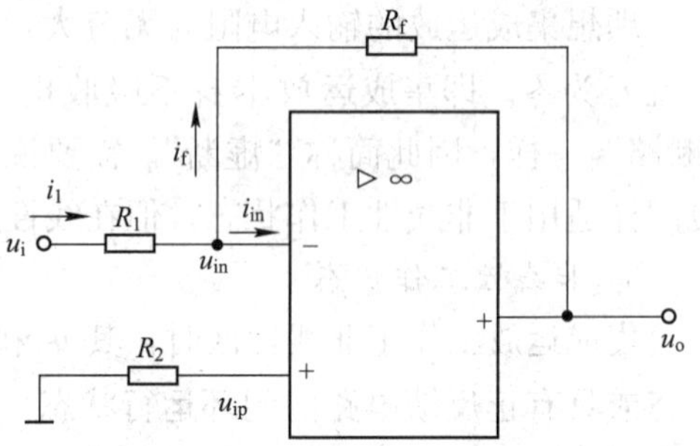

根据"虚断"的概念，即 $i_{in}=0$，可得

$$i_1=i_f$$

则

$$\frac{u_i}{R_1}=-\frac{u_o}{R_f}$$

整理可得

图 7-12　反相比例运算电路

$$u_o=-\frac{R_f}{R_1}\cdot u_i \qquad (7-6)$$

式（7-6）表明，输出信号 u_o 与输入信号 u_i 呈线性关系，其比例系数为 $-R_f/R_1$，且与集成运放本身的参数无关。这是由于集成运放的开环放大倍数 A_{ud} 很高，从而引入了深度负反馈的结果。式中，负号表示 u_o 与 u_i 相位相反。

平衡电阻 R_2 的作用是保证集成运放在静态时两个输入端的对称，以消除静态基极电流对输出电压的影响，这里选 $R_2=R_1\ /\!/\ R_f$。

当 $R_1=R_f$ 时，这是一个典型的电路，称为反相器，即输出信号与输入信号幅值相等，相位相反。

2）反相加法运算电路

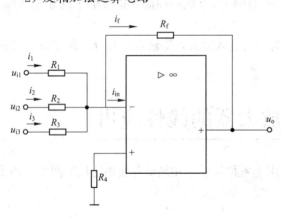

图 7-13　反相加法运算电路

图 7-13 所示电路是一个反相加法运算电路，输入信号 u_{i1}、u_{i2}、u_{i3} 均通过电阻加在反相输入端。R_f 为反馈支路电阻，仍属电压并联负反馈类型。

根据"虚地"概念，可得

$$i_1=\frac{u_{i1}}{R_1}, \quad i_2=\frac{u_{i2}}{R_2}, \quad i_3=\frac{u_{i3}}{R_3}, \quad i_f=-\frac{u_o}{R_f}$$

根据"虚断"概念（$i_{i-}=0$）可得

$$i_1+i_2+i_3=i_f$$

即

$$\frac{u_{i1}}{R_1}+\frac{u_{i2}}{R_2}+\frac{u_{i3}}{R_3}=-\frac{u_o}{R_f}$$

整理可得

$$u_o=-\left(\frac{R_f}{R_1}u_{i1}+\frac{R_f}{R_2}u_{i2}+\frac{R_f}{R_3}u_{i3}\right) \qquad (7-7)$$

式（7-7）表明，图 7-13 所示电路的输出是不同比例的输入信号之和，且相位相反。

当 $R_1=R_2=R_3=R$ 时：

$$u_o=-\frac{R_f}{R}(u_{i1}+u_{i2}+u_{i3}) \qquad (7-8)$$

当 $R_1=R_2=R_3=R_f$ 时：

$$u_o=-(u_{i1}+u_{i2}+u_{i3}) \tag{7-9}$$

为了保证集成运放的静态平衡，平衡电阻 R_4 应为

$$R_4=R_1/\!/R_2/\!/R_3/\!/R_f \tag{7-10}$$

2. 同相输入比例运算电路

同相比例运算电路如图 7-14（a）所示，输入信号经电阻加入同相输入端，反馈电阻 R_f 跨接于输出和反相输入端之间，形成电压串联负反馈。由于虚断（$i_{in}=0$），故反馈电压 u_f 为输出电压在 R_1 上的分压，即

$$u_f=\frac{R_1}{R_1+R_f}u_o \tag{7-11}$$

根据虚短（$u_{i+}=u_{i-}$）可得

$$u_{ip}=u_{in}=u_f=\frac{R_1}{R_1+R_f}u_o \tag{7-12}$$

根据虚断（$i_{i+}=i_{i-}=0$）可得

$$u_i=u_p=\frac{R_1}{R_1+R_f}u_o \tag{7-13}$$

整理得

$$u_o=u_i\left(\frac{R_1+R_f}{R_1}\right)=\left(1+\frac{R_f}{R_1}\right)u_i \tag{7-14}$$

式（7-14）表明，输出电压 u_o 与输入电压 u_i 成比例，且比例系数始终大于 1。

电路中，平衡电阻 $R_2=R_1/\!/R_f$。

如果取 $R_f=0$，由式（7-14）可得

$$u_o=u_i \tag{7-15}$$

式（7-15）告诉我们，这时输出电压与输入电压大小相等、相位相同，是一个电压跟随电路。这时，R_2 和 R_1 都不必存在，从而形成如图 7-14（b）所示的电路。它是同相比例运算电路的一个特例，称为电压跟随器，也称同相器或同号器。它的输入电阻很高，输出电阻很低。

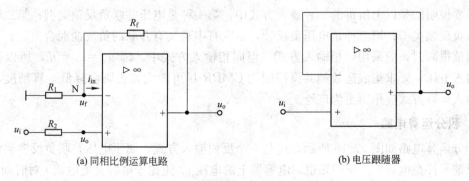

(a) 同相比例运算电路　　　　　　　　　　(b) 电压跟随器

图 7-14　同相比例运算电路

3. 差动输入运算电路

从集成运放的同相端和反相端同时输入信号的运算电路为差动运算电路。图 7-15 所示

就是这种形式的减法运算电路。该电路也可认为是反相比例运算电路和同相比例运算电路的一种组合电路。

我们采用叠加原理来求解图 7 - 15 所示电路的输出电压 u_o。

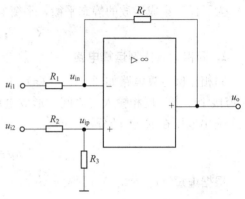

设 u_{i1} 单独作用（$u_{i2}=0$），则电路为反相比例运算形式，其输出电压 u_o' 为

$$u_o' = -\frac{R_f}{R_1} u_{i1}$$

设 u_{i2} 单独作用（$u_{i1}=0$），则电路为同相比例运算形式，其输出电压 u_o'' 计算如下：

因为存在电阻 R_3，故

$$u_f = \frac{R_3}{R_2+R_3} u_{i2} = u_{i2}'$$

图 7 - 15　差动减法运算电路

同相比例运算电路关系式（7 - 14）为

$$u_o'' = \left(\frac{R_1+R_f}{R_1}\right) u_{i2}'$$

即

$$u_o'' = \left(\frac{R_1+R_f}{R_1}\right)\left(\frac{R_3}{R_2+R_3}\right) u_{i2} \tag{7 - 16}$$

当 u_{i1} 和 u_{i2} 同时作用时，由叠加定理可得

$$u_o = u_o' + u_o'' = \left(\frac{R_1+R_f}{R_1}\right)\left(\frac{R_3}{R_2+R_3}\right) u_{i2} - \frac{R_f}{R_1} u_{i1} \tag{7 - 17}$$

通常取 $R_1=R_2$，$R_f=R_3$，因此，

$$u_o = \frac{R_f}{R_1}(u_{i2} - u_{i1}) \tag{7 - 18}$$

当 $R_f = R_1$ 时，

$$u_o = u_{i2} - u_{i1} \tag{7 - 19}$$

式（7 - 18）表明电路是比例减法电路，式（7 - 19）表明电路为减法电路。

需要说明的是以上所讲的 3 种输入方式中，第一种是电压并联负反馈类型；第二种是电压串联负反馈类型；第三种是电压负反馈，是既有串联又有并联的负反馈混合类型。当要求输入阻抗很高时，应采用同相输入方式。但同相输入方式中，因 $u_{ip}=u_{in}=u_i$，所以存在着共模输入电压，要求集成运放的共模抑制比 CMRR 尽可能大，否则会降低运算精度，因此反相输入运算方式应用得更为广泛。

4. 积分运算电路

积分运算电路如图 7 - 16 所示，这是一个反相输入方式，属于电压并联负反馈类型的电路，反馈元件是电容 C。我们知道，电容器上的电压 u_C 正比于电容充电电流 i 对时间 t 的积分，即

$$u_C = \frac{1}{C}\int i\mathrm{d}t \tag{7 - 20}$$

利用"虚地"的概念，$u_{in}=0$，可得

$$u_o = -u_c, \quad u_i = i_1 R$$

利用"虚断"的概念，$i_{in} = 0$，可得

$$i_1 = i_2, \quad u_i = i_1 R = i_2 R$$

上式说明，电容充电电流 i_2 与外加输入电压 u_i 成正比，因此

$$u_C = \frac{1}{C}\int i_2 \, \mathrm{d}t = \frac{1}{C}\int \frac{u_i}{R} \, \mathrm{d}t = \frac{1}{RC}\int u_i \, \mathrm{d}t$$

由于 $u_o = -u_C$，因此

$$u_o = -\frac{1}{RC}\int u_i \, \mathrm{d}t \qquad\qquad (7-21)$$

式（7-21）说明，输出电压 u_o 是输入电压 u_i 对时间的积分，$1/RC$ 是积分常数，负号表示输出电压与输入电压相位相反。

当输入电压 u_i 为固定值 U_i 时，电容将以恒定电流 $\left(I_2 = \dfrac{U_i}{R}\right)$ 的方式进行充电，输出电压 u_o 是一个与时间 t 成线性增长的电压，直至增长到集成运放的饱和电压 $+U_{om}^+$ 或 $-U_{om}^-$，即

$$u_o = -\frac{1}{RC}U_i t \qquad\qquad (7-22)$$

这时，输入、输出波形如图 7-17 所示。

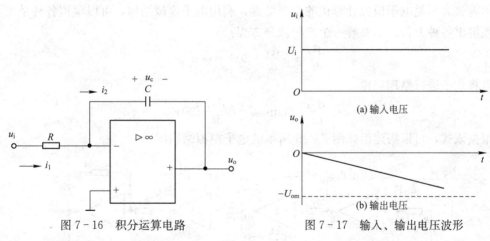

图 7-16　积分运算电路　　　　　　图 7-17　输入、输出电压波形

需要注意的是，积分电容的漏电和集成运放的非理想化将造成积分误差。

5. 微分运算电路

微分运算电路如图 7-18（a）所示，与积分电路相比，其显然对电阻和电容进行了换位。我们知道，电容充电电流 i 正比于电容电压 u_C 对时间的导数，即

$$i_1 = C\frac{\mathrm{d}u_C}{\mathrm{d}t}$$

图 7-18（a）所示电路同样具有反相输入方式，$u_{in} = 0$，且为虚地，因此

$$u_C = u_i, \quad u_o = -i_2 R_2$$

利用虚断的概念，$i_{in} = 0$，可得

$$i_1 = i_2, \quad u_o = -R_2 i_2 = R_2 i_1$$

因为 $i_1 = C\dfrac{\mathrm{d}u_C}{\mathrm{d}t}$，所以

$$u_o = -R_2C\frac{du_C}{dt} = -R_2C\frac{du_i}{dt} \qquad (7-23)$$

式（7-23）说明，输出电压 u_o 正比于输入电压 u_i 对时间 t 的微分。微分电路除了微分运算外，还在调节系统中起微分调节的作用，在数字系统中常作为波形变换之用，其输入/输出电压波形如图 7-18（b）所示。

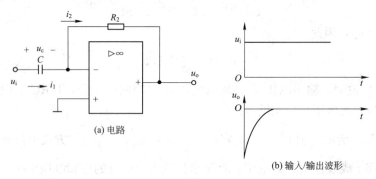

图 7-18　微分运算电路

6. 电子模拟计算

运算放大器是电子模拟计算机的主要部件，利用电子模拟结构，可以模拟各种系统，能方便地解出各种方程。如要解一个二阶微分方程：

$$\frac{d^2x}{dt^2} + 8\frac{dx}{dt} + 30x = 4\sin\omega t \qquad (7-24)$$

可将式子进行整理，得：

$$\frac{d^2x}{dt^2} = 4\sin\omega t - 8\frac{dx}{dt} - 30x$$

根据该式，可以搭建出如图 7-19 所示的电子模拟结构图。

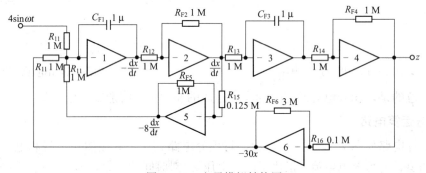

图 7-19　电子模拟结构图

从图 7-19 可以看出，它由 5 个运算放大器组成，都是反相输入方式。其中第 1 个是实现和积分运算，它有三个输入，$4\sin\omega t$，$-8\dfrac{dx}{dt}$，$-30x$，输出为

$$u_{o1} = -\frac{1}{R_{11}C_{F1}}\int\left(4\sin\omega t - 8\frac{dx}{dt} - 30x\right)dt$$

$$= -\int\left(4\sin\omega t - 8\frac{dx}{dt} - 30x\right)dt = -\frac{dx}{dt}$$

将 (7-24) 积分即为上式，式中 $R_{11}C_{F1}=1$ 兆欧×1 微法＝1 秒。

第 2 个运放是反相器，输入为 $-\dfrac{\mathrm{d}x}{\mathrm{d}t}$，输出为 $\dfrac{\mathrm{d}x}{\mathrm{d}t}$。

第 3 个运放是积分电路，输入是 $\dfrac{\mathrm{d}x}{\mathrm{d}t}$，输出为 $u_{02}=-\dfrac{1}{R_{13}C_{F3}}\displaystyle\int\dfrac{\mathrm{d}x}{\mathrm{d}t}\mathrm{d}t=-x$，式中 $R_{13}C_{F3}=$ 1 兆欧×1 微法＝1 秒。

第 4 个运放为反相器，输入为 $-x$，输出为 x，即为所求的解。

第 5 个运放是反相比例器，其输入为 $\dfrac{\mathrm{d}x}{\mathrm{d}t}$，输出为 $u_{o5}=-\dfrac{R_{F5}}{R_{15}}\cdot\dfrac{\mathrm{d}x}{\mathrm{d}t}=-\dfrac{1}{0.125}\cdot\dfrac{\mathrm{d}x}{\mathrm{d}t}=$ $-8\dfrac{\mathrm{d}x}{\mathrm{d}t}$。并将它送到第 1 个运放，作为一个输入。

第 6 个运放是反相比例运算器，输入为 x，输出为 $u_{o6}=-\dfrac{R_{F6}}{R_{16}}x=-\dfrac{3}{0.1}x=-30x$，送至第 1 个运放，作为另一个输入。

7.3.2 在滤波器方面的应用

在通信、检测以及自动控制中，常需要对信号频率进行选择，让特定频率范围内的信号通过，将该频率之外的信号加以阻止。具有这种功能的电路，就是滤波器。图 7-20 是滤波器工作的示意图。

根据滤波器中是否存在有源器件（如集成运放），将滤波器分为有源滤波器和无源滤波器两种。相对于无源滤波器（由无源器件 R、L、C 构成），有源器件具有增益可控、前后级电路之间的相互影响小等一系列优点。常见的有源滤波器是 RC 有源滤波器。

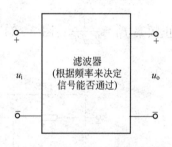

图 7-20 滤波器工作的示意图

1. 滤波器的基础知识

(1) 滤波方式。根据滤波器对所选择的信号频率的不同，可分为低通滤波器 (Low-Pass Filter, LPF)，高通滤波器 (High-Pass Filter, HPF)，带通滤波器 (Band-Pass Filter, BPF) 以及带阻滤波器 (Band-Reject Filter, BRF)。

这四种滤波器的理想幅频特性如图 7-21 所示。对于能够通过滤波器的频率范围，称为通带（图中用阴影线表示）受到滤波器阻止或抑制的频率范围，称为阻带。通带与阻带的临界频率，称为截止频率，它有上限频率和下限频率之分。

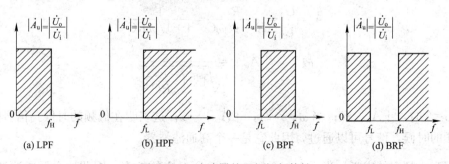

图 7-21 滤波器的理想幅频特性

（2）RC 电路的滤波特性。

电容对于不同频率的信号，呈现出的阻碍作用各不相同。根据容抗的计算公式 $X_C = \dfrac{1}{2\pi f C}$ 可知，当需要处理的信号频率越高，容抗就越小。利用 RC 电路的电阻和电容的不同接法，即可实现低通滤波和高通滤波。

图 7-22 为实现低通滤波的 RC 电路。由图可知：

$$\dot{A}_u = \frac{\dot{U}_0}{\dot{U}_i} = \frac{1/\mathrm{j}\omega C}{R + 1/\mathrm{j}\omega C} = \frac{1}{1 + \mathrm{j}\omega RC}$$

故　　$$|\dot{A}_u| = \frac{1}{\sqrt{1 + (\omega RC)^2}}$$

当 $\omega = 0$ 时，$|\dot{A}_u| = 1$；当 $\omega \to \infty$ 时，$|\dot{A}_u| \to 0$；这表明在低频的时候，信号可以通过；而在高频的时候，信号被衰减，因此它是一个低通滤波器。

根据截止频率的定义，当 $|\dot{A}_u| = \dfrac{1}{\sqrt{2}} = 0.707$ 所对应的频率，因此这个低通滤波器的截止频率 $f_H = \dfrac{1}{2\pi RC}$；图 7-23 为其幅频特性。

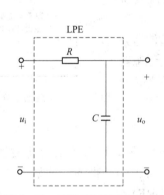

图 7-22　无源 RC 低通滤波电路

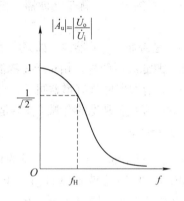

图 7-23　无源 RC 低通滤波器的幅频特性

图 7-24 为 RC 高通滤波器的电路。

由图可知：

$$\dot{A}_u = \frac{\dot{U}_0}{\dot{U}_i} = \frac{R}{R + 1/\mathrm{j}\omega C} = \frac{1}{1 + 1/\mathrm{j}\omega RC}$$

故　　$$|\dot{A}_u| = \frac{1}{\sqrt{1 + \left(\dfrac{1}{\omega RC}\right)^2}}$$

当 $\omega = 0$ 时，$|\dot{A}_u| \to 0$；当 $\omega \to \infty$ 时，$|\dot{A}_u| \to 1$；这表明在低频的时候，信号被衰减；而在高频的时候，信号可以通过，因此它是一个高通滤波器。

根据截止频率的定义，当 $|\dot{A}_u| = \dfrac{1}{\sqrt{2}} = 0.707$ 所对应的频率，因此这个低通滤波器的截

止频率 $f_L = \dfrac{1}{2\pi RC}$；图 7-25 为其幅频特性。

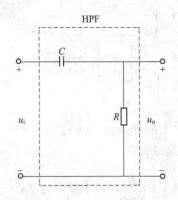

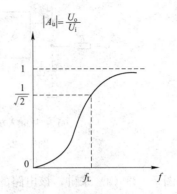

图 7-24 无源 RC 高通滤波电路　　　图 7-25 无源 RC 高通滤波器的幅频特性

利用低通滤波器和高通滤波器的串联，可获得带通滤波器，如图 7-26 所示。并要求低通滤波器的通带上限频率 f_H 要大于高通滤波器的通带下限频率 f_L。

利用低通滤波器和高通滤波器的并联，可获得带阻滤波器，如图 7-27 所示。并要求低通滤波器的通带上限频率 f_H 小于高通滤波器的通带下限频率 f_L。

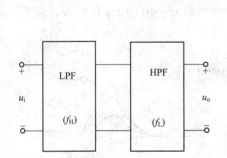

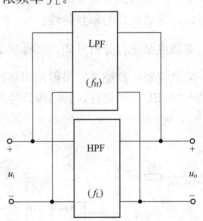

图 7-26 带通滤波器的实现（$f_H > f_L$）　　　图 7-27 带阻滤波器的实现（$f_L > f_H$）

2. RC 有源滤波器

无源 RC 滤波器存在这两个方面的不足：①A_u 的幅值最大为 1，其增益小，且不可控；②接上负载后，其幅频特性变化较大，其负载特性差。如果在 RC 无源滤波器的基础上，接上有源器件——集成运放，且在运放的基础上加上负反馈，使其工作在线性区，这样就形成了有源滤波器，它能解决无源 RC 滤波器存在的问题。

根据 RC 滤波环节个数的多少，分为一阶有源滤波器、二阶有源滤波器等。其中，二阶滤波器最为常用。

（1）RC 有源低通滤波器。

图 7-28 为一阶 RC 有源低通滤波器，（a）为同相输入方式；（b）为反相输入方式。

对这两个电路分别进行分析可知：

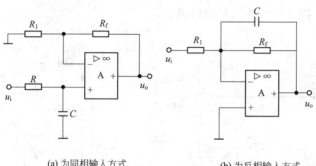

(a) 为同相输入方式　　　　　　　(b) 为反相输入方式

图 7 - 28　一阶 RC 有源低通滤波器

对于图 7 - 28 （a） 来讲，该电路的电压增益为 $A_u = 1 + \dfrac{R_f}{R_1}$，截止频率为 $f_H = \dfrac{1}{2\pi RC}$；

对于图 7 - 28 （b） 来讲，该电路的电压增益为 $A_u = -\dfrac{R_f}{R_1}$，截止频率为 $f_H = \dfrac{1}{2\pi R_f C}$。

需要指出的是，由于一阶滤波器在 $f > f_H$ 后的增益下降速度慢，与理想滤波器的幅频特性有较大的距离，滤波效果并不好。

图 7 - 29 为二阶有源低通滤波器，可以看出第一级 RC 电路，由电容引入了正反馈，这样可以改善滤波器的幅频特性。

对该电路进行分析可知，其低频电压增益为 $A_u = 1 + \dfrac{R_f}{R_1}$，截止频率为 $f_H = \dfrac{1}{2\pi RC}$。相对于一阶滤波器，其滤波效果得到明显改善，其下降斜率为 $-40\ \text{dB}$/十倍频程，高于一阶滤波器的 $-20\ \text{dB}$/十倍频程，其幅频特性见图 7 - 30。

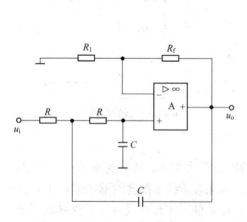

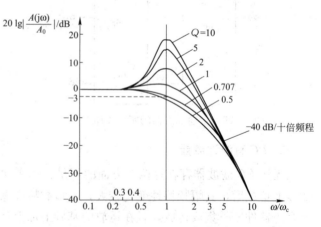

图 7 - 29　二阶 RC 有源低通滤波器　　　图 7 - 30　二阶 RC 有源低通滤波器的幅频特性

（2） RC 有源高通滤波器。

图 7 - 31 和 7 - 32 分别为一阶和二阶的 RC 有源高通滤波电路。经分析计算可知，它们的高频电压增益为 $A_u = 1 + \dfrac{R_f}{R_1}$，截止频率为 $f_H = \dfrac{1}{2\pi RC}$。

（3） RC 有源带通滤波器与带阻滤波器。

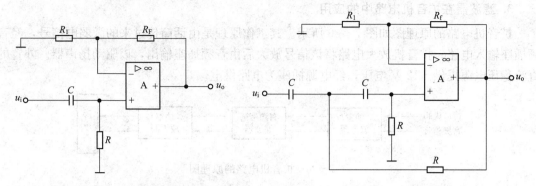

图 7-31 一阶 RC 有源高通滤波器   图 7-32 二阶 RC 有源高通滤波器

通过合理选择低通滤波器与高通滤波器的元件参数，并将它们按照一定的方式连接起来，就可以获得带通滤波器和带阻滤波器。

图 7-33 为一二阶 RC 带通滤波器。需要注意的是，该电路能稳定工作的条件是：$1+\dfrac{R_f}{R_1}<3$，即 $R_f<2R_1$。

图 7-34 为该滤波器的幅频特性，其中心频率为 $f_H=\dfrac{1}{2\pi RC}$。

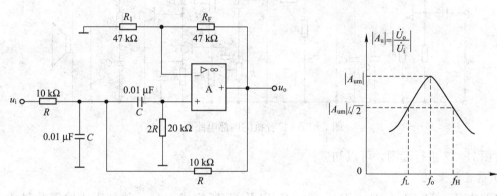

图 7-33 二阶 RC 有源带通滤波器   图7-34 二阶 RC 有源带通滤波器的幅频特性

图 7-35 为由双 T 网络构成的二阶 RC 有源带阻滤波器，由读者自行推导其幅频特性。

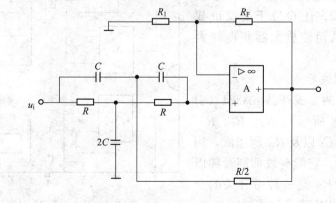

图 7-35 双 T 有源带阻滤波器

3. 滤波器在扩音机电路中的应用

扩音机电路的原理图如图 7-36 所示。其工作原理是由话筒传过来的微弱电信号，经音频插座输入电路；扩音机放大电路将该信号放大后由音频插座输出，以驱动扬声器。外置的直流稳压电源提供 +12 V 电压，经电源插座为电路供电。

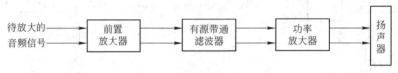

图 7-36　扩音机电路的原理图

整个扩音机电路由前置放大级、有源带通滤波器和具有前置放大的功率放大级三个部分组成，级间耦合采用阻容耦合方式，内部电路见图 7-37。

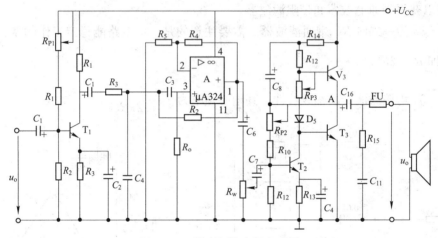

图 7-37　扩音机的内部电路图

对图 7-37 进行读图，可以知道：

1）前置放大级

电路由 T_1 管、R_{P1}、R_1、R_2、R_3、R_4 以及 C_2 所组成。是一种分压式偏置共射放大器，C_2 为射极旁路电容，通过旁路交流信号来提高电路的电压增益。R_{P1} 用以调节静态工作点 Q，让 Q 位于交流负载线的中点附近，从而使放大器获得较大的动态工作范围。

2）有源带通滤波器

电路由四运放的集成产品 μA324（引脚排列如图 7-38 所示）、R_5、R_6、R_7、R_8、R_9、C_4、C_5、C_6 以及 R_w 所组成，构成有源带通滤波器。它能有效抑制音频以外的噪声和干扰。R_w 是一种带开关的合成碳膜电位器，用以实现音量控制。

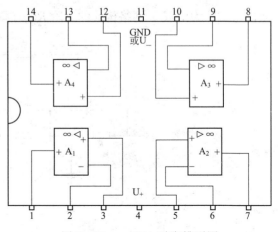

图 7-38　μA324 引脚排列图

3）具有前置放大的功率输出级

前置放大电力为分压或偏置共射电路。R_{P2} 用于调节中点 A 的对地电压，使 $U_A = \frac{1}{2} U_G = 6 \text{ V}$。

功率放大为甲乙类 OTL 电路，通过调大 R_{P3} 可克服交越失真。但 R_{P3} 不能调得过大，以免因静态管功耗过大而烧毁功放管。R_{14}、C_8 构成自举电路，可以提高正半周输出的幅度。R_{15}、C_{11} 用来校正扬声器的阻抗特性，补偿扬声器的感抗成分，使功放的负载接近纯电阻，同时该电路还能防止高频自激。

7.4 集成运放的非线性应用

7.4.1 在比较器方面的应用

1. 过零电压比较器

图 7-39 所示是过零电压比较器，其中 R 和 D_Z 起输出电压限制作用。作为电压比较器的运放，它工作在开环或正反馈工作状态，具有极高的电压放大倍数。在图 7-39（a）中，因同相输入端电压为零，当 $u_i > 0$ 时，运放处于正向饱和状态，如输出端不接稳压管，则输出电压可接近运放的正电源电压 $+U_{CC}$。接稳压管后，输出电压被限制在 $u_o = +U_Z + U_D \approx +U_Z$（$U_D$ 为稳压管的正向压降）。当 $u_i < 0$ 时，运放处于负向饱和状态，$u_o = -U_Z$。其电压传输特性和工作波形如图 7-39（b）、（c）所示。

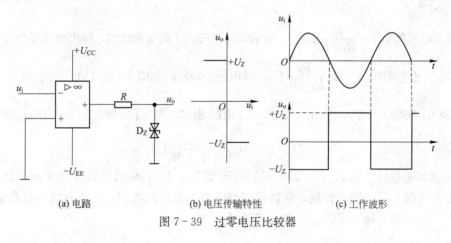

(a) 电路   (b) 电压传输特性   (c) 工作波形

图 7-39 过零电压比较器

2. 非零电压比较器

图 7-40 是非零电压比较器。比较电压（又称为参考电压 U_R）加于运放的同相输入端，输入信号电压加于反相输入端。当 $u_i < U_R$ 时，运放处于正向饱和状态，$u_o = +U_Z$；当 $u_i > U_R$ 时，运放处于负向饱和状态，$u_o = -U_Z$，其电压传输特性和工作波形如图 7-40（b）、（c）所示。

过零电压比较器与非零电压比较器都工作在开环状态，运放的开环电压放大倍数极大，其输出电压极性由同相输入端和反相输入端的电压大小比较而定。当同相端电压高于反相端电压时，输出电压极性为正；反之，当反相端电压高于同相端电压时，输出电压极性为负。

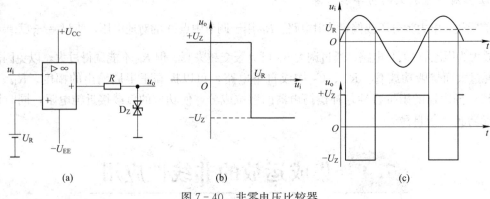

图 7 - 40 非零电压比较器

所以在电压传输特性的转折点处非常敏感，输入端稍有干扰电压，就会导致输出电压翻转，因此其抗干扰能力较差。

3. 施密特触发器（具有滞回特性的电压比较器，或迟滞比较器）

由集成运放组成的施密特触发器如图 7 - 41 所示，它是将输出电压通过 R_1、R_2 组成的分压器分压后再加于同相输入端作为参考电压的，其工作原理如下。

当输出电压 $u_o = +U_Z$ 时，参考电压为 $U_R = \dfrac{R_2}{R_2 + R_1} U_Z$；当输入电压 u_i 稍大于 $\dfrac{R_2}{R_2 + R_1} U_Z$ 时，运放立即转为负向饱和状态，输出电压 $u_o = -U_Z$，此时参考电压 U_R 立即改变为 $U_R = \dfrac{R_2}{R_2 + R_1} (-U_Z)$。

当输入电压稍小于 $-\dfrac{R_2}{R_2 + R_1} U_Z$ 时，运放又立即转为正向饱和状态，输出电压变为 $u_o = +U_Z$，此时参考电压也立即变为 $U_R = \dfrac{R_2}{R_2 + R_1} U_Z$，其电压传输特性如图 7 - 41 （b） 所示。其中，$\dfrac{R_2}{R_2 + R_1} U_Z$ 用 U_H 表示，称为上限触发电压；$-\dfrac{R_2}{R_2 + R_1} U_Z$ 用 U_L 表示，称为下限触发电压，它们之间的差值为

$$U_d = U_H - U_L = \frac{2R_2}{R_2 + R_1} U_Z \tag{7 - 25}$$

U_d 叫做回差电压。由式（7 - 25）可知，改变 R_1、R_2 的阻值可以方便地调节回差电压。回差是施密特触发器的固有特性，此特性与继电器的电特性类似。回差有助于提高电路的抗干扰能力，但回差与触发灵敏度是相互矛盾的。

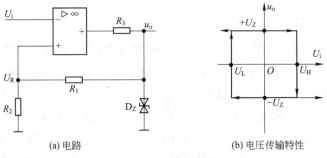

(a) 电路　　　　　　　　　　(b) 电压传输特性

图 7 - 41　施密特触发器

　　上面介绍的是用集成运放组成的电压比较器。实际上，在模拟集成电路中有专门的集成电压比较器可供选用。

　　图 7-42 是用比较器做的冷藏室温度控制器电路图，请作者自行分析其工作原理。

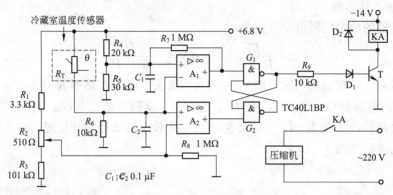

图 7-42　冷藏室温控器电路图

7.4.2　在方波和三角波发生器中的应用

　　所谓信号发生电路，指的是产生并输出稳定的、随时间呈周期变化的电信号的电路。

　　与前面介绍的信号处理电路（如整流电路、滤波电路、稳压电路、各种放大电路等）不同，信号发生电路（又称信号发生器、振荡器）实际上是将直流电源提供的电能转变为交流能量，并输出具有一定特征的电信号。与信号处理电路相比较，这类电路的一个显著区别在于：它没有电信号输入，见图 7-43（a），而信号处理电路，则需要输入电信号，如图 7-43（b）所示。

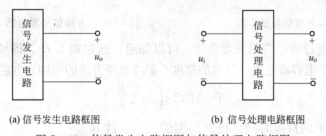

(a) 信号发生电路框图　　　　　　　(b) 信号处理电路框图

图 7-43　信号发生电路框图与信号处理电路框图

　　信号发生器的用途很广，如测量、自动控制、通信、广播及遥控等技术领域。信号发生器的种类很多。按输出信号的波形来分，有正弦波振荡器和非正弦波信号发生器（如方波、三角波、锯齿波、脉冲序列等）两大类。按输出信号的频率高低来分，有超低频（0.0001 Hz～1 Hz）信号发生器、低频（1 Hz～1 MHz）信号发生器、中频（20 Hz～10 MHz）信号发生器、高频（100 Hz～30 MHz）信号发生器、甚高频（30 MHz～300 MHz）信号发生器和超高频（300 MHz 以上）信号发生器。

　　无论何种信号发生器，放大电路总是它的一个重要组成部分。而作为一种高性能的放大电路，集成运算放大器已成为各种信号发生器的通用放大器件。

1. 方波信号发生器

1）电路的组成

用集成运放构成的方波发生器的电路如图 7-44 所示。R_1，R_f 构成正反馈网络，以使集成运放工作于正、负饱和区。R_3、D_z 构成双向稳压电路，使得 $u_o = \pm U_z$，且 $U_z < U_G$（U_G 为集成运放的输出饱和值）。$R(R_2$ 与 R_p 的串联等效电阻）、C 组成负反馈支路，利用 C 的充放电特性，来提供迟滞比较器状态翻转的触发信号。

2) 电路的工作原理

迟滞比较器的两个门限电平分别为：

$$U_H = \frac{R_1}{R_1 + R_f} U_z, \quad U_L = -\frac{R_1}{R_1 + R_f} U_z$$

设集成运放工作在负饱和区，则 $u_o = -U_z$。那么，电容 C 将经 R 放电，u_c 下降。当 u_c 下降至 U_L 时，电路翻转，则 u_o 变为 $+U_z$。此时 RC 支路开始充电，u_c 上升。当 u_c 升至 U_H 时，电路再次翻转，u_o 变为 $-U_z$。C 再次开始经 R 放电，如此循环反复。

u_o、u_c 的波形如图 7-45 所示。

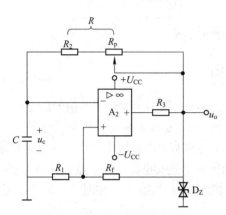

图 7-44　方波信号发生器

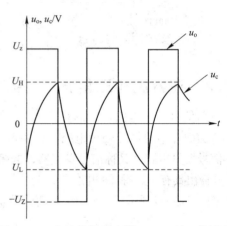

图 7-45　方波信号发生器 u_0、u_c 的工作波形

根据 RC 充放电过程，应用三要素法，可以知道，通过调节 R_p，即可改变 RC 支路的时间常数，也就改变了电容器充电、放电的速度，最终改变方波的周期。方波周期的计算公式为

$$T = 2RC\ln\left(1 + 2\frac{R_1}{R_f}\right) \tag{7-26}$$

由于方波高电平的持续时间占振荡周期的一半，故其占空比为 50%。如果需要产生占空比小于或大于 50% 的矩形波，需要改变电容 C 充放电的时间常数。实现这一目标的方案是，将电路中的 R 改成如图 7-46 所示的形式。

这样，当 u_o 为正的时候，D_1 导通而 D_2 截止，充电时间常数为 $R_{f1}C$。而当 u_o 为负的时候，D_1 截止而 D_2 导通，放电时间常数为 $R_{f2}C$。选取 R_{f1}/R_{f2} 的不同比值，即可改变占空比。若忽略二极管的正向电阻，此时的振荡周期为

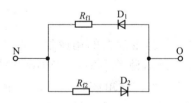

图 7-46　改变充放电时间常数的一种网络

$$T = (R_{f1} + R_{f2})C\ln\left(1 + 2\frac{R_1}{R_f}\right) \tag{7-27}$$

2. 三角波信号发生器

1) 电路的组成

方波、三角波信号发生器的电路，如图 7-47 所示。集成运放 A_1 与 R_1，R_2，R_3，R_{p1}

组成迟滞比较器，R_1 为平衡电阻，C_1 为加速电容，可加速比较器的翻转；集成运放 A_2 与 R_4，R_{P2}，R_5，C_2 构成了反相积分器，R_5 为平衡电阻。

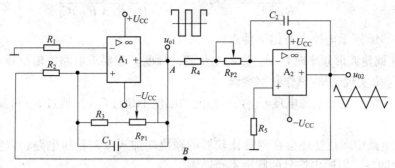

图 7-47 方波、三角波信号发生器

2）电路的工作原理

该电路是迟滞比较器与积分器，首尾相接，形成闭环电路，连接点是 A 和 B 点。

以 A_1 为核心构成的迟滞比较器，采用同相输入方式，反相输入端送入点的参考电压 $U_{REF}=0$。该电路的门限电平为

$$U_H = \frac{R_2}{R_1 + R_{p1}} U_{CC}, \quad U_L = -\frac{R_2}{R_1 + R_{p1}} U_c$$

该迟滞比较器的电压传输特性如图 7-48 所示。

以 A_2 为核心构成的积分器将迟滞比较器输出的方波电压 u_{o1} 变换为三角波 u_{o2}。u_{o2} 的幅值受迟滞比较器的门限电压控制，即其幅值为

$$U_{o2m} = \frac{R_2}{R_3 + R_{p1}} U_{CC} \tag{7-28}$$

通过调节 R_{P1}，即可实现对三角波幅值的调整。

整个电路的两个输出电压 u_{o1}，u_{o2} 的波形对应关系，如图 7-49 所示。其中，波形周期 T 取决于 R_4，R_{P2}，C 支路的充放电时间常数。

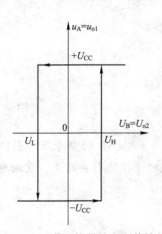

图 7-48 迟滞比较器的电压传输特性

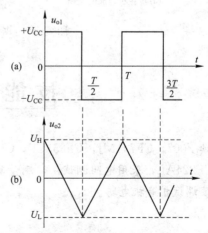

图 7-49 u_{o1}，u_{o2} 的波形图

根据三要素法，可以知道：

$$U_{o2m} = \frac{T}{4(R_4 + R_{P2})C_2} U_{CC} \tag{7-29}$$

结合式（7-28）和式（7-29），有

$$T=\frac{4R_2(R_4+R_{P2})C_2}{R_3+R_{P1}}\text{ 或 } f=\frac{1}{T}=\frac{R_3+R_{P1}}{4R_2(R_4+R_{P2})C_2}$$

对于图7-48所示电路，有以下特点。

（1）R_{P2}在调整波形频率时，不会影响三角波的幅度。若要求电路的输出频率范围较宽，可通过改变C_2来实现，R_{P2}只作频率微调。

（2）方波的幅度约为电源电压U_{CC}，三角波的幅度不超过U_{CC}。通过R_{P1}可实现三角波幅值的微调。

（3）实际电路中，往往还会在迟滞比较器的输出端加入双向稳压电路，以实现对方波、三角波幅值的调整，但输出信号的频率不受影响。

图7-50（a）为另一个可以产生锯齿波的电路，其主要特点是电容C_2的充电时间快于放电时间，产生的波形如图7-50（b）所示，请读者自行分析其工作原理。

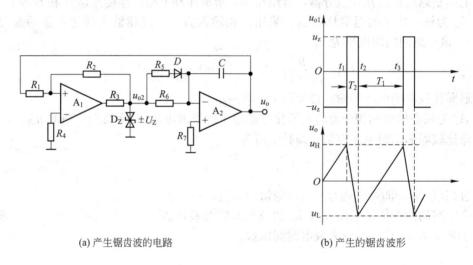

(a) 产生锯齿波的电路　　　　　　　　(b) 产生的锯齿波形

图7-50　锯齿波产生电路

技 能 实 训

1. 识读F007，CF741MJ，CF353CP，CF747AMJ，CF224AL的型号及各引脚的功能，然后选择CF224AL，采用电阻测试法，测量其它引脚相对于接地引脚的正、反向电阻。

2. 安装调试扩音机电路。

复习参考题

7-1　电路如图7-51所示，集成运放输出电压的最大幅值为±14 V，将u_{o1}、u_{o2}填入

表7-1中。

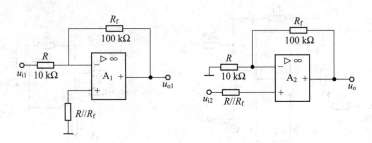

图7-51 题7-1图

表7-1 题7-1表

u_i(V)	0.1	0.5
u_{o1}(V)		
u_{o2}(V)		

7-2 在图7-52中,运算电路的输入输出关系是什么?并求出R_1,R_2的值。

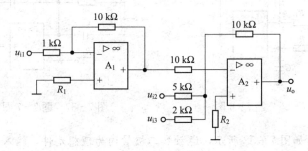

图7-52 图7-2题

7-3 电路如图7-53所示,试:

(1) 在图7-53 (a) 中,若$R_1=R_L=50$ kΩ,$R_2=R_3=100$ kΩ,$u_i=5$ V,求i_L的值;若这放输出端负载电阻R_L增加为100 kΩ时,则负载电流i_L的值将变为多少?

(2) 求图7-53 (b) 所示电路输出电压u_o的表达式。

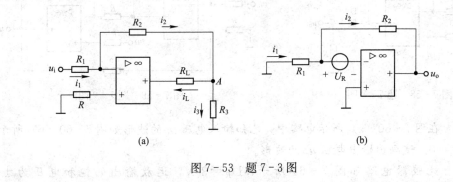

(a)   (b)

图7-53 题7-3图

7-4 运放电路如图7-54所示,求输出电压u_o与输入电压u_i之间运算关系的表达式。

7-5 电路如图7-55所示,$R_1=10$ kΩ,$R_2=20$ kΩ,$R_f=100$ kΩ,$u_{i1}=0.2$ V,$u_{i2}=-0.5$ V,求输出电压u_o。

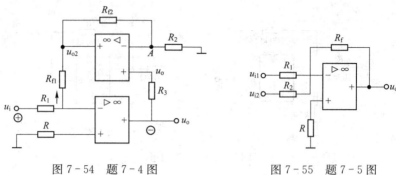

图 7-54   题 7-4 图   图 7-55   题 7-5 图

7-6   运放电路如图 7-56 所示，$R_1 = R_f = 100$ kΩ，$R = 50$ kΩ，$C = 10$ μF，试求输出电压 u_o 与输入电压 u_i 之间关系的表达式。

7-6   电路如图 7-57 所示，求输出电压 u_o 与输入电压 u_i 之间关系的表达式。

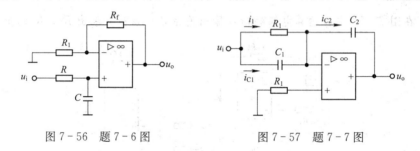

图 7-56   题 7-6 图   图 7-57   题 7-7 图

7-8   运放电路如图 7-58 所示，运放和二极管均为理想元件，输入信号 $u_i = 2\sin\omega t$(V)，试画出输出电压 u_o 的波形（设运放的饱和电压为 ±12 V）。

7-9   运放电路如图 7-59 所示，求输出电压 u_o 与输入电压 u_{i1}、u_{i2} 之间关系的表达式。

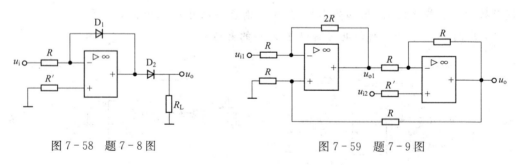

图 7-58   题 7-8 图   图 7-59   题 7-9 图

7-10   在图 7-60（a）所示电路中，已知输入电压 u_i 的波形如图 7-60（b）所示，当 $t = 0$ 时，$u_o = 0$。试画出输出电压 u_o 的波形。

7-11   比较器电路如图 7-61 所示，$U_R = 3$ V，运放输出的饱和电压为 ±U_{om}，要求：

（1）画出传输特性；

（2）若 $u_i = 6\sin\omega t$ V，画出 u_o 的波形。

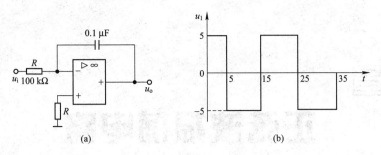

图 7 - 60　题 7 - 10 图

7 - 12　电路如图 7 - 62 所示，其稳压管的稳定电压 $U_{Z1}=U_{Z2}=6$ V，正向压降忽略不计，输入电压 $u_i=5\sin \omega t$(V)，参考电压 $U_R=1$ V，试画出输出电压 u_o 的波形。

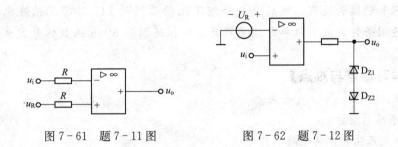

图 7 - 61　题 7 - 11 图　　　　　　图 7 - 62　题 7 - 12 图

7 - 13　运放电路如图 7 - 63 所示，已知 $R_1=10$ kΩ，$R_2=20$ kΩ，$C=1$ μF，$u_i=+0.1$ V，运放的电源电压为 ± 15 V，$u_c(0)=0$。试求：

(1) 接通电源电压后，输出电压 u_o 由 0 上升到 10 V 所需的时间是多少？

(2) 当 $t=2$ s 时，输出电压约为多少？

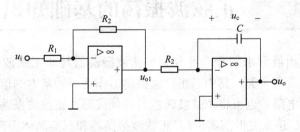

图 7 - 63　题 7 - 13 图

第 8 章

正弦波振荡电路

【本章内容概要】

正弦波振荡电路不仅可以作为信号源来使用，在工业上也有很多应用。本章在介绍了自激振荡的基本概念的基础上，推导了自激振荡的条件，并介绍了正弦波振荡电路的组成以及起振和稳幅的过程，然后重点介绍了几种常用的 LC、RC 正弦波振荡电路的工作原理及其适用条件，最后简单介绍了石英晶体振荡器和 8038 函数信号发生器的特点与应用等。

【本章学习重点与难点】

学习重点：

1. 自激振荡的条件；

2. RC 桥式正弦波振荡电路工作原理。

学习难点：

1. 起振过程的理解；

2. LC 正弦波振荡电路相位平衡条件的分析与判断。

8.1 正弦波振荡的基础知识

信号发生器按输出波形来划分，可分为正弦波振荡器与非正弦波信号（如方波、三角波、锯齿波等）发生器两大类。其中，正弦波振荡器作为一种基本的信号源，得到了广泛的应用。利用波形变换电路，也可将正弦波转换为其他波形。正弦波振荡器根据其选频网络的组成情况，又分为 RC 正弦波振荡器、LC 正弦波振荡器和石英晶体振荡器三种。RC 正弦波振荡器一般用来产生 1 Hz～1 MHz 的低频信号；LC 正弦波振荡器一般用来产生 1 MHz 以上的高频信号；石英晶体振荡器则用来提供对频率稳定性要求高的信号。

8.1.1 正弦波振荡器的稳幅振荡条件

从电路组成上来看，正弦波振荡器实质上就是一个没有信号输入的带选频网络的正反馈放大器。

图 8-1（a）所示为一正反馈放大器的组成框图。其中：

（1）反馈信号 x_f 与电路的输入信号 x_i 同相；

（2）基本放大器的净输入信号 $x_{id} = x_i + x_f$ 强于电路的输入信号 x_i；

（3）基本放大器的放大倍数 $A=x_i/x_{id}$，其相移 $\varphi_a=\varphi_{x_o}-\varphi_{x_{id}}$；

（4）反馈网络的反馈系数 $F=x_f/x_o$，其相移 $\varphi_f=\varphi_{x_f}-\varphi_{x_o}$；

（5）环路增益 $AF=x_f/x_{id}$，环路相移 $\varphi_a+\varphi_f=\varphi_{x_f}-\varphi_{x_{id}}=2k\pi\ (k\in\mathbf{Z})$。

当 x_f 与 x_{id} 在大小和相位上都一致时，去除电路的输入信号（即 $x_i=0$），连接基本放大器的输入端与反馈网络的输出端而形成闭环系统，其输出端应能继续维持与开环时同样的输出信号。此时的电路就相当于一个稳幅振荡的正弦波振荡器，如图 8-1（b）所示。

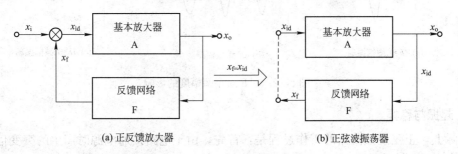

(a) 正反馈放大器　　　　　　　　　　　(b) 正弦波振荡器

图 8-1　正弦波振荡器的组成框图

综上分析，可得正弦波振荡器稳幅振荡所需的两个条件。

（1）相位平衡条件。电路需引入正反馈，即环路相移满足：

$$\varphi_a+\varphi_f=2k\pi\ (k\in\mathbf{Z}) \tag{8-1}$$

（2）振幅平衡条件。电路的环路增益需等于 1，即

$$AF=1 \tag{8-2}$$

需要说明的是，正弦波振荡器产生的信号频率（一般称为振荡频率）f_0 通常由相位平衡条件所决定，电路只对频率为 f_0 的信号引入正反馈，满足相位平衡条件。这也就意味着正弦波振荡器中必然含有选频网络（具有选频特性的电路）。目前，常用的选频网络有：

（1）RC 正弦波振荡器中的选频网络由 R、C 元件所组成；

（2）LC 正弦波振荡器中的选频网络由 L、C 元件所组成；

（3）石英晶体振荡器则是利用石英晶体谐振器的频率特性来进行选频。

需要指出的是，选频网络可设置在基本放大器中，也可设置在反馈网络中。

8.1.2　正弦波振荡器的自激振荡条件

1. 环路增益对振幅的影响

前面已讨论过，正弦波振荡器在频率为 f_0 的信号作用下刚好引入正反馈，满足了相位平衡条件。此时，若：

（1）环路增益 $AF=1$，则电路可维持原来的振荡幅度，输出等幅信号，这是一种稳幅振荡。

（2）当 $AF>1$ 时，经过一次环路作用后的反馈信号 x_f 将强于基本放大器原来的输入信号 x_{id}，这样电路的振荡幅度将不断增强，输出增幅信号（AF 越大，增幅越快），这是一种增幅振荡。

（3）当 $AF<1$ 时，电路呈现减幅振荡，且 AF 越小。输出信号的下降速度越快，减幅振荡将导致电路停振。

环路增益 AF 对电路振幅的影响，如图 8-2 所示。

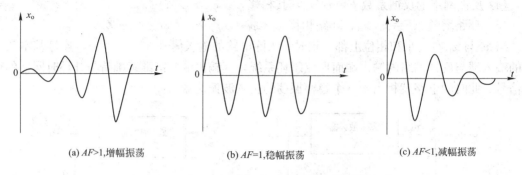

(a) $AF>1$,增幅振荡　　　　　(b) $AF=1$,稳幅振荡　　　　　(c) $AF<1$,减幅振荡

图 8-2　AF 对振幅幅度的影响

2. 起振与稳幅

实际上，正弦波振荡器的工作过程是：首先，由于电路接通电源时产生的突变信号（或环路中存在的固有噪声）具有很宽的频率范围，选频网络便可将其中频率为 f_0 的成分选出后引入正反馈，且在满足 $AF>1$ 的条件下进行增幅振荡，这一过程称之为电路的起振；然后，随着振荡幅度的不断增强，放大器件进入非线性工作状态（通常为截止状态），造成放大倍数的下降，环路增益 AF 随之减小，当 AF 减为 1 时，电路进入稳幅振荡，输出稳定的正弦信号。

由此可得正弦波振荡器的起振的条件：

（1）相位条件为

$$\varphi_a + \varphi_f = 2k\pi (k \in \mathbf{Z}) \tag{8-3}$$

（2）振幅条件为

$$AF > 1 \tag{8-4}$$

需要说明的是，上面所说的稳幅是一种内稳幅，它是利用放大器件自身的非线性来实现振幅调节。也有一些正弦波振荡器，在保持放大电路线性工作的情况下，外加非线性环节来实现增益调节，这种称为外稳幅。

8.2　LC 正弦波振荡器的组成与工作原理

LC 正弦波振荡器根据信号反馈的方式来分，有变压器（也称互感器）反馈式正弦波振荡器、电感反馈式（常称电感三点式）正弦波振荡器和电容反馈式（常称电容三点式）正弦波振荡器三种。

无论何种 LC 正弦波振荡器，其选频网络总为 LC 并联电路，它是利用该网络所具有的谐振特性来进行选频的，下面先对此作一简述。

图 8-3（a）所示即为 LC 并联谐振电路，它由一个电感器与一个电容器并联而成。考虑到实际元件耗损的存在，电路可等效为图 8-3（b）所示的模型，其中 R 为回路的等效损耗电阻，该电路谐振时具有如下特点：

（1）电路的谐振频率为

$$\omega_\text{o} \approx \frac{1}{\sqrt{LC}} \text{ 或 } f_\text{o} \approx \frac{1}{2\pi\sqrt{LC}} \tag{8-5}$$

（2）谐振时，u 与 i 同相，电路呈纯电阻性，其等效阻抗最大，且为

$$Z_\text{o} = \frac{L}{RC} \approx Q\omega_\text{o}L \approx \frac{Q}{\omega_\text{o}C} \tag{8-6}$$

其中

$$Q = \frac{\omega_\text{o}L}{R} \approx \frac{1}{\omega_\text{o}CR} \approx \sqrt{\frac{L}{C}}\Big/R \tag{8-7}$$

电路的品质因数 Q 是用来评价回路损耗大小的指标，它通常在几十到几百之间，电路的损耗越大，品质因数便越小，频率的选择性便越差。

（3）谐振时，$i_\text{L} \approx i_\text{C} \approx Qi$，电路呈现电流谐振。

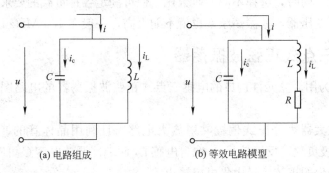

(a) 电路组成　　　　　　　　(b) 等效电路模型

图 8-3　LC 并联谐振电路

8.2.1　变压器反馈式正弦波振荡器

图 8-4（a）、（b）所示为典型的变压器反馈式正弦波振荡器的电路组成与交流通路。

该振荡器由具有内稳幅的分压式偏置晶体管放大电路、LC 并联谐振电路以及变压器反馈线圈 N_2 所组成。反馈信号送入放大器的基极，经放大后由集电极输出，故放大器为共射组态，同时由于 LC 并联回路接在晶体管的集电极，所以称这种电路为共射调集振荡器。

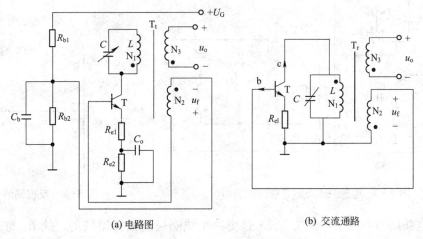

(a) 电路图　　　　　　　　　　　　(b) 交流通路

图 8-4　典型的变压器反馈式正弦波振荡器

电路中接入 C_b 是为了增高增益，接入 R_{e1} 是为了改善放大器的动态性能，调节 C 可实现振荡频率 f_0 的改变，负载接在线圈 N_3 两端。

当信号频率 $f_0 = \dfrac{1}{2\pi\sqrt{LC}}$ 时，集电极等效负载为纯电阻性。这样，u_c 与 u_b 反相。由变压器同名端的性质可知，u_f 又与 u_c 反相。因此 u_f 便与 u_b 同相，也就满足了相位平衡条件。此外，只要合理选择元件参数和变压器的线圈匝数，不难满足起振条件 $AF>1$。

当自激振荡的两个条件同时得到满足，一旦接通电源，电路就能自行起振，利用变压器耦合，为负载提供稳定的正弦信号 u_o。

改变变压器反馈式正弦波振荡器的振荡频率，通过调节 C 即可实现，因此它适宜制作频率可调的振荡器。同时，选择不同的匝数比，便可满足各种负载的要求，电路比较容易起振。但由于使用了变压器，其振荡频率也就不能太高，一般在 100 MHz 以下。

8.2.2　电感三点式正弦波振荡器

图 8-5（a）为用分立元件构成的电感三点式正弦波振荡器的电路图，图 8-5（b）为它的交流通路。

该电路中的放大器为分压式偏置共射放大电路，且利用晶体管的非线性实现内稳幅。LC 回路作为集电极负载，反馈信号 u_f 取自电感 L_2 两端。调节电容 C 可实现振荡频率 f_0 的改变，电路振荡产生的正弦信号由集电极输出。

当 LC 回路谐振时，集电极等效负载呈纯电阻性，故 u_o（即 u_{ce}）与 u_b 反相。欲满足振荡所需的相位条件（u_f 与 u_b 同相），需使 u_f 与 u_o 反相。而由图 8-6 所示的反馈网络相量图知：当 f_0 对应下的 X_C 大于 X_{L2} 时，$u_C>u_f$，则有 u_o 与 u_f 反相，从而满足相位条件。同时，由于 LC 并联谐振下的阻抗很大，使得 A 较大，此时只要线圈抽头位置合适（u_f 不是很小），便不难满足起振条件 $AF>1$。当自激振荡的两个条件均满足时，电路即可产生正弦信号。

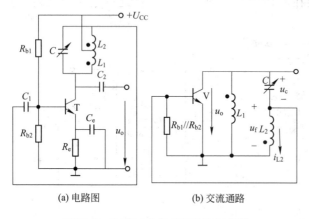

(a) 电路图　　　　(b) 交流通路

图 8-5　电感三点点式正弦波振荡器

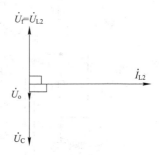

图 8-6　反馈网络相量图

由于选频网络中两个线圈 L_1、L_2 是由一个线圈通过抽头得到的，故 L_1 与 L_2 为全耦合，则等效电感 $L=L_1+L_2+2\sqrt{L_1L_2}$。这样，电路的振荡频率

$$f_{\text{o}}=\frac{1}{2\pi\sqrt{LC}}=\frac{1}{2\pi\sqrt{(L_1+L_2+2\sqrt{L_1L_2})C}} \qquad (8-8)$$

电感反馈式振荡器的优点是容易起振，且频率调节方便。缺点是振荡波形较差，这是由于反馈电压取自 L_2，对高次谐波的反馈量更大（$f\uparrow\rightarrow X_{L2}\uparrow\rightarrow u_{\text{f}}\uparrow$），故其波形上寄生有高次谐波。此外，该电路的晶体管极间电容与电感并联，当频率较高时会影响到谐振回路特性，甚至停振。这种电路的振荡频率一般在几十兆赫兹以下。

8.2.3 电容三点式正弦波振荡器

图 8-7（a）为用分立元件构成的电容三点式正弦波振荡器的电路图，图 8-7（b）为它的交流通路。

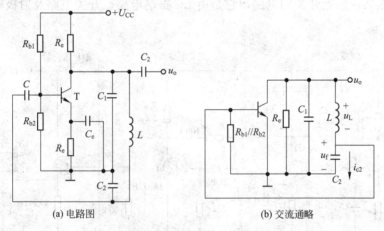

(a) 电路图　　　　　(b) 交流通略

图 8-7　电容三点式正弦波振荡器

该电路中的放大器为分压式偏置共射放大电路，且利用晶体管的非线性实现内稳幅。LC 回路与 R_{c} 并联后作为集电极等效负载，反馈信号 u_{f} 取自电容 C_2 两端。电路振荡产生的正弦信号由集电极输出。

当 LC 回路谐振时，集电极等效负载呈纯电阻性，故 u_0（即 u_{ce}）与 u_{b} 反相。欲满足振荡所需的相位条件（u_{f} 与 u_{b} 同相），需使 u_{f} 与 u_0 反相。而由图 8-8 所示的反馈网络相量图知：当 f_0 对应下的 X_L 大于 X_{c2} 时，$u_L>u_{\text{f}}$，则有 u_0 与 u_{f} 反相，从而满足相位条件。同时，只要合理选择元件参数以满足 $AF>1$，电路便可自激振荡，产生正弦信号。

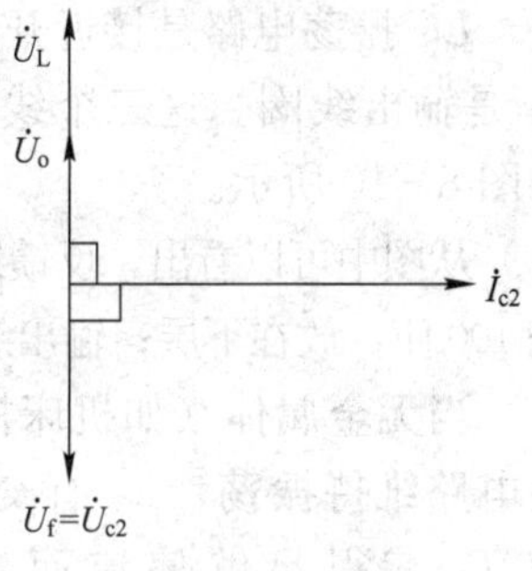

图 8-8　反馈网络相量图

选频网络等效电容 $C=\dfrac{C_1C_2}{C_1+C_2}$。这样，电路的振荡频率

$$f_{\text{o}}=\frac{1}{2\pi\sqrt{LC}}=\frac{1}{2\pi\sqrt{L\dfrac{C_1C_2}{C_1+C_2}}} \qquad (8-9)$$

电容反馈式振荡器的反馈电压取自电容，对高次谐波的阻抗很小，输出波形好。且晶体管的极间电容与 C_1 并联。当 C_1 远大于极间电容时，极间电容将不会影响振荡频率，故振荡频率的稳定性好。该电路的振荡频率可达 100 MHz 以上。实际应用较多，但该电路存在着

频率调节较困难的缺点，无论调节哪个电容，都会影响到反馈量，易造成停振，所以它的频率调节范围小。

最后需要说明的是，无论哪种 LC 正弦波振荡器，其放大器均可采用集成运放。同时，由于集成运放具有很高的增益，易满足振幅条件，故容易起振。

8.2.4　LC 振荡器的应用——半导体接近开关

半导体接近开关当前在国内应用很广。它是一种当被测物（金属体）接近到一定距离时，不须接触，就能发出动作信号的一种电器，具有反应迅速、定位准确、寿命长以及没有机械碰撞等优点。目前已被广泛应用于行程控制、定位控制、自动计数以及各种安全保护控制等方面。

图 8-9 是某种接近开关的电路，它是由 LC 振荡电路、开关电路及射极输出器三部分组成。

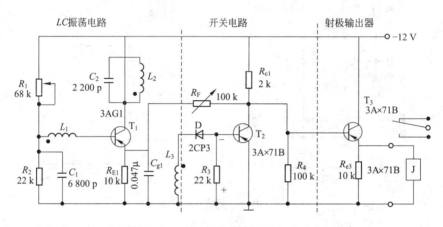

图 8-9　半导体接近开关的电路图

LC 振荡电路是接近开关的主要部分，其中，L_2 与 C_2 组成选频电路，L_1 是反馈线圈，L_3 是输出线圈。这三个线圈绕在同一磁芯（感应头）上，如图 8-10 所示。

从图中可以看出，反馈线圈 L_1 绕 2～3 匝，放在上层；L_2 绕 100 匝，放在下层；输出线圈 L_3 绕在 L_2 的外层，约 20 匝。

当无金属体（如机床挡铁）靠近开关的感应头时，振荡电路维持振荡，L_3 有交流输出，经二极管 D 整流后，使 T_2 获得足够偏流而工作于饱和导通状态。此时，$U_{CE2} \approx 0$，射极输出器无输出，接在输出端的继电器 J 的线圈不通电。

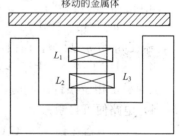

图 8-10　感应头的结构

当有金属体移近开关的感应头时，金属体内感应产生涡流。由于涡流的去磁作用，使线圈间的磁耦合大为减弱，L_1 上的反馈电压显著降低，因而振荡电路被迫停振，L_3 上无交流输出，T_2 也就截止。此时，$U_{CE2} \approx -12$ 伏，射极输出器的输出也接近 -12 伏，继电器 J 通电。

通过继电器线圈的通电与否，来开闭它的出点以控制某个电路的通断（譬如控制某个电动机）。

由上述可知，晶体管 T_2 不是工作在饱和状态，就是工作在截止状态，所以它组成的是一个开关电路。T_3 组成的射极输出器作为输出级，是为了提高接近开关的带负载能力。

R_F 是反馈电阻，当电路停振时，通过它就把 T_2 的集电极电压反馈一部分到 T_1 的发射极，使发射极电位降低，以保证振荡电路迅速而可靠地停振。而当电路起振时，$U_{CE2} \approx 0$，无反馈电压，使振荡电路迅速恢复振荡。这样，就使开关的动作更为迅速和准确。

8.3　RC 正弦波振荡器的组成与工作原理

当要求正弦波振荡器的振荡频率较低（几十千赫兹以下）时，若采用 LC 振荡器，需使用很大的电感和电容，带来振荡器体积大、笨重以及价格高等缺点。所以，这种情况下通常采用 R、C 选频网络来替代 LC 谐振回路，也就构成了所谓的 RC 正弦波振荡器。以下针对其中常见的移相式振荡器和文氏电桥振荡器，简要讨论电路的组成、工作原理与应用特点。

8.3.1　RC 移相式振荡器

图 8-11 为 RC 移相式振荡器的电路图。第一级电路为分压式偏置共射电路，它是振荡器的放大电路部分。第二级电路为射极输出器，增加该电路的目的是利用其电压跟随性好、输入阻抗高（对前级电路影响小）、输出阻抗小（带负载能力强）等优点来改善振荡器的性能。反馈网络由三节 RC 超前型移相电路所组成，其中，第三节的电阻 R 是由第一级电路的输入电阻 R_{i1} 来充当的。

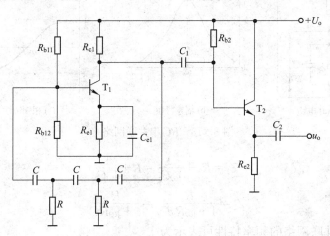

图 8-11　RC 移相式振荡器

共射放大器的输出与输入反相，即它的相移 $\varphi_a = 180°$。那么，要满足振荡的相位条件，需使反馈网络的相移 $\varphi_f = 180°$。由于单节 RC 电路的相移不到 90°，故构成正反馈所需的移相环节至少要三节。

对于图示电路，若 $R_{i1} = R$，经分析可得，三节移相电路实现 180° 相移所需满足的条件是：容抗 $X_C = \sqrt{6}R$。由此可得，电路的振荡频率

$$\omega_\circ = \frac{1}{\sqrt{6}RC} \text{或} f_\circ = \frac{1}{2\sqrt{6}\pi RC} \tag{8-10}$$

RC 移相式振荡器具有电路简单、经济方便的优点，适用于对波形要求不高的轻便测量设备中。

8.3.2 文氏电桥振荡器

1. RC 串并联选频网络

图 8-12 为 RC 串并联选频网络。正弦输入电压 u_i 作为网络的总电压，输出电压 $u_\circ$ 取自 RC 并联网络两端。利用正弦交流电路的知识，对该串并联网络进行分析可得，当交流电的频率了 $f = \frac{1}{2\pi RC}$ 时，$u_\circ$ 与 u_i 的关系如下。

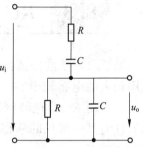

（1）相位关系：$u_\circ$ 与 u_i 同相；

（2）数量关系：$u_\circ/u_i = 1/3$，达最大值。

RC 串并联网络的频率特性，具体推导如下。

图 8-12   RC 串并联选频网络

RC 正弦波振荡器的选频网络是由元件 R 和 C 组成的，其中最常用的是一种 RC 串并联网络，如图 8-13（a）所示。图中，R_1、C_1 串联部分用 Z_1 表示，R_2、C_2 并联部分用 Z_2 表示，而且一般取 $R_1 = R_2 = R$、$C_1 = C_2 = C$，由此可得

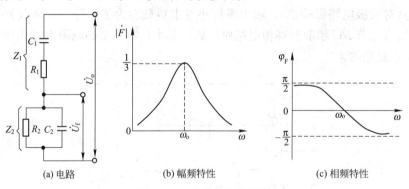

图 8-13   RC 串并联网络

$$Z_1 = R_1 + \frac{1}{j\omega C_1} = R + \frac{1}{j\omega C}$$

$$Z_2 = \frac{R_2}{1 + j\omega R_2 C_2} = \frac{R}{1 + j\omega RC}$$

因此，RC 串并联网络的频率特性可表示为

$$\dot{F} = \frac{\dot{U}_f}{\dot{U}_\circ} = \frac{Z_2}{Z_1 + Z_2} = \frac{1}{3 + j\left(\omega RC - \frac{1}{\omega RC}\right)} \tag{8-11}$$

令 $\omega_0 = \frac{1}{RC}$，代入式（8-11），可得

$$\dot{F} = \frac{1}{3 + j\left(\frac{\omega}{\omega_0} - \frac{\omega_0}{\omega}\right)} \tag{8-12}$$

其幅频特性为

$$|F| = \frac{1}{\sqrt{3^2 + \left(\dfrac{\omega}{\omega_0} - \dfrac{\omega_0}{\omega}\right)^2}} \tag{8-13}$$

相频特性为

$$\varphi_F = -\arctan \frac{\left(\dfrac{\omega}{\omega_0} - \dfrac{\omega_0}{\omega}\right)}{3} \tag{8-14}$$

当 $\omega = \omega_0$ 时，$\qquad\qquad\qquad F = 1/3 \tag{8-15}$

$$\varphi_F = 0 \tag{8-16}$$

当 $\omega \ll \omega_0$ 时，$\qquad\qquad F \to 0, \; \varphi_F \to +90°$

当 $\omega \gg \omega_0$ 时，$\qquad\qquad F \to 0, \; \varphi_F \to -90°$

所以 RC 串并联网络的幅频特性曲线和相频特性曲线分别如图 8-13（b）、（c）所示。

2. 文氏电桥振荡器

图 8-14 为文氏电桥振荡器的原理图。R_1、R_2 引入电压负反馈，与集成运放 A 共同构成负反馈放大器作为正弦波振荡器的放大电路。RC 串并联选频网络引入正反馈，以满足振荡的相位条件。由于两种反馈网络在集成运放输入端的连接呈桥式结构，故这种电路称为文氏电桥振荡器。

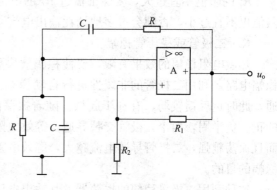

图 8-14 文氏电桥振荡器

对于含负反馈的放大电路而言，其反馈系数 $F_- = \dfrac{R_2}{R_1 + R_2}$。由于集成运放具有很高的开环电压增益 A，当该运放加入负反馈且为深度负反馈状态时，即满足 $1 + AF_- \gg 1$）状态，其闭环电压增益 $A_{uf} \approx \dfrac{1}{F_-} = \dfrac{R_1 + R_2}{R_2} = 1 + \dfrac{R_1}{R_2}$。

欲使得该含有负反馈的放大器，满足自激振荡条件，则要求振幅条件 $A_{uf} \cdot F_+ \geqslant 1$，即应有 $A_{uf} \geqslant \dfrac{1}{F_+} = 3$，即 $1 + \dfrac{R_1}{R_2} \geqslant 3$。由此可得

$$\frac{R_1}{R_2} \geqslant 2 \;\; 或 \; R_1 \geqslant 2R_2 \;\; 或 \; R_2 \leqslant \frac{R_1}{2}$$

电路的振荡频率

$$\omega_o = \frac{1}{RC} \;\; 或 \; f_o = \frac{1}{2\pi RC} \tag{8-17}$$

为使电路的输出波形失真小，通常在设计制作电路时，使 $A_{uf}F_+$ 稍大于 1，即 R_1 稍大于 $2R_2$，电路工作在临界振荡状态。但这样又会因工作条件的变化，在 A_{uf} 稍有减小造成 $A_{uf} \cdot F_+ < 1$，电路停振。

为此，R_1 常采用具有负温度系数的热敏电阻，由它实现对电路的自动稳幅（外稳幅）。当电路刚起振时，R_1 温度最低，阻值最大，$A_{uf} = 1 + \dfrac{R_1}{R_2}$ 最大，满足起振条件 $A_{uf} \cdot F_+ > 1$，

可良好起振；随着振荡幅度的增加，热敏电阻消耗的功率增大，温度上升，R_1 减小，使得 $A_{uf}F_+$ 减小，直至 $A_{uf} \cdot F_+ = 1$，电路稳幅振荡。

当然，如果 R_2 采用正温度系数的热敏电阻，也能实现自动稳幅或二极管或稳压管稳幅、用场效应管稳幅等，如图 8-15 所示。这些稳幅措施不但可以稳幅，还可以改善输出波形的失真，其稳幅原理如下所述。

(1) 正温度系数的热敏电阻稳幅。

将图 8-14 中的 R_2 换成具有正温度系数的热敏电阻 R_t，如图 8-15 (a) 所示，即可达到自动稳幅的目的。因为当振荡过强时，流过 R_t 的电流加大，R_t 阻值增大，负反馈加强，从而限制了振荡的增强；反之，当振荡减弱时，流过 R_t 的电流减小，R_t 阻值减小，负反馈减弱，从而使振荡不会减小以达到自动稳幅的目的。

当 R_t 用负温度系数的热敏电阻时，R_t 要接在图 8-14 中 R_1 的位置。

R_t 的阻值不宜过大，要保证流过 R_t 的电流足以使热敏电阻的热敏效果最佳。但 R_t 的阻值也不宜过小，否则会过多地消耗输出电流。

(2) 二极管或稳压管稳幅。

热敏电阻稳幅的效果有限，要使稳幅效果更好，可采用如图 8-15 (b) 所示的二极管稳幅电路，利用二极管的非线性进行自动稳幅。这种电路在刚起振时 u_o 很小，二极管不导通，此时负反馈较弱，有利于起振。随着振荡的加强，u_o 增大至二极管可以导通时，在 u_o 的正、负半周，两个二极管交替导通，等效电阻下降，从而使负反馈加强，振荡增长放慢。而且振荡越强，二极管导通电流越大，等效电阻越小，负反馈越强，从而可有效地达到自动稳幅的目的。

这种利用二极管稳幅的振荡器，其输出电压 u_o 的幅值与二极管的导通压降 U_D 有关，即 u_o 约为 $2U_D$。要提高输出电压的幅度，可改用硅稳压管代替这两个二极管。

(3) 场效应管稳幅。

利用场效应管稳幅的文氏电桥振荡器如图 8-15 (c) 所示。图中，集成运放 A 和 RC 串并联网络构成文氏电桥振荡器的主体电路，而 R_1、场效应管 T_1 等组成负反馈网络。此处场效应管的漏极电压很小，使之工作在可变电阻区，即其漏源电阻 R_{DS} 随栅源电压 U_{GS} 呈线性变化。

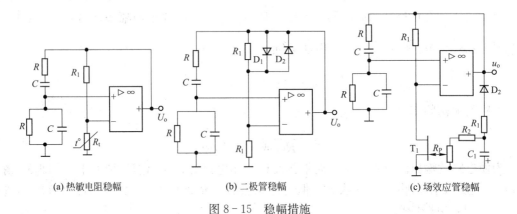

(a) 热敏电阻稳幅 (b) 二极管稳幅 (c) 场效应管稳幅

图 8-15 稳幅措施

由 D_2、R_1、R_2、R_P、C_1 等组成的整流滤波电路对运放输出电压 u_o 的负半周进行整流并滤波成直流控制电压，用做场效应管的负栅压。当振荡越强时，此负栅压越大，漏源

电阻 R_{DS} 越大，从而振荡负反馈越强，可有效地起到自动稳幅的作用。这种电路在刚起振时电容 C_1 的电压 $U_{C1}=0$，此时 R_{DS} 最小，从而有利于起振。在 u_o 超过 D_2 的导通电压后才开始起到自动稳幅的作用。

值得注意的是，本电路的时间常数 $(R_2+R_P)C_1$ 较大，U_{GS} 稳定，对减小波形失真有利。但该值过大时，场效应管稳幅过程的响应速度会降低，从而会延长稳幅过程，严重时还可能引起间歇振荡。一般来说：

$$(R_2+R_P)C_1 \geqslant (10 \sim 20)T_o \qquad (8-18)$$

式中，T_o 为正弦波振荡周期。

文氏电桥振荡器被广泛地用作频率可调的测量振荡器，是由于它具有以下优点：

(1) 只需将 RC 串并联选频网络中的两个电阻采用双连电位器，或两个电容采用双连可变电容，就能方便地实现调节；

(2) 由于电路中利用热敏电阻实现外稳幅，可使集成运放始终工作在线性放大区，输出波形好，非线性失真小，输出幅度稳定。

8.4　石英晶体振荡器简介

通信系统和各种电子设备中所使用的振荡器，有时对它的振荡频率稳定度（是指一段时间内振荡频率的最大变化量与标称频率的比值）有很高的要求，而这种要求是一般 RC 与 LC 振荡器所无法达到的。在这种情况下，往往采用石英晶体振荡器。石英晶体振荡器利用高品质因数的石英晶体进行选频，从而具有极高的频率稳定度，它也因此得名。

从电路结构上看，石英晶体振荡器有串联型与并联型两种。

8.4.1　石英晶体谐振器（简称石英晶体）

石英晶体谐振器是由石英晶片（石英晶体沿一定的晶轴切割而成的薄片）、电极、支架等装置封装而成的。其电路符号与等效电路如图 8-16（a）、（b）所示。其中 C_0 为晶片与金属之间的静电容，L_k、C_k、R_k 为晶片的串联谐振参数。

对石英晶片的两侧施加压力或张力时，晶体因变形而在另外两侧产生大小相等、极性相反的电荷；反之，如在晶片两侧加一电场，晶片将产生机械形变，这种现象称为压电效应。当外加电压的频率与晶片的固有频率相等时，振动幅度将急剧增加，这就是压电谐振。

石英晶体谐振器有两种谐振频率：一种是 R_k、L_k、C_k 支路的串联谐振频率 f_0；一种是整个等效电路的并联谐振频率 f_∞。

$$f_0 = \frac{1}{2\pi\sqrt{C_k L_k}}, \quad f_\infty = \frac{1}{2\pi\sqrt{L_k \dfrac{C_0 C_k}{C_0+C_k}}} = f_0 \sqrt{\frac{C_k}{C_0}} \qquad (8-19)$$

通常，$C_k \ll C_0$，这样 f_0 与 f_∞ 极为接近。

石英晶体谐振器的电抗与频率之间的关系，如图 8-16（c）所示。$f < f_0$ 或 $f > f_\infty$ 时，呈容性；$f = f_0$ 时，呈阻性；$f_0 < f < f_\infty$ 时，呈感性。

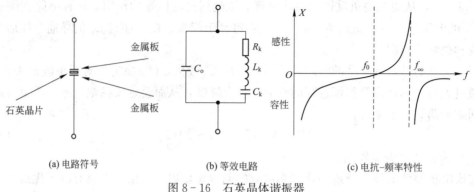

(a) 电路符号   (b) 等效电路   (c) 电抗-频率特性

图 8-16 石英晶体谐振器

8.4.2 串联型石英晶体振荡器

图 8-17 (a)，(b) 是一种串联型石英晶体振荡器的电路图和交流通路，C_b 为基极旁路电容，C_3 为耦合电容。

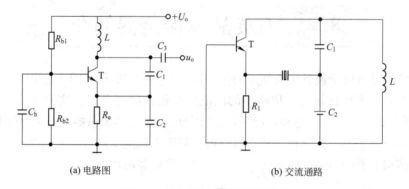

(a) 电路图   (b) 交流通路

图 8-17 串联型石英晶体振荡器

当 $f = f_0$ 时，石英晶体呈纯电阻性且阻值很小，这样便引入了较强的正反馈，使得电路自激振荡。

8.4.3 并联型石英晶体振荡器

图 8-18 (a)、(b) 是一种并联型石英晶体振荡器的电路图和交流通路。

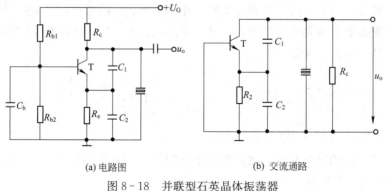

(a) 电路图   (b) 交流通路

图 8-18 并联型石英晶体振荡器

只有当 $f_0 < f < f_\infty$ 时，石英晶体呈感性，电路才引入正反馈，满足相位条件，自激振荡。由于 f_0 与 f_∞ 极为接近，故振荡频率不会有较大偏移。

8.5 8038 函数信号发生器的电路组成与工作原理

函数信号（锯齿波、三角波、矩形波、方波、正弦波）发生器的电路实现方案有多种。比如利用通用集成运放可以分别做出单一函数的信号发生器以及波形变换电路，有机组合就得到多函数信号发生器。本节任务所制作的函数信号发生器，则是利用了专用集成函数信号发生器 ICL8038，电路输出信号的频率调节方便、波形失真小。

8.5.1 集成函数信号发生器 ICL8038 简介

1. 工作原理

ICL8038 是一种大规模集成电路，它是将波形发生电路与波形变换电路集成在同一硅片上，封装而成的组件。它的内部主要有矩形波或方波、锯齿波或三角波、三角波—正弦波变换等电路，其原理图如图 8-19 所示。

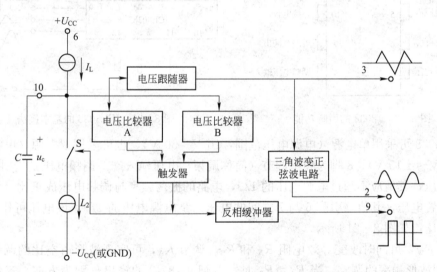

图 8-19 集成函数信号发生器 ICL8038 的原理框图

图中，电压比较器 A、B 的门限电平分别为电源电压（双电源时为 $2U_{CC}$，单电源时为 U_{CC}）的 2/3 和 1/3；电流源 I_1、I_2 的大小可通过外接电阻调节，但需满足条件 $I_2 > I_1$；开关 S 的状态（即是否接通电流源 I_2）由触发器的输出状态所控制，触发器输出低电平时，S 断开；触发器输出高电平时，S 闭合。

设触发器一开始输出低电平，电流源 I_2 断开，电流源 I_1 对外接电容 C 充电，u_c 随时间线性上升。当 u_c 升至电源电压的 2/3 时，电压比较器 A 输出电压跃变，使触发器的输出由低电平变为高电平，电流源 I_2 接通。由于 $I_2 > I_1$，故电容 C 放电，u_c 随时间线性下降。当 u_c 降为电源电压的 1/3 时，电压比较器 B 输出电压跃变，使触发器的输出由高电平变为低电平，断开电流源 I_2，电流源 I_1 再次对 C 充电，u_c 线性上升……如此循环，电路产生振荡。

若 $I_2 = 2I_1$，则 u_c 上升与下降的时间相等，为三角波，经电压跟随器从 3 脚输出该三角波，通过三角波变正弦波电路从 2 脚输出正弦波。同时，触发器在 $I_2 = 21$ 时输出占空比为 50% 的方波，该方波经反相缓冲器由 9 脚输出。

若要获得锯齿波与矩形波，可通过改变 I_1 与 I_2 的大小关系来实现，只需满足 $I_1 < I_2 < 2I_1$ 即可。

2. ICL8038 的引脚功能与基本接法

ICL8038 的引脚分布及功能如图 8-20 所示。ICL8038 的基本接法如图 8-21 所示。

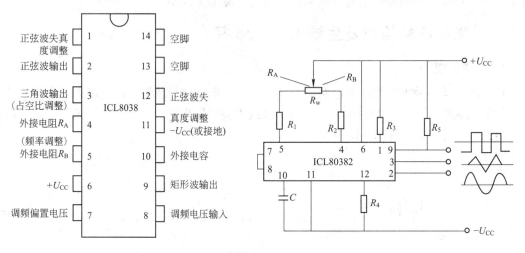

图 8-20　8038 的引脚功能　　　　图 8-21　ICL8038 的基本接法

ICL8038 可采用单电源（电源电压范围：10 V～30 V），也可采用双电源（电源电压范围：±5 V～±15 V）。8 脚为频率调节（简称调频）电压输入端。调频电压是指引脚 6 与 8 之间的电压，其值应不超过电源电压的 1/3，电路的振荡频率与调频电压成正比。引脚 7 输出调频偏置电压，其值（引脚 6 与 7 之间的电压）是电源电压的 1/5，该电压可作为引脚 8 的输入电压，如图 8-21 所示。

调节 R_W，可同时改变等效电阻 R_A 和 R_B。调节 R_A，可实现波形占空比的调整；调节 R_B 可实现波形频率的调整。当 $R_A = R_B$ 时，引脚 9，3，2 的输出分别为方波、三角波和正弦波。

此外，接入 R_5 是由于 ICL8038 的矩形波输出级为集电极开路形式。改变 R_3，R_4 的阻值，可调节正弦波的失真度。

8.5.2　典型的函数信号发生器

图 8-22 所示为典型函数信号发生器的电路图。利用电位器 R_W 为 8 脚提供调频电压，可实现较大范围的频率调节（最高频率与最低频率之比可达 100:1）。通过单刀三掷开关 S 的切换接入不同值的外电容，以进一步调频。调节 R_{W3}、R_{W4} 可更好地减小正弦波的失真。同时，正弦波经射随器输出，可有效提高电路的带负载能力。

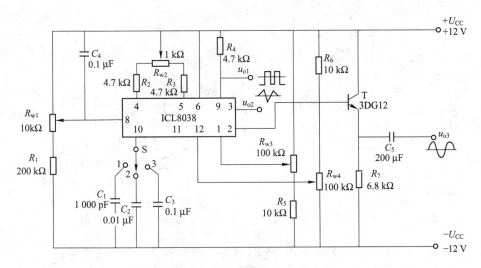

图 8-22　典型函数信号发生器的电路图

技能实训

1. *RC* 串并联网络的选频特性的测试。
2. 8038 函数信号发生器电路的制作与调试。

复习思考题

8-1　从组成上看，正弦波振荡器通常包含哪些部分？

8-2　正弦波振荡器自激振荡的条件有哪些？请分别加以说明。

8-3　*LC* 正弦波振荡波器按信号反馈方式来分，有哪几种？各自的应用特点如何？

8-4　如何调节该电路振荡输出波形的幅度？

8-5　*LC* 并联谐振电路的 $L=0.1$ mH，$C=0.04$ μF，则其谐振频率为＿＿＿＿＿＿ Hz。

8-6　*RC* 桥式振荡电路的选频网络中，$C_1=C_2=6\ 800$ pF，$R_1=R_2$，可在 23 kΩ 到 32 kΩ 之间进行调节，则振荡频率的变化范围是＿＿＿＿＿＿＿＿＿＿＿＿＿＿＿＿＿。

8-7　图 8-23 是音频信号发生器的简化电路图。图中把 R_f 分成 R_{f1} 和 R_{f2} 两端，在 R_{f2} 上正、反向并联两个二极管 D。已知起振时，因振幅很小，不足以使 D 导通，但随着振荡频率的增大，R_{f2} 逐渐被 D 短接，试问接入 D 的作用何在？

8-8　已知文氏桥振荡电路的参数如图 8-24 所示，试回答：

(1) 分别指出正反馈电路及负反馈电路，它们各自确定了振荡的什么条件？

(2) 估算振荡频率；

(3) 如果要求 $f_0=10$ kHz，取 $R=100$ kΩ，那 C 应取多大？

(4) R_2 大致调到多大，电路方能起振？

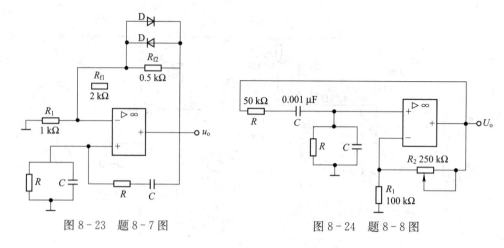

图 8 - 23　题 8 - 7 图　　　　　　　图 8 - 24　题 8 - 8 图

8 - 9　试用相位平衡条件判断如图 8 - 25 所示电路能否产生正弦波振荡。

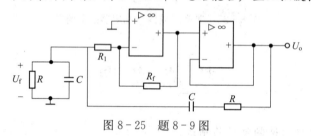

图 8 - 25　题 8 - 9 图

8 - 10　试用相位条件判断图 8 - 26 所示两个电路能否产生自己振荡，并说明理由。

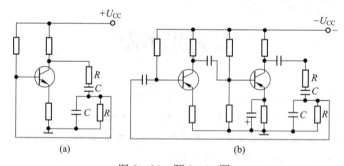

(a)　　　　　　　　　　(b)

图 8 - 26　题 8 - 10 图

8 - 11　试用自激振荡的相位条件判断图 8 - 27 所示各电路能否产生自己振荡？哪一段上产生反馈电压？

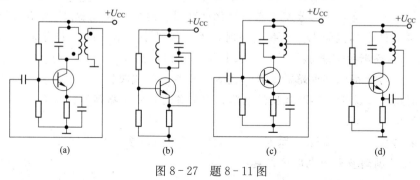

(a)　　　　(b)　　　　(c)　　　　(d)

图 8 - 27　题 8 - 11 图

8-12 在调试图 8-28 的电路中，解释下列现象：

(1) 对调反馈线圈的两个接头后就能起振；

(2) 调 R_{b1}、R_{b2} 或 R_e 的阻值后就能起振；

(3) 改用 β 较大的晶体管后就能起振；

(4) 适当增加反馈线圈的圈数后就能起振；

(5) 适当增大 L 值或减小 C 值后就能起振；

(6) 反馈太强，波形变坏；

(7) 调整 R_{b1}、R_{b2} 或 R_e 的阻值后可使波形变好；

(8) 负载太大不仅影响输出波形，有时甚至不能起振。

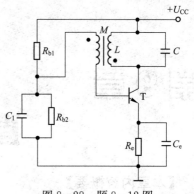

图 8-28 题 8-12 图

第 9 章

直流电源

【本章内容概要】

许多电子设备和芯片的工作都离不开直流电源。本章首先介绍了实现交流变换为直流的电路结构，然后重点阐述了整流电路、滤波电路、稳压电路的工作原理及其分析设计方法，然后简单介绍了集成稳压器的类型、应用以及开关电源的特点。

【本章学习重点与难点】

学习重点：

1. 整流电路的工作原理及其分析设计；

2. 稳压电路的工作原理及其分析设计。

学习难点：

1. 稳压的原理；

2. 开关电源的工作原理。

生产与科研中常需要直流电源，为获得直流电源，除采用直流发电机、蓄电池外，目前广泛采用各种半导体器件将交流电转换为直流电。主要经过变压、整流、滤波、稳压几个过程。框图见图 9-1。

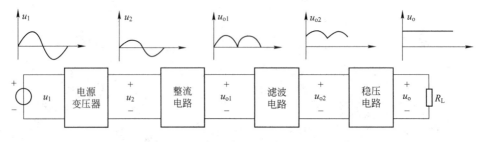

图 9-1　直流稳压电源的组成框图

（1）整流变压器：将交流电源电压变换为符合整流需要的电压。

（2）整流电路：将交流电压变换为单向脉动电压。其中的整流元件（晶体二极管、电子二极管）所以能整流，是因为它们都具有单向导电性。

（3）滤波器：减小整流电压的脉动程度，以适合负载的需要。滤波元件由电容或电感等储能元件组成。

（4）稳压环节：在交流电源电压波动或负载变动时，使直流输出电压稳定。

一个简单并联型直流稳压电路如图 9-2 所示，其工作过程为：电源变压器将交流电源电压变换成符合整流电路所需要的交流电压，经二极管组成的整流电路把交流电压变换成单向脉动的直流电压，再利用电容、电感组成的滤波电路滤去脉动的交流分量，以供给负载所需的平滑的直流电压。考虑到电源电压的波动或负载变化，还需加入稳压电路。

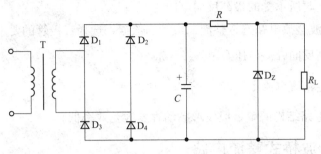

图9-2　简单并联型直流稳压电路

9.1 单相整流电路的组成与工作原理

整流主要是利用二极管的单向导电性，将交流电变换成单方向的脉动直流电。根据电压的波形，整流可分为半波整流和全波整流。

9.1.1 单相半波整流电路

1. 电路构成及工作原理

单相半波整流电路如图9-3所示。它是最简单的整流电路。由整流变压器T，整流元件D及负载电阻 R_L 组成。

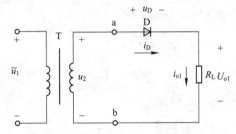

图9-3　单相半波整流电路

设整流变压器副边的电压为 $u_2 = \sqrt{2}U_2 \sin \omega t$，其波形如图9-4（a）所示。电路的基本工作原理为：在交流电压 u_2 的正半周，a点电位为正，b点为负，二极管D加正向电压而导通，产生的电流由 a→D→ R_L→b 形成通路，忽略二极管的正向电压降，此时，$u_{o1} = u_2$，$i_{o1} = i_D = \dfrac{u_2}{R_L}$，$u_D = 0$；在 u_2 的负半周，a点电位为负，b点为正，二极管加反向电压截止，则 $u_{o1} = 0$，$i_{o1} = i_D = 0$，$u_D = u_2 = \sqrt{2}U_2 \sin \omega t$。下一个周期到来，重复上述过程，电路的各物理量的波形如图9-4（b）所示。

2. 负载的平均电压、电流及整流管主要参数

负载 R_L 上得到的单向脉动直流电压，一般用一个周期的平均值来表示其大小。通过数学分析，可得：

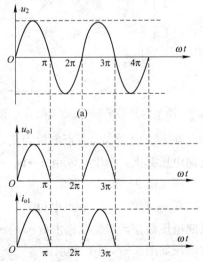

图9-4　单相半波整流电路的工作波形

（1）负载上得到的单向脉动直流电压的平均值为 $U_{o1}=0.45U_2$；

（2）通过负载和通过二极管上的电流平均值为 $I_{o1}=I_D=\dfrac{U_L}{R_L}=0.45\dfrac{U_2}{R_L}$；

（3）二极管截止时所承受的最高反向电压为 $U_{RM}=\sqrt{2}U_2$；

I_{VF} 和 U_{RM} 是半波整流电路选择整流二极管的依据，选择二极管的要求是：

（1）二极管最高反向峰值电压 $U_{RM}\geqslant\sqrt{2}U_2$；

（2）二极管额定整流电流 $I_{DF}\geqslant0.45\dfrac{U_2}{R_L}$；

单相半波整流电路结构简单，但波形脉动程度大，效率低。

9.1.2　单相全波桥式整流电路

1. 电路的结构及工作原理

单相半波整流的缺点是只利用了电源的半个周期，整流电压的脉动大，输出电压的平均值小。为了克服这些缺点，通常采用全波整流电路，其中最常用的是单相桥式整流电路。它是由四个二极管接成电桥形式构成的。图9-5所示是桥式整流电路。

电路的基本工作原理为：设变压器副边电压为 $u_2=\sqrt{2}U_2\sin\omega t$，其波形如图9-6（a）所示。

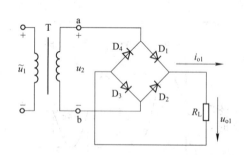

图9-5　单相半波整流电路的工作波形

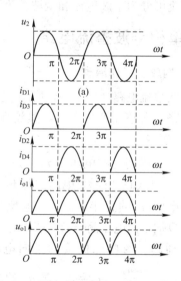

图9-6　单相桥式整流电路的工作波形

在 u_2 的正半周，a点电位为正，b点为负，二极管 D_1、D_3 加正向电压导通，D_2、D_4 加反向电压截止，产生电流由 a→D_1→R_L→D_3→b 形成通路。这时负载电阻 R_L 上得到一个半波电压如图9-6（b）所示。

在 u_2 的负半周，a点电位为负，b点为正，二极管 D_2、D_4 加正向电压导通，D_1、D_3 加反向电压截止，产生电流由 b→D_2→R_L→D_4→a 形成通路。同样，在负载电阻上得到一个半波电压如图9-6（b）所示。

下一个周期到来，重复上述过程。电路中有关物理量的波形如图9-6（b）所示。

2. 负载的平均电压、电流及整流管的主要参数

分析图 9 - 6 所示桥式整流电路的工作波形，以及图 9 - 7 反映的二极管所承受的反向电压的工作情况，可以知道：

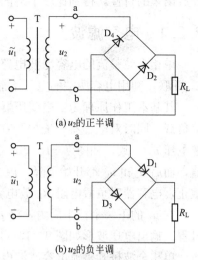

(a) u_2 的正半调

(b) u_2 的负半调

图 9 - 7　桥式整流电路二极管承受反向电压的示意图

(1) 负载上所得到的单向脉动直流电压的平均值为 $U_{o1} = 0.9 U_2$；

(2) 通过负载的平均电流为 $I_{o1} = \dfrac{U_{o1}}{R_L} = 0.9 \dfrac{U_2}{R_L}$；

(3) 通过二极管的平均电流为 $I_D = \dfrac{1}{2} I_{o1}$；

(4) 二极管截止时所承受的最高反向电压 $U_{RM} = \sqrt{2} U_2$。

在实际电路中，选择二极管要求：

$$\begin{cases} U_{RM} \geqslant \sqrt{2} U_2 \\ I_{DF} \geqslant \dfrac{1}{2} I_{o1} \quad (I_{DF} \text{为二极管允许通过的最大整流电流}) \end{cases}$$

二极管组成的桥式整流电路与半波整流电路比较，主要优点是可得到高一倍的直流输出电压，而且电压脉动程度减小了，提高了变压器的利用率，降低了二极管的平均电流值，而每一个二极管承受的最高反向电压与半波整流电路相同。

目前市场上已有各种规格的桥式整流电路成品——硅桥式整流器，又称硅桥堆。如图 9 - 8 所示，国产硅桥堆电流为 5～10 mA，耐压为 25～1 000 V。

桥式整流电路，也常采用图 9 - 9 所示的简化画法来表示。

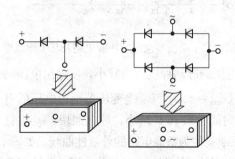

图 9 - 8　半桥和全桥整流堆

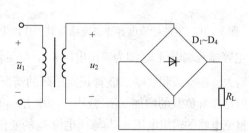

图 9 - 9　桥式整流电路的简化画法

9.2　滤波电路的组成与工作原理

无论哪种整流电路，其输出电压都含有较大的脉动成分。除了在一些特殊的场合可以直接用作放大器的电源外，通常都需要先采取一定的措施。一方面尽量降低输出电压的脉动成分；另一方面要尽量保留其中的直流成分，使输出电压接近于理想的直流电压，这就是滤波。

电容和电感是基本的滤波元件，利用它们在二极管导电时储存一部分能量，然后再逐渐释放出来的特性，得到比较平滑的波形。下面介绍几种常用的滤波电路。

9.2.1　电容滤波

单相半波整流的电容滤波电路如图9-10（a）所示。电容滤波电路中，电容C与负载R_L并联，利用电容两端的电压不能突变的特性来实现滤波。

其基本工作原理为：当变压器 T 的二次电压u_2为正半周时，二极管导通，一方面供电给负载，同时对电容器C充电。在忽略二极管正向压降的情况下，充电电压u_C与上升的正弦电压u_2一致，如图9-10（b）所示。电源电压u_2在 A 点达到最大值，u_C也达到最大值，而后u_2和u_C都开始下降，u_2按正弦规律下降，当$u_2 < u_C$时，二极管承受反向电压而截止，电容器对负载电阻R_L放电，负载中仍有电流，而u_C按放电曲线 BC 下降。

在u_2的下一个正半周内，当$u_2 > u_C$时二极管再行导通，电容器再次被充电，重复上述过程。输出电压波形如图9-10（b）所示。

单相全波桥式整流电容滤波电路如图9-11（a）所示，输出电压波形图如图9-11（b）所示，其工作原理与半波电路相同。

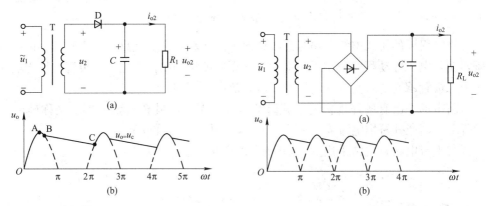

图9-10　半波整流电容滤波电路及其工作波形　　图9-11　全波整流电容滤波电路及其工作波形

电容器两端电压u_C即为输出电压u_{o2}，可见输出电压的脉动程度大为减小，使输出电压的平均值增大。在空载和忽略二极管正向压降的情况下，$U_{o2m} = \sqrt{2}U_2$，U_2是变压器副边电压的有效值。但是随着负载的增加（R_L减小，i_{o2}增大），放电时间常数$R_L C$减小，放电加快，u_{o2}也就下降。整流电路的输出电压u_{o2}与输出电流i_{o2}的变化关系曲线称为整流电路的外特性曲线，如图9-12所示。由图可见，采用电容滤波，输出电压随负载电阻的不同有较大的变化，即外特性较差。

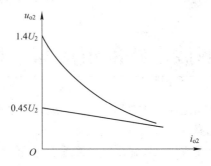

图9-12　半波整流电容滤波电路接电阻性负载的外特性曲线

通常取输出电压的平均值 　　　$U_{o2}=U_2$（半波）

$$U_{o2}=1.2U_2\text{（全波）}$$

采用电容滤波时，输出电压的脉动程度与电容器的放电时间常数 R_LC 有关系。R_LC 大一些，脉动就小一些。为了得到比较平滑的输出电压，一般要求：

$$C\geqslant(3\sim5)\frac{T}{2R_L}\text{（全波）}$$

$$C\geqslant(3\sim5)\frac{T}{R_L}\text{（半波）}$$

式中 T 是交流电源电压的周期。

电容器的耐压要求为：$U_C\geqslant\sqrt{2}U_2$。

二极管截止时所承受的最高反向电压如表 9-1 所示。

表 9-1　截止二极管承受的最高反向电压 URM

电路	无电容滤波	有电容滤波
单相半波整流	$\sqrt{2}U_2$	$2\sqrt{2}U_2$
单相半波整流	$\sqrt{2}U_2$	$\sqrt{2}U_2$

电容滤波电路简单，输出电压较高，脉动也较小；但是外特性较差，且有电流冲击。因此，电容滤波器一般用于要求输出电压较高，负载电流较小并且变化也较小的场合。

9.2.2　电感滤波

单相全波桥式整流的电感滤波电路如图 9-13（a）所示。电感滤波电路中，电感 L 与负载 R_L 为串联连接，利用电感中的电流不能突变的特性来实现滤波。其工作原理为：当负载电流 i_L 增大时，电感线圈中的自感电动势 e_L 与电流 i_L 反向，限制电流的增加，将一部分电能转换为磁场能量储存在磁场中；负载电流 i_L 减小时，电感线圈中的自感电动势 e_L 与电流 i_L 同向，阻止电流的减小，即释放能量。因此通过负载 R_L 的电流的脉动成分受到抑制而变得平滑，电感 L 愈大，滤波效果愈好。其波形如图 9-13（b）所示。

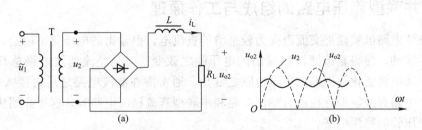

图 9-13　桥式整流电感滤波电路及其工作波形

若线围的电感 L 足够大，且忽略电感的电阻，即电感 L 两端的电压平均值为零，则电感滤波后的输出电压平均值约为

若是半波整流：$U_{o2}=0.45U_2$

若是桥式整流：$U_{o2}=0.9U_2$

电感的作用是使整流后电压交流分量的大部分降在它上面，而直流分量基本输出给负

载。虽然整流输出电压没有提高，但其稳定性得到了改善。电感滤波主要适用于大电流负载或负载经常变化的场合。

9.2.3　复式滤波

1. LC 滤波

在电容 C 滤波之前串联一个电感 L，如图 9-14（a）所示，即组成 LC 滤波器的脉动直流中的大部分交流分量降在电感 L 上，再经过电容 C 的进一步滤波后，得到更加平滑的直流值。

2. π 形滤波

在 LC 滤波器前再并联一个电容器，如图 9-14（b）所示，组成 π 形 LC 滤波器，滤波效果进一步改善。如果是小电流负载时，可将电感用一个小电阻 R 代替，组成 π 形 RC 滤波器，如图 9-14（c）所示。

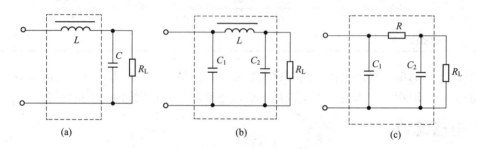

（a）　　　　　　　　　　（b）　　　　　　　　　　（c）

图 9-14　常用的几种复式滤波器

9.3　并联型稳压电路

9.3.1　并联型稳压电路的组成与工作原理

整流滤波电路虽然能把交流电变为较平滑的直流电，但输出的电压仍不稳定。一是交流电网电压的波动，使得整流滤波后输出的电压随之改变；二是整流滤波电路总有一定的内阻，如果负载电流变化，则输出电压也随之变化。通常需在滤波电路之后再接入稳压电路。常用的稳压电路有并联型硅稳压管稳压电路和串联型直流稳压电路等。这里介绍比较简单的并联型硅稳压管的稳压电路。

并联型硅稳压管的稳压电路如图 9-15 所示。稳压管 D_Z 与负载 R_L 并联，电阻 R 起限流和调压作用。稳压电路的输入电压 u_{O2} 来自整流滤波电路的输出电压。

无论是负载变化还是电网电压变化，稳压电路都能通过一系列调节，使负载两端电压 U_O 保持不变。它的稳压原理可以通过下列过程来说明：

电网电压升高：$U_I \uparrow \rightarrow U_O \uparrow \rightarrow I_Z \uparrow \rightarrow I_R \uparrow \rightarrow U_R \uparrow \rightarrow U_O \downarrow \ (U_O = U_I \uparrow - U_R \downarrow)$

电网电压降低：$U_I \downarrow \rightarrow U_O \downarrow \rightarrow I_Z \downarrow \rightarrow I_R \downarrow \rightarrow U_R \downarrow \rightarrow U_O \uparrow \ (U_O = U_I \downarrow - U_R \downarrow)$

负载增大：$R_L \downarrow \rightarrow U_O \downarrow \rightarrow I_Z \downarrow \rightarrow I_R \downarrow \rightarrow U_R \downarrow \rightarrow U_O \uparrow \ (U_O = U_I - U_R \downarrow)$

负载减小：$R_L\uparrow\to U_o\uparrow\to I_Z\uparrow\to I_R\uparrow\to U_R\uparrow\to U_o\downarrow(U_o=U_1-U_R\uparrow)$

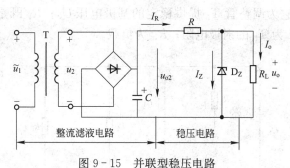

图 9-15　并联型稳压电路

其中 U_1 指的是滤波电路后的输出，即图中的 u_{o2}。

并联型稳压电路结构简单，调试方便。但电路输出电压由稳压管的稳压值决定，不能调节，输出电流受稳压管的稳定电流限制。因此，输出电流的变化范围很小，只适用于电压固定的小功率负载且负载电流变化范围不大的场合。

9.3.2　并联型稳压电路的设计

并联型稳压电路在设计时，一是考虑稳压管的选择，二是限流电阻的选择。

选择稳压管时，一般取 $U_Z=U_o$；$U_{Zmax}=(1.5\sim3)I_{omax}$；$U_{o2}=(1.5\sim3)U_o$。

限流电阻 R 在电路中是很重要的。如 R 选得太大，则供应电流不足，当 I_o 较大时，稳压管的电流将减小到临界值以下，失去稳压作用；如 R 选得太小，则当 R_L 变得很大或开路时，I_R 都流向稳压管，可能超过允许值而造成损坏。因此要合理选 R 的值。

设稳压管允许的最大工作电流为 I_{Zmax}，最小工作电流为 I_{Zmin}；电网电压最高时的整流滤波输出电压为 $U_{o2max}U$，最低时为 U_{o2min}；负载电流的最小值为 I_{omin}，最大值为 I_{omax}；则要使稳压管能正常工作，必须满足：

(1) 当电网电压最高和负载电流最小时。I_Z 的值最大，不应超过允许的最大值，即

$$\frac{U_{o2max}-U_Z}{R}-I_{omin}<I_{omax} \text{ 或 } R<\frac{U_{o2max}-U_Z}{I_{Zmax}+I_{Omin}}$$

(2) 当电网电压最低和负载电流最大时，I_Z 的值最小，不应超过允许的最小值，即公式

$$\frac{U_{o2max}-U_Z}{R}-I_{omax}<I_{omin} \text{ 或 } R<\frac{U_{o2min}-U_Z}{I_{Zmin}+I_{omax}}$$

限流电阻的功耗一般选 $P_R=(2\sim3)\dfrac{(U_{o2min}-U_Z)^2}{R}$

如上两式不能同时满足，则说明在给定条件下已超出稳压管的工作范围，需限制变化范围或选用大容量的稳压管。

9.4　串联型稳压电路的组成与工作原理

9.4.1　简单的串联型稳压电路

图 9-16 为简单串联型稳压电路的电路图。输入电压 U_1 是市电经过变压、整流、滤波

后提供的直流电压，其纹波较大。晶体管 T_1 为调整管，利用它进行电压调整以实现稳压输出；D_Z 为硅稳压管，它为调整管 T_1 提供稳定的基极电压 U_Z；R_1 既是 D_Z 的限流电阻，又是 T_1 的偏置电阻；R_2 为 T_1 的射极电阻；R_L 为负载。

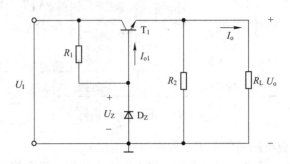

图 9-16　简单的串联型稳压电路

当电路的输入电压 U_1 出现波动或负载 R_L 改变或温度 T 变化时，电路的输出电压 U_o 都将呈现变化的趋势。此时，电路的稳压过程如下：

$$设 U_o \uparrow \xrightarrow{U_{B1}=U_Z不变} U_{BE1} \downarrow \xrightarrow{T_1的输入特性} I_{B1} \uparrow \xrightarrow{T_1的负载线} U_{CE1} \uparrow$$

$$U_o \downarrow \xleftarrow{\qquad KVL \qquad}$$

该电路的输出电流 I_o 由调整管提供。那么，通过选择大功率的调整管，便可为负载提供较大的电流。该电路的缺点是：输出电压不可调，且输出电压的稳定性也不是很好。

9.4.2　具有放大环节的可调式串联型稳压电路

1. 电路的组成与工作原理

具有放大环节的可调式串联型稳压电路如图 9-17 所示。

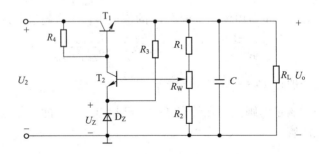

图 9-17　具有放大环节的可调式串联型稳压电路

R_1、R_2 与 R_w 构成取样环节，对 U_o 中的纹波进行取样并送至 T_2 基极；R_3、D_Z 构成基准环节，为 T_2 射极提供基准电压；T_2 为比较放大管，它将取样电压与基准电压之差（即取样信号中的纹波）放大后提供给 T_1；T_1 在 u_{BE1} 作用下进行电压调整，最终实现稳压；C 用来实现对电路噪声的旁路。也就是说，该电路主要由四个环节所组成。如图 9-18 所示。

该电路的稳压原理如下：

$$设\ U_O\uparrow \xrightarrow{\text{取样}} U_{B2}\uparrow \xrightarrow{U_{E2}=U_Z\,\text{不变}} U_{BE2}\uparrow \xrightarrow{T_2\,\text{共射放大}} U_{B1}=U_{C2}\downarrow\downarrow$$

$$\underset{(\text{稳压效果好})}{U_O\downarrow\downarrow} \xleftarrow{\text{KVL}} \underset{(\text{调压显著})}{U_{CE1}\uparrow\uparrow} \xleftarrow{T_1\,\text{负载线}} \underset{(\text{控制作用强})}{I_{B1}\downarrow\downarrow} \xleftarrow{T_1\,\text{的输入特性}} \underset{(\text{变化更大})}{U_{BE1}\downarrow\downarrow} \xleftarrow{U_{E1}=U_O} $$

2. 输出电压可调范围

由于 D_2 管基极电流很小，故取样环节可近似表示为图 9-19 所示的串联分压模型。

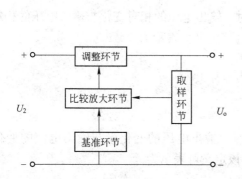

图 9-18　具有放大环节的可调式串联型稳压电路　　　图 9-19　取样环节

下面分析 U_o 的可调范围：

$$U_Z+U_{BE2}=\frac{R'_w+R_2}{R_1+R_w+R_2}U_o \Rightarrow U_o=\frac{R_1+R_w+R_2}{R'_w+R_2}(U_Z+U_{BE2})$$

（1）当电位器活动触点移至最下方时，$R'_w=0$，U_o 最大，且

$$U_{omax}=\frac{R_1+R_w+R_2}{R_2}(U_Z+U_{BE2})$$

（2）当电位器活动触点移至最上方时，$R'_w=R_w$，U_o 最小，且

$$U_{omin}=\frac{R_1+R_w+R_2}{R_w+R_2}(U_Z+U_{BE2})$$

【例 9-1】　图 9-17 所示电路中的稳压管型号为 IN4740A，其中额定稳定电压 $U_Z=$ 10 V，T_1、T_2 为硅管，$U_{BE1}=U_{BE2}=0.7$ V，$R_1=R_w=R_2=1$ kΩ，试求该电路正常工作时的输出电压可调范围。

【解】　R_w 活动触点移至最下端与最上端时，输出电压分别取最大值 U_{omax} 与最小值 U_{omin}。

$$U_{omax}=\frac{R_1+R_w+R_2}{R_2}(U_Z+U_{BE2})=\frac{1\ \text{kΩ}+1\ \text{kΩ}+1\ \text{kΩ}}{1\ \text{kΩ}}(10\ \text{V}+0.7\ \text{V})=32.1\ \text{V}$$

$$U_{omin}=\frac{R_1+R_w+R_2}{R_w+R_2}(U_Z+U_{BE2})=\frac{1\ \text{kΩ}+1\ \text{kΩ}+1\ \text{kΩ}}{1\ \text{kΩ}+1\ \text{kΩ}}(10\ \text{V}+0.7\ \text{V})=16.05\ \text{V}$$

故电路正常工作时的输出电压可调范围是 16.05 V～32.1 V。

需要指出的是，图 9-16 和图 9-17 所示电路正常工作的一个必要条件是：稳压管工作于反向击穿区、调整管与比较放大管工作于放大区。这样，电路的输入电压不能过小；输出电压既不能过小，也不能过大。考虑到调整管的工作还受到其集电极最大允许耗散功率 P_{CM}

的限制，输入电压也不能过大。

3. 稳压电源的主要技术指标

稳压电源的技术指标包含两方面：一方面是特性指标，包含允许的输入电压、输出电压、输出电流以及输出电压的可调范围等；另一方面是质量指标，用来衡量输出直流电压的稳定程度，包括稳压系数、输出电阻、温度系数以及纹波电压等。以下着重介绍质量指标的含义。

造成稳压电源输出电压波动的因素，主要有以下三方面：电网提供的交流电压 u_i 有波动、负载 R_L 改变以及温度 T 的变化。其中交流电压的变化，会影响整流滤波电路的输出电压，即稳压电路的输入电压 u_I。在定义各质量指标时，需要注意到不变的条件。

1）稳压系数 S

在负载及温度均不变，只改变输入电压时，输出电压的相对变化与输入电压的相对变化之比，称为稳压电源的稳压系数，用 S 表示。该定义可表示为

$$S=\frac{\Delta U_o/U_o}{\Delta U_I/U_I}\bigg|_{R_L、T均不变}$$

显然，S 越小，U_o 便越稳定。

2）输出电阻 R_o

在输入电压及温度均不变，只改变负载时，输出电压的变化量与输出电流的变化量之比，称为稳压电源的输出电阻，用 R_o 表示。该定义可表示为

$$R_o=\frac{\Delta U_o}{\Delta I_o}\bigg|_{U_I、T均不变}$$

R_o 是一个交流参数，它体现了稳压电源的带负载的能力。R_o 越小，输出电压受负载的影响越小，带负载能力越强。

3）温度系数 S_T

在输入电压以及负载均不变，只改变温度时，输出电压的变化量与温度变化量之比，称为温度系数，用 S_T 表示。该定义可表示为

$$S_T=\frac{\Delta U_o}{\Delta T}\bigg|_{U_I、R_L均不变}$$

S_T 的单位通常用 mV/℃。S_T 越小，稳压电源的热稳定性越好。

此外，稳压电源的纹波电压 U_W 是指在额定负载下，U_o 中的交流分量有效值（有时也用峰—峰值表示），其单位通常取 mV。

9.5　集成稳压器及其应用

9.5.1　集成稳压器简介

1. 集成稳压器及其种类

若将稳压电路及有关的保护电路集成在一块硅晶片上，便可构成集成稳压器。由于集成稳压器有体积小、精度高、性能优、工作可靠及使用方便等一系列优点，所以得到了广泛应用。

集成稳压器的种类很多。按外形及输出特点可分为：

（1）三端固定正稳压器（输出端到公共端为固定正电压，如 CW7800 系列、5V3A 的 W 145/345 等）；

（2）三端可调正稳压器（通过调整外电路，可实现正电服输出的调节，如 CW117/217/317）；

（3）三端可调负稳压器（如 CW137/237/337）；

（4）多端稳压器（如五端稳压器 CW200 系列）等。

按功能特点还可分为：低压差稳压器（如 2400 系列）、正负跟踪可调稳压器（如 CW 4194）、开关式稳压器（如 CW1524/2524/352）以及 CMOS 稳压器等。

集成稳压器的型号同样由两部分组成。第一部分为产品代号，用字母表示（如：CW——中国国标稳压器，MC——美国摩托罗拉公司，μA——美国仙童公司，μPC——日本 NEC 公司，LM——美国 NC 公司等）；第二部分为品种代号，用数字和字母表示。相同品种代号的国内、外产品，可替换使用。

2. 集成稳压器的封装外形及引脚排列

集成稳压器的使用，首先要明确各引脚序号，然后根据引脚号来确定引脚功能。集成稳压器的几种封装外形及引脚排列序号，如图 9 - 20 所示。

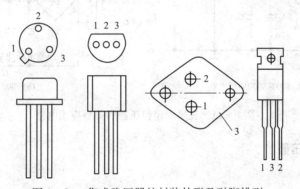

图 9 - 20　集成稳压器的封装外形及引脚排列

9.5.2　集成稳压器的主要产品及其应用电路

1. 三端固定稳压器

1）产品简介

三端固定稳压器的产品主要有 7800 系列和 7900 系列。这种稳压器与外电路的连接端有三个：输入端（IN）、输出端（OUT）以及公共地端（GND）。输出端到公共端的电压是固定的，7800 系列为正电压输出，7900 系列为负电压输出。其型号构成示例如下：

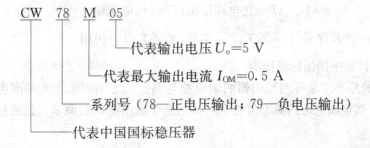

需要说明三点：

（1）7800 系列的引脚功能为 1 脚—输入端（正电压输入），2 脚—输出端，3 脚—公共端，而 7900 系列则为 1 脚—公共端，2 脚—输出端，3 脚—输入端（负电压输入）；

（2）最大输出电流有六个等级，对应的字母表示为 0.1A - L，0.5A - M，1.5A—无字母，3A - T，5A - H，10A - P；

（3）输出电压有九个等级，分别为 5 V、6 V、8 V、9 V、10 V、12 V、15 V、18 V 和 24 V。

2）典型应用电路

图 9 - 21 所示为三端固定稳压器的典型应用电路。其中，C_1 主要用以抵消输入端接线较长时的电感效应，防止自激振荡，一般取 $0.1\mu F \sim 1\mu F$。C_2 主要用以旁路高频噪声，通常取 $1\mu F$ 以下。

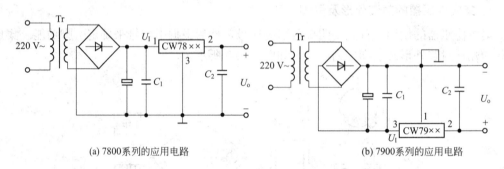

(a) 7800系列的应用电路   (b) 7900系列的应用电路

图 9 - 21   三端固定稳压器的典型应用电路

2. 三端可调稳压器

1）产品简介

三端可调稳压器的典型产品是正电压输出的 117/217/317 系列和负电压输出的 137/237/337 系列。这种稳压器的三端为：输入端（IN）、输出端（OUT）和调整端（ADJ）。

不同型号不同外形的三端可调稳压器，即使引脚号相同，它们所对应的引脚功能也不一定相同，必须查阅相关资料来确定。这一点，在使用时尤需注意。

三端可调稳压器的型号构成示例如下：

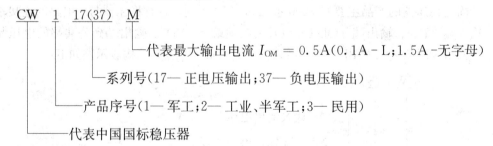

需要说明的是：三端可调稳压器的输出端与调整端之间的电压为基准电压，其典型值 $U_{REF}=1.2$ V，调整端电流的典型值为 $50\ \mu A$。至于输出电压的调节，是通过调整外电路来实现的。

2）典型应用电路

图 9-22 为三端可调稳压器 CW317 的基本应用电路。

集成稳压器输出端到调整端的基准电压 $U_{REF}=+1.2$ V，调整端电流 I_{ADJ} 为几十微安。只要合理选择电阻 R（通常取 120 Ω～240 Ω），满足 $I_R \gg I_{ADJ}$，便得电路输出电压的近似计算公式如下：

$$U_o = 1.2(1+R_P/R)$$

通过调节 R_P，便可改变电路的输出电压 U_o。

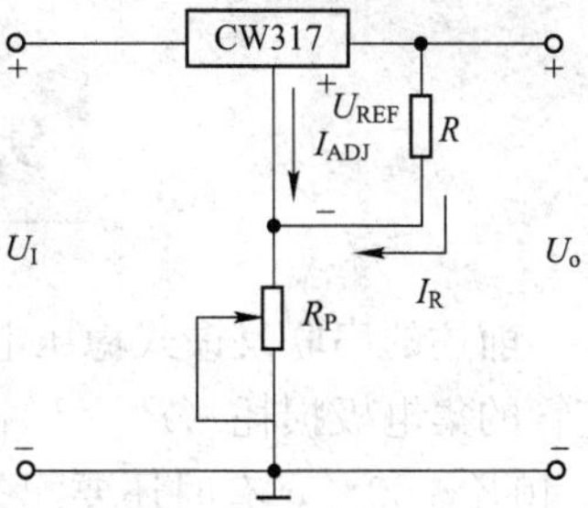

需要说明的是：无论何种集成稳压器，欲保证其正常工作，输入端与输出端之间要有合适的电压差。如 CW317，其允许的输入—输出压差范围是 3 V～40 V。压差过小，稳压器内部的晶体管会出现非线性工作；压差过大，又会造成内部的调整管因功耗过大而烧毁。

图 9-22　CW317 的基本应用电路

【例 9-2】 图 9-22 所示电路中，$R=240$ Ω，R_P 可调：0～4.7 kΩ，试近似求解：

(1) U_o 可调范围；

(2) U_I 的允许范围。

【解】 (1) 当 R_P 调为零时，U_o 最小，且 $U_{omin}=U_{REF}=1.2$ V。

当 R_P 调为 4.7 kΩ 时，U_o 最大。

$$U_{omax}=1.2V \times (1+R_p/R)=12\ V \times (1+4.7\ k\Omega/240\ k\Omega)=24.7\ V$$

即得 U_o 可调范围是：1.2 V～24.7 V。

(2) CW317 的输入—输出压差范围为 3 V～40 V。

取 $U_o=U_{omin}=1.2$ V，得 U_I 范围：4.2 V～41.2 V。

取 $U_o=U_{omax}=24.7$ V，得 U_I 范围：27.7 V～64.7 V。

由于 U_I 的两个范围相交，

即得该电路中输入电压 U_I 的允许范围：27.7 V～41.2 V。

图 9-23 为 CW317 的典型应用电路。C_1、C_2 的作用在前面已介绍；C_3 是为了减小 R_P 上的纹波电压，通常在 10 μF 以下；电路在接上某些特定负载时，可能产生振荡，通过附加大电容 C_4 可消除这种隐患（如果有 C_4，那么 C_2 可省掉）；为了防止输入端短路时，C_4、C_3 放电产生的反向电流流入稳压器，造成器件损坏，电路中分别设置了保护管 D_1、D_2 为电容器的放电电流提供外部路径。

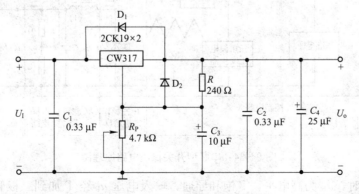

图 9-23　CW317 的典型应用电路

9.6 开关式稳压电路

前述的串联反馈式稳压电路由于调整管工作在线性放大区，因此在负载电流较大时，调整管的集电极损耗（$P_C = U_{CE} I_C$）相当大，电源效率（$\eta = P_0/P_1 = U_o I_o/U_I I_I$）较低，一般为$40\% \sim 60\%$，有时还要配备庞大的散热装置。为了克服上述缺点，可采用开关式稳压电路，电路中的调整管工作在开关状态，即调整管主要工作在导通和截止两种状态。由于管子饱和导通时管压降U_{CES}和截止时管子的电流I_{CEO}都很小，管耗主要发生在状态开与关的转换过程中，电源效率可提高到$75\% \sim 95\%$。由于省去了电源变压器和调整管的散热装置，所以其体积小、重量轻。它的主要缺点是输出电压中所含纹波较大，对电子设备的干扰较大，而且电路比较复杂，对元器件要求较高。但由于工艺已经成熟而优点又突出，已成为宇航、计算机、通信、家用电器和功率较大电子设备中的主流，应用日趋广泛。

开关稳压电源将来自市电整流滤波不稳定的直流电压变换成交变的电压，然后又将交变电压转成各种数值稳定的直流电压输出，因此开关稳压电源又称为 DC/DC 变换器（或称直流/直流变换器）。开关稳压电路的种类很多。本节主要介绍用 BJT 和 MOSFET 作为开关管的串联（降压）型、并联（升压）型和推挽自激式变换型开关稳压电源的基本组成和工作原理。

9.6.1 开关式稳压电路的工作原理

1. 串联（降压）型开关稳压电路

串联型开关稳压电路原理框图如图 9 - 24 所示。它和串联反馈式稳压电路相比，主电路增加了二极管 D 和 LC 组成的高频整流滤波电路以及产生固定频率的三角波电压（u_T）发生器和比较器 C 组成的控制电路。图中 u_I 是整流滤波电路的输出电压，u_B 是比较器的输出电压，利用 u_b 控制调整管 T，将 u_I 变成断续的矩形波电压 $u_E(u_D)$。

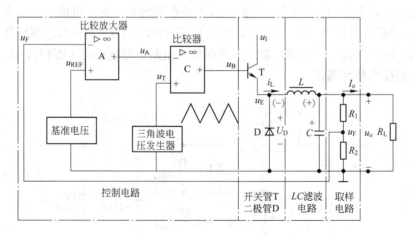

图 9 - 24　串联型开关稳压电路原理图

当 $u_A > u_T$ 时，u_B 为高电平，T 饱和导通，输入电压 u_I 经 T 加到二极管 D 的两端，电

压 U_E 等于 u_1（忽略管 T 的饱和压降），此时二极管 D 承受反向电压而截止，负载中有电流 I_0 流过，电感 L 储存能量，同时向电容器 C 充电。输出电压 u_0 略有增加。

当 $u_A < u_T$ 时，u_B 为低电平，T 由导通变为截止。滤波电感产生自感电势（极性如图所示），使二极管 D 导通，于是电感中储存的能量通过 D 向负载 R_1 释放，使负载 R_L 继续有电流通过，因而常称 D 为续流二极管。此时电压 u_E 等于 U_D（二极管正向压降）。由此可见，虽然调整管处于开关工作状态，但由于二极管 D 的续流作用和 L、C 的滤波作用，输出电压是比较平稳的。

在整个开关周期 T，当电感电流 i_L 连续时的波形。电感电流 I_L 是否连续，与 u_I、u_0、L、f_k 和 q 有关，f_k 越高，或 L 越大，I_L 越易连续。其中，$f_k = \dfrac{1}{T}$。

图 9-25 画出了电流 I_L，电压 u_T、u_A、u_B、u_E（u_D）和 u_0 的波形。图中 t_{on} 是调整管 T 的导通时间，t_{off} 是调整管 T 的截止时间，$T = t_{on} + t_{off}$ 是开关转换周期。

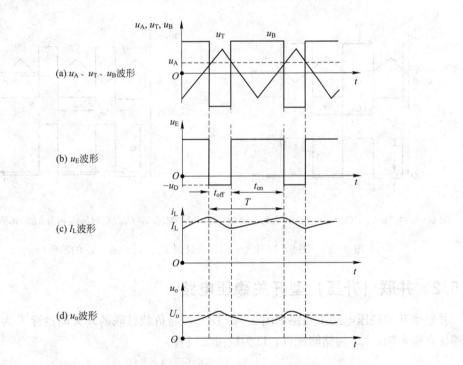

图 9-25 开关稳压电源的电压、电流波形图

显然，在忽略滤波电感 L 的直流压降的情况下，输出电压的平均值为

$$U_0 = \frac{t_{on}}{T}(U_I - U_{CES}) + (-U_D)\frac{t_{on}}{T} \approx U_I \frac{t_{on}}{T} = qU_I$$

式中 $q = t_{on}/T$ 称为脉冲波形的占空比。可见，对于一定的 U_I 值，在开关转换周期 T（或开关频率 f_k）不变，通过调节占空比即可调节输出电压 U_0，故又称脉宽调制（PWM，Pulse Width Modulation）式降压（$U_0 < U_I$）型开关稳压电源。

在闭环情况下，电路能自动地调整输出电压。设在某一正常工作状态时，输出电压为某一预定值 U_{set}。

（1）当 $U_F = F_V U_{set} = U_{REF}$ 反馈电压时，比较放大器输出电压 u_A 为零，比较器 C 输出脉

冲电压 u_B 的占空比为 $q=50\%$，u_T、u_B、u_E 的波形如图 9-26（a）所示。

（2）当输入电压 u_1 增加致使输出电压 U_0 增加时，$U_F>U_{set}$，比较放大器输出电压 u_A 为负值，u_A 与固定频率三角波电压 u_T 相比较，得到 u_B 的波形，其占空比 $q<50\%$，使输出电压下降到预定的稳压值 U_{net}；此时，u_A、u_T、u_B、u_E 的波形如图 9-26（b）所示。上述变化过程也可简述如下：

$$U_1\uparrow \longrightarrow U_0\uparrow \ (U_O>U_{set}) \longrightarrow U_F\uparrow \longrightarrow u_A\downarrow \longrightarrow u_B\downarrow \ q\downarrow (t_{on}\downarrow)$$

$$U_O\downarrow (U_O=U_{set}) \longleftarrow$$

（3）同理，U_1 下降时，U_0 也下降，$U_F<U_{REF}$，u_A 为正值，u_B 的占空比 $q>50\%$，使输出电压 U_0 上升到预定值。总之，当 U_I 或负载 R_L 变化使 U_0 变化时，可自动调整脉冲波形的占空比使输出电压维持恒定。

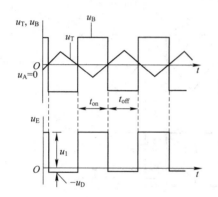 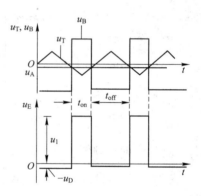

(a) U_1 一定时，$U_0=U_{set}$、$U_F=U_{REF}$、$u_A=0$、u_B的$q=50\%$时　　(b) U_1增加，$U_0>U_{set}$、$U_F>U_{REF}$、u_A为负值、u_B的$q<50\%$时

图 9-26　图 9-14 中 U_1、U_0 变化时 u_T、u_A、u_B、u_E 的波形

9.6.2　并联（升压）型开关稳压电路

并联型开关稳压电路主回路如图 9-27 所示，与负载并联的开关调整管 T 为 MOSFET，电感接在输入端，LC 为储能元件，D 为续流二极管。

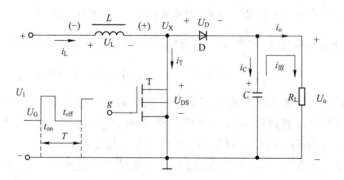

图 9-27　升压型开关稳限电路主回路

在图中，控制电压 u_C 为矩形波，控制 T 的导通与截止。

当控制电压 u_C 为高电平时（t_{on} 期间）T 饱和导通。输入电压 U_I 直接加到电感 L 两端，i_L 线性增加，电感产生反电势 $u_L = -L(di_L/dt)$，电感两端电压方向为左正（＋）右负（－）L，储存能量，$u_L = U_I$（T 的 $U_{DSS} \approx 0$），二极管 D 反偏而截止，此时电容 C（电容已充电）向负载提供电流，$i_L = i_o$，并维持 U_o 不变。

当 u_C 为低电平时（t_{off} 期间）T 截止，i_L 不能突变。电感 L 产生反电势 u_L 为左负（－）右正（＋），此时 u_L 与 U_I 相加，因而输入侧的电感常称升压电感，当 $u_I + u_L > U_o$ 时，D 导通，$U_I + u_L$ 给负载提供电流 i_o，同时又向 C 充电电流 i_c，此时 $i_L = i_c + i_o$。显然输出电压 $U_o > U_I$，故被称为升压型开关稳压电路。

T 导通时间越长，L 储能越多，因此，当 T 截止时电感 L 向负载释放能量越多，在一定负载电流条件下，输出电压越高。在控制脉冲 u_c 作用下，整个开关周期 T 电感电流 i_L 连续时的 u_D、u_{DS}、i_L 和 u_o 的波形如图 9-28 所示。

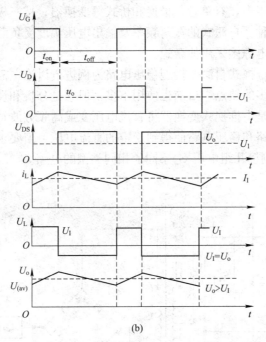

(b)

图 9-28 u_o 作用在 i_L 连续条件下 u_D、u_{DS}、i_L、u_L 和 u_o 波形

为了提高开关稳压电源的效率，开关调整管应选取饱和压降 $u_{CES}(u_{DSS})$ 及穿透电流 I_{CEO}（I_{DSS}）均小的功率管 BJT（或 MOSFET），而且为减小管耗，通常要求开关转换时间 $t \leqslant 0.01/f_k$（$f_k = \dfrac{1}{T}$，f_k 为开关转换频率，T 为开关转换周期），开关调整管一般选用 $f_T \geqslant 10\beta f_k$ 的高频大功率管（f_T 为三极管的特征频率），当 $f_k > 50$ Hz 时，可选用绝缘栅双极型功率管（IGBJ，它具有绝缘栅 MOSFE 和 BJT 相结合的等效电路，并具有两种器件的优点）和 VMOS 功率管。续流二极管 D 的选择也要考虑导通、截止和转换三部分的损耗，所以选用正向压降小。反向电流小及存储时间短的开关二极管，一般选用肖特基二极管。输出端的滤波电容使用高频电解电容。

开关稳压电源的控制电路一般用得较多的是"电压—脉冲宽度调制器（简称脉宽调制器

PWM)"。目前产品种类很多，可参阅其他文献。

开关频率 f_k 的选择对开关稳压器的性能影响也很大。f_k 越高，需要使用的 L、C 值越小。这样，系统的尺寸和重量将会减小，成本将随之降低。另一方面，开关频率的增加将使开关调整管单位时间转换的次数增加，开关调整管的功耗增加，而效率将降低。随着开关管、电容、电感材料及工艺性能的改进，f_k 可提高到 $15 \sim 500$ kHz 以上。目前已有 $f_k = 2$ MHz 的 PWM 集成芯片，如 MC34066/MC33066。

实际的开关型稳压电源电路通常还有过流、过压等保护电路，并备辅助电源为控制电路提供低压电源等。

9.6.3　带隔离变压器的直流变换型电源

带隔离变压器的直流变换型电源也是一种开关型稳压电源，它主要包括直流变换器和整流、滤波及稳压电路等。直流变换器通常是指将一种直流电压转换为各种不同直流电压的电子设备。它的电路型式很多，有单管、推挽和桥式等变换器；按三极管的激励方式不同又可分为自激式和他激式两种。自激式的振荡频率及输出电压幅度受负载影响较大，适用于小功率电源，而大功率稳压电源多采用他激式。

现以图 9-29 所示推挽式自激变换型稳压电路为例进行讨论。需要指出的是，尽管推挽式自激变换型电路有许多的缺点，目前也使用不多，但它是分析和设计半桥或全桥式变换器的重要基础。这种电路是由推挽式变换器将直流电压变成高频方波，再经过高频变压器 Tr、桥式整流、电容滤波电路和稳压电路而得到稳定的直流电压。当要求输出电压不同时，可在高频变压器 Tr 的二次侧接几组电压 v_L 不同的相同类型的电路。

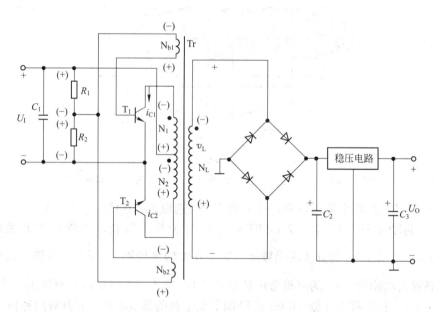

图 9-29　推挽式自激变换型稳压电路

当接通输入电压 u_L 后，分压器 R_1、R_2 上的电压使变换器启动。R_2 上的正电压经 Tr 的 N_{b1}、N_{b2}、绕组同时加到 BJT T_1、T_2 的基极，由于电路存在微小的不对称，两管导通程度不同。假如 T_1 导通较强，那么，它的集电极电流 i_{C1} 就较大，i_{C1} 流过 N_1 绕组就使变压器磁化并在所有绕组上产生感应电势。其中绕组 N_{b1} 感生的电势使 U_{BE1} 导电更强，因而 T_1 导电更强。绕组 N_{b2} 感生的电势使 U_{BE2} 导电更强，因而 T_2 导电更弱。经过一个正反馈过程，T_1 迅速饱和导通，而 T_2 迅速截止。此时，几乎全部电源电压 V_1 都加到一次绕组 N_1 的两端。因此，N_1 中的激磁电流与变压器铁心内的磁通近似线性地增加。当铁心磁通趋近饱和值时，磁通的变化接近于零（或很小），变压器所有绕组上的感应电势亦将接近于零。N_{b1} 两端感应电压等于零，T_1 的基极电流 i_{b1} 开始减小，i_{C1} 也开始减小，因而所有绕组上的感应电势均反极性，铁心内的磁通脱离饱和，形成一个相反的正反馈过程，使 T_1 迅速由饱和转变为截止，而 T_2 迅速由截止转变为饱和。以后流过 N_2 的电流 i_{C2} 近似线性地增加，使铁心反向饱和，电路再次翻转。如此周而复始，循环不已。图 9-30 显示了各电压、电流的波形。

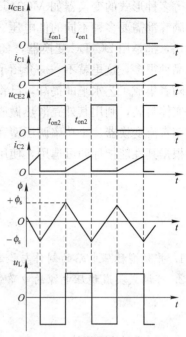

图 9-30　变换器各部分电压、
电流磁通的波形

由图可见，直流输入电压 U_1 变换成为矩形波电压（u_{CE1}、u_{CE2} 及 u_L）。为了便于理解，图中也画出了磁通的波形，ϕ_s 为饱和值。直流变换器输出的矩形电压 u_L 再经整流、滤波及稳压电路得到直流电压 U_0。

如果忽略饱和导通 BJT 的饱和压降和变压器绕组的电阻压降，则截止的 BJT 两端的反向峰值电压等于电源电压 U_1，再加上一半的一次绕组（N_1 或 N_2）的感应电势。若 T_1 导通，则 T_1 的集电极电流 i_{c1} 在变压器的每个一次绕组的感应电势为 U_1-U_{CES1}。因此，截止管 T_2 所承受的电压是 $U_1+(U_1-U_{CES1})\approx 2U_1$，即图 9-30 中管子截止时的 U_{CE2}。变换器输出的矩形波电压 u_L 决定于变压器的匝数比 $n=N_1/N_2$。它的频率约为几千赫兹。

在图 9-30 中，如果所需输出电压较高，电流较小，可采用倍压整流电路，有时也不再接稳压电路。

变换式直流稳压电源按调整管是否振荡分除自激式外还有他激式。按稳压的控制方式分有脉冲宽度调制（PWM）式（应用较多）、脉冲频率调制（Pulse Frequency Modulation，PFM）式及脉宽脉频混合调制式等类型，在这种电源中开关管 BJT、MOSFET、VMOS 工作在开关状态，使它具有体积小、重量轻和效率高等优点，因此应用日益广泛。读者可参阅有关文献。

变换型开关稳压器可以把不稳定的直流高压变换成稳定的直流低压，还可以把不稳定的直流低压变成稳定的直流高压或者倒换极性（反极性）等，这些都是线性稳压电源无法实现的优点。

开关稳压电源目前正向高频、大功率、高效率和集成化方向发展，而控制电路 PWM 和 PFM 是开关稳压电源高效率、低成本、高可靠性的重要因素。目前已有集成的控制电路 PWM，PFM 和集成开关稳压电源的产品。升压型的 PWM 如 MAX731；PFM 如 LM2577；降压型的 PWM 如 MAX758 和反相型（反极性）如 MAX637，还有可实现升压、降压和反极性等多种形式的变换器如 MC34060。它已广泛用于电池供电系统中，如微处理器、笔记本电脑等都需要多种不同的低电压、高精度、高效率的电源，像 intel 公司设计的插入式电源模块，都是用 DC/DC 变换器，如用 MAX797 型 BiCMOS 控制器制成的。总之集成开关电源品种很多，这里就不一一介绍了。

随着集成工艺水平的提高，已将整流、滤波、稳压等功能电路全部集成在一起，加环氧树脂实体封装，利用其外壳散热做成一体化稳压电源。它的品种较多，有线性的、开关式、大功率直流变换器、小功率调压型和专用型等十多种类型，从电压和功率等级分有几百种之多。根据其性能指标即可选用，使用十分方便。其产品介绍可参阅有关文献。

技 能 实 训

1. 并联型稳压电路的制作与检测。
2. 可调式集成稳压电源的电路制作与调试。

复习参考题

9-1　电路如图 9-31 所示。

(1) 分别标出 u_{o1} 和 u_{o2} 对地的极性；

(2) u_{o1}、u_{o2} 分别是半波整流还是全波整流？

(3) 当 $u_{21} = u_{22} = 20$ V 时，u_{o1} 和 u_{o2} 各为多少？

(4) 当 $u_{21} = 18$ V，$u_{22} = 22$ V 时，画出 u_{o1}、u_{o2} 的波形；并求出 u_{o1} 和 u_{o2} 各为多少。

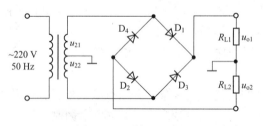

图 9-31　题 9-1 图

9-2　分别判断如图 9-32 所示各电路能否作为滤波电路，简述理由。

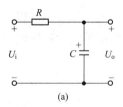 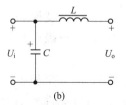 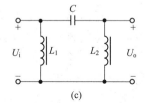

图 9-32　题 9-2 图

9-3 电路如图9-33所示，已知稳压管的稳定电压为 6 V，最小稳定电流为 5 mA，允许耗散功率为 240 mW；输入电压为 20～24 V，$R_1 = 360\ \Omega$。试问：

(1) 为保证空载时稳压管能够安全工作，R_2 应选多大？

(2) 当 R_2 按上面原则选定后，负载电阻允许的变化范围是多少？

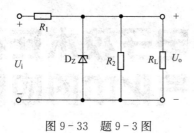

图9-33 题9-3图

9-4 直流稳压电源如图9-34所示。

(1) 说明电路的整流电路、滤波电路，调整管、基准电压电路，比较放大电路、采样电路等部分各由哪些元件组成。

(2) 标出集成运放的同相输入端和反相输入端。

(3) 写出输出电压的表达式。

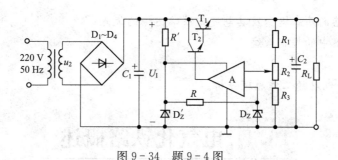

图9-34 题9-4图

9-5 在图9-35所示电路中，$R_1 = 240\ \Omega$，$R_2 = 3\ k\Omega$，输出端和调整端之间的电压 U_R 为 1.25V。试求输出电压的调节范围。

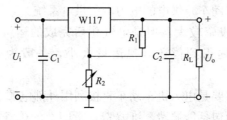

图9-35 题9-5图

9-6 三端固定稳压器 CW78L08，CW3810，CW78H12，CW7905，CW79M15 的输出电压 U_o 各为多大？最大输出电流各为多大？

第10章
模拟电子技术在铁道电气化中的应用

【本章内容概要】

了解模拟电子技术在铁道电气化中的应用，有利于激发学生的学习兴趣，并能学以致用。本章首先简单介绍了电气化铁路的基本概念，然后选择了在客车荧光灯照明用的逆变器、交—直流供电装置稳压、集中式轴温报警器中的三个应用电子电路进行了介绍。

学习重点：

1. 电气化铁路的基本概念及其电气化铁路运输的优点；

2. 电气化铁路中的控制系统。

学习难点：

三个应用电子电路的工作原理分析。

10.1 电气化铁路概述

电气化铁道（Electric Railway）采用电力牵引的铁路，又称电气化铁路。在电气化铁道上，运行着电气列车（由电力机车牵引的列车和电动车组），在铁路沿线设有向电力机车和电动车（以下简称电力机车动车）供电的电力牵引供电系统。

电气化铁路虽然一次投资较大，但是电气化后完成的运量大，运输收入多，运输成本低，所需投资能在短期内得到偿还（视运量大小，一般为 5～10 年，有的只需 2～3 年）。

之所以运输成本低，主要是电力机车动车直接利用外部电源、构造简单、摩擦件少、购置费低、使用寿命长，因而包括能源费、维修费、折旧费的机务成本低；机车车辆周转快，设备利用率高；客运电力机车动轴少、轴重轻，由提速而增加的工务成本也较少；空调客车、冷藏车靠接触网供电，较加挂发电车节省费用和运力。

现代电气化铁路由以下几部分组成：电力牵引供电系统、电力机车动车以及对供电设施集中监控的远动系统。

由于牵引供电设施分布在铁路沿线，运行管理复杂，早在 20 世纪 50 年代末和 60 年代初，国际上即开始研制并采用远动装置。随着电子技术的飞速发展，特别是计算机技术的引入，远动装置已逐步形成能日臻完善的系统（电力牵引供电系统的子系统）。远动系统的功能可归纳为"四遥"，即遥控、遥信、遥测和遥调。采用微机远动系统，可及时掌握供电设施的运行状态、节省人力和实现无人操作，防止误传指令和误操作，提高牵引供电的可靠性，保证运输安全。

电气化铁路的机务设施，除通常意义下的电力机车机务段外，还包括集机车、车辆于一体的电动车组运用和检修基地。由于列车运行控制系统的发展是采用车上与地面信号相结合，以车上信号为主的控制方式。要求机务和动车组运用检修基地适应这种机电一体化的情况，并配备相应的检修设备和技术力量，并加强与电务部门的合作。

电气化铁道的电源来自国家电网。国家电网的高压交流电送到铁路的牵引变电所，进行第一次降压，送到轨道上空的接触网。机车从接触网上获取电流后，在机车内进行第二次降压并整流成直流电（也可在牵引变电所内整流），用以驱动直流电动机。电动机带动机车轮轴转动，机车就可牵引车厢前进。

电气化铁道发展很快，已成为今天最现代化的铁道。其主要特点如下。

(1) 电力机车效率高。采用火力发电的效率是蒸汽机车的 4 倍；如用水力发电，效率为蒸汽机车的 10 倍。

(2) 功率大。20 世纪末最大功率电力机车可达 10 000 马力以上（中国使用的韶山型电力机车功率为 5 700 马力），是蒸汽机车的 4 倍，内燃机车也难以比拟。由于牵引能力很强，在运输繁忙的铁道上采用，可以缓和运输的紧张情况。

(3) 加速快和爬坡能力强，特别适用于山区铁路。

(4) 此外，电力机车不污染环境，司机劳动条件好，旅客在旅途中也可免受煤烟和废气困扰。

10.2　电气化铁路中的应用电子电路

在电气化铁路中，有许多控制系统和控制设备，其中有些控制器或控制器中的部分模块，就是运用了模拟电子的某些模块或技术实现的。下面只是选取了其中的一部分作为介绍，以起到抛砖引玉的作用。

10.2.1　普通客车荧光灯逆变器中的应用

1. 逆变器的作用与原理

普通客车采用 48 V 直流电作为照明电，利用晶体管逆变器，将之变换为照明荧光灯所需的交流电源，普通客车的直流电源，是由客车的发电机和蓄电池提供的。

逆变器的作用，就是将交流电变为直流电的装置。晶体管逆变器是以三极管作为基本元件实现转换的，这种转换方式具有输出频率较高、逆变功率较小的特点。

晶体管逆变器的基本组成如图 10-1 所示，它有两种方式：一种是通过晶体管的自激振荡电路，将直流电变为方波交流电，然后在经过滤波变成正弦波交流电；另一种是经过文氏振荡器，将交流电变化成正弦波交流，再经过电压和功率放大后，输出给负载。

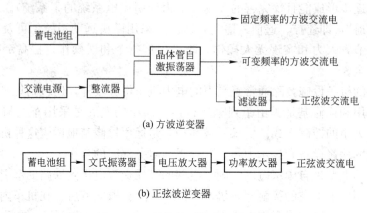

(a) 方波逆变器

蓄电池组 → 文氏振荡器 → 电压放大器 → 功率放大器 → 正弦波交流电

(b) 正弦波逆变器

图 10-1　晶体管逆变器组成方框图

2. 逆变器中的主振荡电路

BY-2 系列逆变器是将车内 48 V 直流电，变换成 65 V，20 kHz～30 kHz 的交流电，供灯具内灯管使用。图 10-2 是该逆变器的电路原理图，它由四大部分组成，即主振荡器、负载回路、高温过流自保护电路以及电源输入电路。

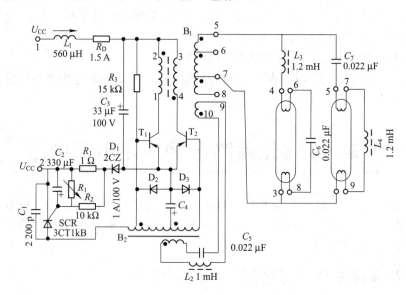

图 10-2　BY-2B 逆变器电路

其中主振荡电路是一个共发射极双管推挽双变压器自激张弛电路。它包括：由 R_3 和 C_4 组成的给三极管提供基极电流的起动电路；由三极管 T_1 和 T_2、主变压器 B_1、反馈变压器 B_2、定时元件 L_2、C_5 所组成的主振荡器；由 L_2、L_5、B_2、D_2、D_3、C_4 所组成的反馈信号基极电路。如图 10-3 所示。

当电源刚接通时，电源 U_{CC} 通过电阻 R_3 向两管提供固定基极电流。i_{b1} 的通路为：$U_{CC} \rightarrow L_1 \rightarrow R_D \rightarrow R_3 \rightarrow T_1$ 的 be 发射结 $\rightarrow D_1 \rightarrow R_1 \rightarrow -U_{CC}$；$i_{b2}$ 的通路为：$U_{CC} \rightarrow L_1 \rightarrow R_D \rightarrow R_3 \rightarrow B_2$ 的次级 $\rightarrow T_2$ 的 be 发射结 $\rightarrow D_1 \rightarrow R_1 \rightarrow U_{CC}$。同时，电源 U_{CC} 通过电阻 R_3 向电容 C_4 充电，形成充电电流。其通路为：$+U_{CC} \rightarrow L_1 \rightarrow R_D \rightarrow R_3 \rightarrow B_2$ 的次级 $\rightarrow C_4 \rightarrow D_1 \rightarrow R_1 \rightarrow -U_{CC}$。当 C_4 上的

电压达到 $0.6 \sim 0.7$ V 时，基极有电流流入，两管均呈放大状态。其集电极电流 i_{c1} 通路为 $+U_{CC} \to L_1 \to R_D \to B_{1_{2-1}} \to$ T_1 的 ce 发射结 $\to -U_{CC}$；i_{c2} 通路为 $+U_{CC} \to L_1 \to R_D \to B_{1_{3-4}} \to$ T_2 的 ce 发射结 $\to -U_{CC}$。

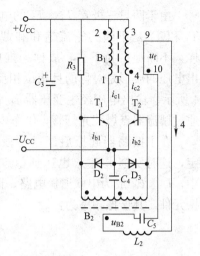

图 10-3　主振荡电路

由于两管参数不可能完全相同，所以两管电流的变化也不完全一致。其中一只晶体管集电极电流可能大一些，集电极电压就下降得快一些。

若设 T_1 的 i_{c1} 增加较快，由图 10-13 可知两管 i_c 在 B_1 初级中的电流方向：i_{c1} 是从 B_1 的"2"流向"1"，即从"."端流入，而 i_{c2} 是从"3"流向"4"的，即从"."端流出。由于 $i_{c1} > i_{c2}$；所以 B_1 铁芯中的磁通方向由 i_{c1} 决定。这时，T_1 的集电极电压 u_{c1} 下降，B_1 初级绕组(1-2)端电压 u_{1-2} 电压增大，由于电磁感应，在 B_1 的其他绕组上要产生感应电势，且"."端为正。其中耦合到反馈绕组 (9-10) 两端电压 u_f 也增大，且 10 端为正。u_f 经 C_5、L_2 和 B_2 的初级形成 C_5 的充电电流。因 C_5 两端电压不能突变，充电电流较大，故 u_f 几乎全部加在 B_2 的初级和 L_2 上，经 B_2 的耦合，在 B_2 的次级产生感应电势，且"."端为正，使 T_1 的基极电压在原有的基础上又叠加了一个正向电压，使 i_{c1} 继续增大，形成对 T_1 的正反馈，直至使 T_1 进入饱和导通状态。而在 T_2 的基极回路上，则得到反向偏置电压，使 T_2 的 i_{h2} 减小，i_{c2} 也减小，使 T_2 很快截止，这时基极电流按正弦规律变化，周期由定时电路 L_2、C_5 决定。这个过程可表示如下：

$$\boxed{\; i_{c1} \uparrow \to i_{c1} \downarrow \to u_f \uparrow \to u_{B2} \uparrow \to u_{b1} \uparrow \to i_{B1} \uparrow \;}$$

实际电路中，这个循环过程是极快的，称为电路的跃变，或称暂态过程。

随着 C_5 两端电压升高，充电电流减小，使 L_2、B_2 初级电压减小，感应到 B_2 次级的电压也减小。当基极电流减小到 $i_{b1} \leqslant 1/\beta i_{c1}$ 时，不能维持 T_1 的饱和，T_1 重新进入放大状态，i_{b1} 继续减小，i_{c1} 也将随之减小，u_{c1} 逐渐增大，u_{1-2} 遂渐减小，使 9-10 绕组上的 u_f 随着减小，T_1 基极电压减小，T_2 基极电压增大，形成与前述过程相反的正反馈过程。

$$\boxed{\; i_{b1} \downarrow \to i_{c1} \downarrow \to u_{c1} \uparrow \to u_f \downarrow \to u_{BQ} \downarrow \;}$$

与此同时，BG_2 的基极电流增加，集电极电流也增加，绕组 3-4 上的电压 u_{3-4} 增大，且"4"端为负，使绕组 9-10 的电压 u_f 方向相反。

这个过程使 i_{b1} 很快降到零，T_1 截止，而 T_2 很快饱和导通，从而完成了电路的翻转。

从以上分析的电路翻转过程可知，主振荡电路利用 B_1 的次级、C_5、L_2 以及 B_2 的初级的正反馈电路实现自激振荡。振荡电路的频率与 L_2 的电感量、C_5 的电容量的大小有关。反馈信号不是取自负载，而是由单独的 LC 定时电路供给，避免了由于负载的变化对反馈量造成影响。所以这些元件所组成的电路称为定时电路。

由于两只三极管 T_1、T_2 的电路是对称的，且处于推挽状态（接通电源后，逆变器中的 T_1 和 T_2 是不断的轮流饱和和截止，就好似拉锯一样，不断地推拉下去，故称为推挽状态），因此，输出电压的波形是对称的且相位相反，其波形如图10-4所示。输出电压经主变压器 B_1 副边感应出交变电，通过镇流器点燃荧光灯管，供车内照明。

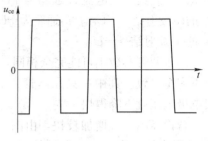

图 10-4 Uce 电压波形

在主振荡器起振后经过一段时间，振荡达到稳定，这时反馈电流 i_f 也达到稳定状态。在维持过程中，L_2、C_5 成为串联谐振电路，而 L_2、C_5、L_{B2} 为谐振元件，其谐振频率为：

$$f = \frac{1}{2\pi\sqrt{(L_2 + L_{B2})C_5}} \ (Hz)$$

式中：L_{B2}——B_2 初级折合电感量，H；

　　　C_5——定时回路电容，F；

　　　L_2——定时电感量，H。

在负载正常的情况下，逆变器的振荡频率与定时电路的谐振频率相等。

R_3 是 T_1、T_2 的固定偏置电阻。

D_2、D_3 在三极管导通和截止的翻转过程中起着释放磁化能的作用。由于晶体管在感性负载工作时，要承受较高的 be 结反向电压，通过这两只二极管给释放磁化能提供阻尼通路，并使 be 极间反向电压不超过 2 V 以上，起到保护 be 结的作用。

C_4 的作用是在启动的瞬间，使两端电压为 0.6～0.7 V，促使三极管导通。在正常工作时，使得 B_2 次级线圈中点处于零位，两只三极管不会同时导通，改善了基极波形，使截止的晶体管不能过早导通，提高了逆变器的效率，降低了功耗。

10.2.2　交—直流供装置稳压控制器中的应用

1. 稳压原理

交—直流供电装置是我国在 20 世纪 60 年代设计的一种用于铁路客车的供电装置，它采用轴驱式交流感应子发电机和蓄电池并联供电。列车运行时，车辆的轮轴通过皮带或万向轴传动装置，带动感应子发电机工作，发电机输出的三相变频交流电，经整流器整流后，供车上的电气负载使用，并向蓄电池充电。列车停站时，由蓄电池向车上的电气负载供电。

为了实现整流、电压自动稳压、起激、过电压保护和限流充电的作用，需要设计一个控制箱来完成。图10-5为该控制箱的原理框图，它包括主整流电路、稳压电路及辅助电路等，它是感应子发电机的一个配套设备。

从图中可以看出，感应子发电机的三相交流电，经主整流器整流后变成直流电，向车上负载供电及向蓄电池充电。其中，测量回路、触发器、激磁回路构成自动稳压系统，由于发电机是由轮轴驱动的，而轮轴的转速随着列车运行速度的变化而变化。为了使电机在转速和负载发生变化的情况下，使发电机端电压能稳定在规定的范围内，保持输出电压的基本恒定，需要自动调节发电机的激磁电流加以实现。该稳压原理如图10-6所示。

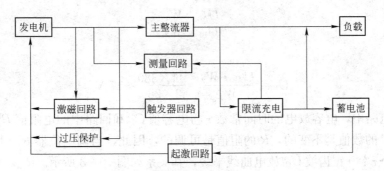

图 10-5　控制箱原理框图

图 10-6　稳压电路原理图

自动稳压过程是：当发电机端电压由于转速或负载发生变化而引起波动时，测量回路可测得此变化，并向触发器发出信号，改变触发器脉冲输出时的相位，从而改变激磁回路中可控硅的控制角，最终实现改变激磁电流的大小，使发电机的端电压始终稳定在整定值范围内。

2. 测量回路

测量回路如图 10-7 所示。它由测量变压器 B_1，二极管 D_1、D_5，电解电容 C_1，电阻 R_8，电位器 R_1、R_2 组成。其作用是把测得的发电机电压的变化经半波整流后变为锯齿波电压，并输送给触发器回路。

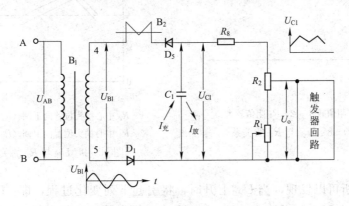

图 10-7　测量回路电路

测量变压器 B_1 的结构和参数如图 4-27 所示。B_1 由铁芯和线圈组成，原绕组抽头 1-3 与 A、B 相端子相连，副绕组 4-5 抽头与锯齿波发生器和触发器相连，7-8 抽头与指示灯相连。发电机一旦发电，A、B 间线电压便加在 B_1 原边两端，如果发电机发出的电压为正弦交流电，在副边也会感应出同样波形的交流电。若 $U_{AB}=44$ V，根据变压器电压与匝数的关系，即由

$$\frac{U_{AB}}{U_{B1}}=\frac{W_1}{W_2}$$

可知

$$U_{B1}=\frac{U_{AB}\cdot W_2}{W_1}=\frac{44\times380}{2\times280}\approx17\ \text{V} \qquad (10-1)$$

在 RC_1 电路中，电容放电的时间常数 τ 与电容值 C_1 和回路中的电阻值 R 有关，即 $\tau=RC_1$。由于 C_1 的数值是不变的，R 的阻值是可调的，因此，当调电位器 R_1 时，τ 也随之改变。若 $R_1\uparrow\to\tau\uparrow\to$锯齿波 U_{C1} 放电曲线平缓，其关系如图 10-8 所示。$R_1\downarrow\to\tau\downarrow\to$锯齿波 U_{C1} 放电曲线变陡。

可见，调节 R_1 的大小，可以调节锯齿波放电曲线的陡缓。这样，既能得到满意的调压精度，又能可靠地消除发电机电压的振荡。这主要是因为发电机激磁绕组为一电感量较大的感性负载，在脉动电压的作用下，激磁电流的变化滞后于激磁电压的变化。当调压精度过高时，势必出现过度的调节，使发电机出现电压振荡。调节 R_1 即可改变调压精度，当然也就可以消除发电机的振荡。因此，R_1 称为振荡调节电位器。它装于控制箱面板的左下方，并在其下面标有"振荡调节"字样。

R_2 为电压整定电位器，调节其阻值就可改变锯齿波电压的大小，$U_{锯}$ 与 R_2 的关系如图 10-9 所示，从而改变发电机输出电压的高低。它装于控制箱面板的左下方，下面标有电压整定字样。为了得到所需的整定电压值，R_2 与 R_1 必须配合调整。电压一经整定后，即将 R_1、R_2 锁紧。

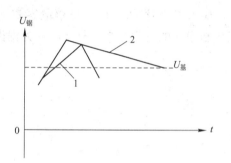

1—R_1 阻值较小；2—R_1 阻值较大

图 10-8　$U_{锯}$ 与 R_1 的关系

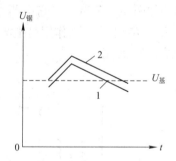

1—R_2 中心抽头位置向下调（R_2 变小）；

2—R_2 中心抽头位置向上调（R_2 变大）。

图 10-9　$U_{锯}$ 与 R_2 的关系

通过以上分析可以发现，当 U_{AB} 上升时，将引起下列变化过程，即：$U_{AB}\uparrow\to U_{B1}\uparrow\to U_{C1}\uparrow\to U_0\uparrow$，反之 $U_{AB}\downarrow\to U_{B1}\downarrow\to U_{C1}\downarrow\to U_0\downarrow$。锯齿波电压的高低，反映了发电机电压的大小，测量回路也因此而得名。

3. 触发器回路

触发器回路如图 10-10 所示，它由电压触发器电路和比较电路组成。其作用是根据测量回路所提供锯齿波电压的大小，控制 BG_1、BG_2 的开关时间，从而控制了向 SCR_1 提供触发脉冲的早、晚。

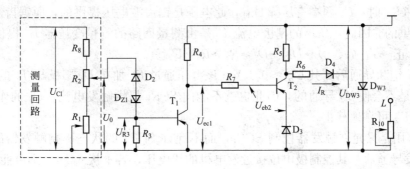

图 10-10　触发器电路

1）电压比较电路

如图 10-11 所示，电压比较电路由 D_2、D_{Z1}、D_3 等组成。稳压管 D_{Z1} 为 $2CW_1$ 型，其稳压值等于 7～8 V。稳压管在电路中既可起稳压作用，也可起电压比较作用。起稳压作用时，是在稳压管两端输出电压（如 CW_3）。

当锯齿波电压 $U_0 > U_{DZ_1}$ 时，稳压管 DZ_1 被击穿，即有电流流过 R_3、D_{Z1} 和 D_2。此时，比较电路在 R_3 两端有电压输出（即 U_{R3}），且 $U_{R3} = U_{eb1}$，当 $U_0 < U_{CW_1}$ 时，R_3 两端无电压输出，$U_{eb1} = 0$。D_2 是作为温度补偿用的，故实际的 $U_基 = U_{DZ1} + U_{D2}$。U_{D2} 为二极管的正向管压降。当温度升高引起 U_{DZ1} 增加时，则 U_{D2} 减少，保证 $U_基$ 基本不变。

2）触发电路

触发电路由 BG_1、BG_2、D_3、D_4 和 $R_4 \sim R_7$ 等组成共发射极开关电路。当 R_3 两端无电输出，即 $U_{eb1} = 0$ 时，BG_1 处于截止状态，此时的状态如图 10-12 所示。

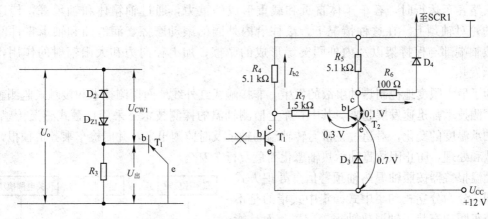

图 10-11　电压比较电路　　　　　图 10-12　T_1 截止，T_2 饱和导通

这时 T_2 的基极电流 I_{b2} 是由固定偏置电阻 R_1 和 T_1 的集电极电阻 R_4 提供的。基极电流的流向是 $+U_{CC} \rightarrow Z_3 \rightarrow T_2$（eb）$\rightarrow R_7 \rightarrow R_4 \rightarrow \perp$。$I_{b2}$ 的值为：

$$I_{b2} = \frac{+U_{CC} - U_{z3} - U_{eb2}}{R_7 + R_4} = \frac{12 - 0.7 - 0.3}{1.5 + 5.1} = 1.67 \text{（mA）}$$

对于小功率锗管，其饱和压降 $U_{ces} \approx 0.1 \sim 0.2$ V，根据图中所标电压可算出 T_2 集电极到 $D_\_$ 间的电压：

$$U_{R5} = +U_{CC} - U_{D3} - U_{ces} = 12 \text{ V} - 0.7 \text{ V} - 0.1 \text{ V} - 11.2 \text{ V}$$

当 $U_0 > U_{DZ_1}$ 时，R_3 两端有压降 U_{eb1}，此电压是锯齿波电压提供的，而锯齿波电压又是测量回路提供的。因此，BG_1 的基极电流 I_{b1} 是由测量回路的测量变压器 B_1 提供的。I_{b1} 的流向是：U_{c1} 正 $\to T_1$（e、b）$\to D_{Z1} \to D_2 \to R_2 \to R_8 \to U_{c1}$ 负。

由于 T_1 饱和导通后，其 $U_{ces} \approx 0.1$ V，该电压通过 R_7 加在 D_3 阳极与 T_2 的 eb 间，这么小的电压是不会使 T_2 导通的，因此也就不能向 SCR_1 提供触发电流。D_3 的作用是当 T_1 导通时，使 T_2 可靠地截止。

D_4 的作用是只允许触发器控制 SCR_1，而不允许 $SCR1$ 的状态影响触发器的工作。当 SCR_1 被触发导通后，其控制极电位接近发电机的线电压，若不接入 D_4，则可能造成 T_2 等元件的损坏。

通过对稳压电路的分析和波形比较可知：只有采用 B_1 副边电压 U_{AB} 时，锯齿波电压 U_0 与 U_{DZ1} 的比较值才能使 T_2 导通区段落在 SCR_1 的工作范围内。只有这种同步关系，才能起到控制 SCR_1 的作用。

总之，触发器电路是受测量回路输出锯齿波电压 U_0 的控制。当 $U_0 > U_{DW1}$ 时，T_1 饱和导通，T_2 截止，SCR_1 关断；当 $U_0 < U_{DZ1}$ 时，T_1 截止，T_2 饱和导通，SCR_1 被触发通，向激磁绕组提供激磁电流。其稳压过程如下：$\uparrow U_发 \uparrow \to U_{B1} \uparrow \to U_0 \uparrow \to U_{eb1} \uparrow \to BG_1$ 导通时间长，BG_2 导通时间短 $\to SCR_1$ 控制角 $\alpha \uparrow \to SCR_1$ 导通角 $\theta \downarrow \to I_激 \downarrow \to U_发 \downarrow$。如此形成闭环反馈控制。如果发电机电压下降时，与上述过程相反，达到稳定发电机电压的目的。

10.2.3　集中式轴温报警器开关电源中的应用

1. 开关电源的作用

铁路客车运行时，客车车体自重和载重形成的重力，通过轴箱体和轴承等，传递到滚动的轮对轴颈上。在这种情况下，滚柱沿内外圈的滚动摩擦，润滑油和轴承零件间摩擦，滚轴端部与保持架以及内外圈突缘形成的摩擦，加上径向力和太阳辐射的作用，导致轴承发热。

为了最大限度地扼制热轴事故的发生，非接触式红外线地面探测技术和接触式监测轴温车上探测技术都迅速发展起来。其中，车上监测轴温的探测技术是采用接触式感温传感器，监测轴承温度的变化，对超过正常运转轴温的轴承及时监测出来，并向检车乘务员预报，及时确认和处理，防止因故障轴承热轴恶化而危及行车安全。

轴温报警器按照轴温热轴预警信息处理方式的不同，分为分立式和集中式。集中式指的是不仅每节车厢均安装了轴温热轴报警装置，而且能够采用信息传输技术，对全列车所有的轴温报警器预警信息进行集中处理。集中报警主要技术包括轴温采集、处理、通信和系统管理。

集中式轴温报警器的分机，其核心是一片 8 位微处理器，内含 4K 的程序存储器和 4 个 8 位的输入、输出端口；外围电路由传感器借口模块、通讯模块、开关电源模块、霍尔感应键盘和显示器等几部分组成，如图 10-13 所示。

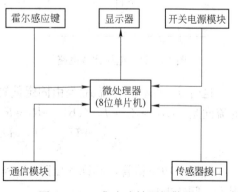

图 10-13　集中式轴温报警器
的分机电路原理图

2. 开关电源模块

开关电源模块采用了 UC2842A 作为控制芯片。UC2842A 是高性能固定频率电流型控制器，其特点是有一个调定的振荡器，用来精确地控制占空比，内有一个经过温度补偿的基准电压，一个高增益误差放大器、电流传感器和一个适合于驱动大功率场效应管的大电流推挽输出。ZB_1 型集中式中温报警器降压型开关电源由单端正激式直流隔离变换器电路构成，其原理如图 10-14 所示。

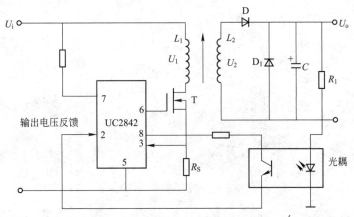

图 10-14　开关电源模块电路原理

图中，L_1 和 L_2 为隔离变压器副边匝数，D 为整流二极管，D_1 为续流二极管，T 为场效应开关管，C 为滤波电容，R_S 为流过功率管 T 的电流检测电阻，电压反馈环节由电阻 R_1 和线性光耦组成。

该电路的工作原理是：UC2842 通过电流反馈和电压反馈环节，控制场效应开关管 T 按脉宽调制方式工作，开关管 T 导通时，隔离变压器两侧电压 U_2 与 U_1 的对应关系为

$$U_2 = (L_2/L_1) \times U_1$$

而此时

$$U_1 = U_i$$

另外，在开关管 T 关断时，隔离变压器副边绕组输出电压为 0，如果开关管 T 的导通比（即导通时间与一个脉宽调制周期之比）为 d，那么输出电压与变压器副边绕组电压关系式为：

$$U_0 = d \times U_2$$

综合上述各式，得出输出电压与输入电压对应关系式为：

$$U_0 = (L_2/L_1) \times d \times U_i$$

由此可以看出，这种电源电路可调整隔离变压器参数和反馈参数，并灵活地调整输出电压及其精度；因采用隔离变压器使电路的抗干扰性能好；另外因变换器效率高，使整机功耗低，因而可靠性好。

复习参考题

10-1　简单说明电气化铁路的基本概念。

10-2　说明铁路的组成。

10-3　说明电气化铁路的优点。

10-4　简单说明客车荧光灯逆变器的工作原理。

10-5　简单说明交—直流供电装置稳压控制器的工作原理。

10-6　简单说明轴温报警器的工作原理。

附录 A

仪器的使用

A.1 数字万用表

与模拟万用表相比，数字万用表采用了大规模集成电路和液晶数字显示技术，具有许多优点。下面以常见的 DT9204 数字万用表为例介绍数字万用表的使用方法。

图 A-1 所示为 DT9204 数字万用表，它由液晶显示屏、量程转换开关和测试插孔等组成，最大显示数字为 ±1999，为 3 位半数字万用表。

DT9204 以数字万用表具有较宽的电压和电流测量范围，直流电压测量范围为 0～1 000 V，交流电压测量范围为 0～750 V，交、直流电流测量范围均为 0～20 A。电阻量程从 200 Ω 至 200 MΩ 共分为 7 挡，各档值均为测量上限。

1. 使用方法

DT9204 型数字万用表面板图如图 A-2 所示。

图 A-1　数字万用表 DT9204 外形

图 A-2　数字万用表 DT9204 面板图

（1）按下右上角 "ON～OFF" 键，将其置于 "ON" 位置。

（2）使用前根据被测量的种类、大小，将功能/量程开关置于适当的测量挡位。当不知道被测量电压、电流、电阻的范围时，应将功能/量程开关置于高量程挡，并逐步调低至合适。

（3）测试黑色表笔插入 COM 插孔，红色表笔则按被测量种类、大小分别插入相应的插孔（电压、电阻、二极管测量公用右下角"VΩ"插孔；电流在 200 mA 以下时插入功 A 插孔，200 mA～20 A 之间将红表笔移至 20 A 插孔）。

（4）测量直流时能自动进行极性转换并显示极性。当被测电压（电流）的极性接反时，会显示"—"号，不必调换表笔。

（5）测量电阻时，应先估计被测电阻的数值，尽可能选用接近满刻度的量程，这样可提高测量精度。如果选择挡位小于被测电阻实际值，显示结果只有高位上的"1"，说明量程选得太小，出现了溢出，这时可更换高一挡量程后再进行测试。

2. 注意事项

（1）当只在高位显示"1"时，说明已超过量程，需调高挡位。

（2）注意不要测量高于 1 000 V 的直流电压和高于 750 V 的交流电压。20 A 插孔没有熔丝，测量时间应小于 15 s。

（3）切勿误接功能开关，以免内外电路受损。

（4）电池不足时，显示屏左上角显示"▭"符号，此时应及时更换电池。

A.2　信号发生器

信号发生器可用来产生正弦波、三角波和方波等基本波形，且输出波形的频率与幅值连续可调。以下说明以 CA1640 系列函数信号发生器为例。

A.2.1　技术参数

（1）输出频率 0.2 Hz～2 MHz。

（2）输出波形正弦波、三角波、方波，通过对称性调节可输出锯齿波、脉冲波等。

（3）输出幅度 0～20 V_{p-p}（负载 1 MΩ）；O～10 V_{p-p}（负载 50 Ω）。（V_{p-p} 表示峰-峰值）

（4）直流电平 −10 V～+10 V（负载 1 MΩ）；−5 V～+5 V（负载 50 Ω）。

（5）输出衰减 0 dB、20 dB、40 dB、60 dB。

（6）输出阻抗 50 Ω。

（7）脉冲波上升时间 ≤30 ns。

（8）TTL 电平输出输出阻抗 600 Ω。

（9）占空比 10%～90%。

（10）扫频方式内——线性、对数；外——由 VCF 输入。

（11）输出信号特性：正弦波失真度 <1%；三角波线性度 >90%（输出幅度的 10%～90% 区域）。

（12）幅度显示位数三位（小数点自动定位）；显示单位 V_{p-p} 或 mV_{p-p}。

（13）幅度显示误差 V±20%（V 为输出信号的峰峰幅度值）。

（14）频率显示范围 0.200 Hz～2 000 kHz；显示有效位数为四位。

（15）外部频率测量范围 50 Hz～20 MHz。

(16) 测量时间 0.1 s（f_i>10 Hz）：单个被测信号周期（f_i<10 Hz）。

(17) 电源电压 220±10％ V；频率 50±5 Hz；功耗≤30 VA。

(18) 外形尺寸（L×W×H）265×215×90（mm）。

(19) 重量约 2 kg。

(20) 工作环境 Ⅱ组（0 ℃～40 ℃）。

A.2.2 功能说明

CA1640 系列函数信号发生器的前面板与后面板示意图如图 A-3（a）、（b）所示。

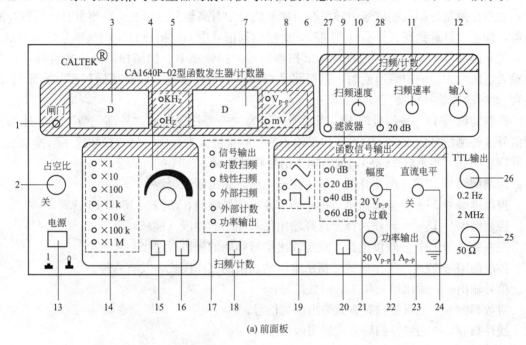

(a) 前面板

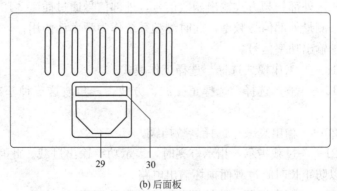

(b) 后面板

图 A-3 CA1640 系列函数信号发生器的面板示意图

各控制键的功能说明如下。

控制键编号 1——闸门 该灯闪烁一次表示完成一次测量。

控制键编号 2——占空比 改变输出信号的对称性，处于"关"位置时输出对称信号。

控制键编号 3——频率显示 显示输出信号的频率或外测信号的频率。

控制键编号 4——频率细调　在当前频段内连续改变输出信号的频率。

控制键编号 5——频率单位　指示当前显示频率的单位。

控制键编号 6——波形　指示当前输出信号的波形，由按键 19 进行选择。

控制键编号 7——幅度　显示当前输出信号的幅度。

控制键编号 8——幅度单位　指示当前输出信号幅度的单位。

控制键编号 9——衰减指示　指示当前输出信号幅度的衰减挡级，分三挡：0 dB、20 dB、40 dB，最大组合衰减 60 dB，由按键 20 进行选择。

控制键编号 10——扫频宽度　该控制键有两个功能：一是调节输出信号的频率调制宽度；二是在测量外部低频信号的频率时，如果信号中有高频分量影响频率测量时，可打开滤波器，即逆时针旋到底（指示灯 27 亮），此时输入信号中 100 kHz 以上的频率分量被抑制。

控制键编号 11——扫频速率　调节扫频信号的扫频速率。如果扫频电压来自外部，并且输入电压太大影响扫频速度时，则可将"扫频速率"控制键逆时针旋转到底（指示灯 28 亮），此时输入信号将被衰减 20 dB。

控制键编号 12——信号输入　当功能选择为"外部扫频"或"外部记数"时，外部扫频信号或外测信号由该插座输入。如果输入的信号幅度太大，则可将"扫频速率"控制键逆时针旋转到底（指示灯 28 亮），此时输入信号将被衰减 20 dB。

控制键编号 13——电源开关　按入接通电源，弹出断开电源。

控制键编号 14——频段指示　指示当前输出信号频段，由按键 15 和 16 选择。

控制键编号 15——频段选择　选择输出信号频率的频段（递减）。

控制键编号 16——频段选择　选择输出信号频率的频段（递增）。

控制键编号 17——工作模式　指示本仪器当前的工作模式，共有六种。

信号输出——输出单一频率的函数信号；

对数扫频——用对数扫频方式输出函数信号；

线性扫频——用线性扫频方式输出函数信号；

外部扫频——用外部扫频方式输出函数信号，外部信号通过插座"12"输入；

外部记数——测量外部信号频率，此时测频系统作为频率计使用；

功率输出——输出功率信号。

控制键编号 18——工作模式选择　选择工作模式。

控制键编号 19——波形选择　选择正弦波、方波、三角波这三种基本波形中的一种波形输出。

控制键编号 20——输出衰减　选择衰减挡级。

控制键编号 21——过载指示　指示灯亮时，表示功率输出过载。此时要立即停止输出，检查负载电路，以防止长时间过载而损坏输出电路。

控制键编号 22——幅度细调　连续调节输出信号的幅度。

控制键编号 23——功率输出　功率信号输出插座。

控制键编号 24——直流电平　调节输出信号的直流电平，范围为 -10 V～$+10$ V，如果接入 50 Ω 负载，则范围为 -5 V～$+5$ V。当该控制键置于"关"时，输出信号的直流电平为 0 V。

控制键编号 25——信号输出　函数信号的输出插座，其输出阻抗为 50 Ω。

控制键编号 26——TTL 输出　输出 TTL 电平信号，其输出阻抗为 600 Ω。

控制键编号 27——函数信号输出衰减钮，有 0 dB，20 dB，40 dB，60 dB 四挡。

控制键编号 28——扫频/计数输入信号衰减钮，有 20 dB 挡。

控制键编号 29——电源插座交流市电 220 V 输入插座。

控制键编号 30——保险丝座内有一只 0.5 A 保险丝。

A.2.3　使用方法

1. 实验的准备工作

先检查市电电压，确认电压在 220 V±10％范围内，方可将电源插头插入本仪器后面板上电源插座内，供随时开启仪器。

2. 自校检查

在使用本仪器进行测试工作之前，可对其进行自校检查，以确定仪器工作正常与否，自校检查程序见图 A-4。

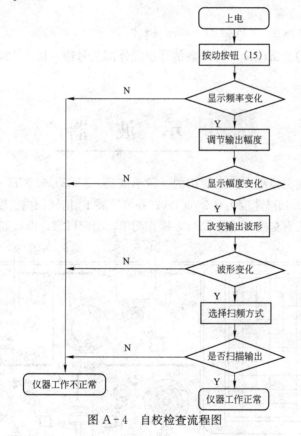

图 A-4　自校检查流程图

3. 函数输出

1) 50 Ω 主函数信号输出

(1) 终端接有 50 Ω 匹配器的测试电缆，从前面板插座 25 输出函数信号。

(2) 由频段选择按键 15、16 选定输出函数信号的频段，由频率调节旋钮 4 调整输出信号频率，直到调出所需的频率值。

（3）由波形选择按键 19 选定输出函数的波形：正弦波、三角波或方波；由输出幅度控制键 22 调节输出信号的幅度。

（4）由直流电平设定旋钮 24 设定输出信号所携带的直流电平。

（5）输出波形占空比调节旋钮 2 可以改变输出信号的对称性。例如，输出波形为三角波时可使三角波调变为锯齿波；输出为正弦波时可调变为正、负半周分别为不同频率分量的正弦波形，且可移相 180°。

2）TTL 电平信号输出

内部扫频信号输出

（1）有两种扫频方式：对数扫频和线性扫频。

（2）分别调节扫频速率调节旋钮 11 和扫频宽度旋钮 10 获得所需的扫频信号输出。

外部扫频信号输出

（1）"扫频/计数"按键 18 选定为"外部扫频"。

（2）由外部输入插座 12 输入相应的控制信号，即可得到相应的受控扫描信号。

3）外部测频功能检查

（1）"扫频/计数"按键 18 选定为"外部计数"。

（2）用本机提供的测试电缆，将函数信号引入外部信号输入插座 12，观察显示频率应与"信号输出"相同。

A.3　示　波　器

双踪示波器是目前实验室中广泛使用的一种示波器。MOS - 620CH 双踪示波器，最大灵敏度为 5 mV/div，最大扫描速度为 0.2 μs/div，并可扩展 10 倍使扫描速度达到 20 ns/div。该示波器采用 6 英寸并带有刻度的矩形 CRT，操作简单，稳定可靠。面板如图 A - 5 所示。

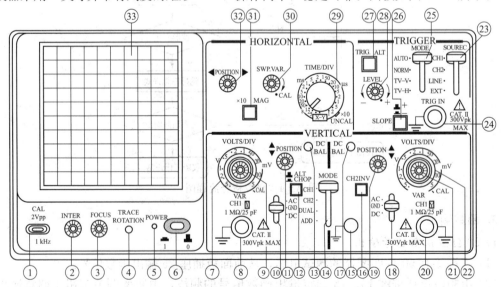

图 A - 5　示波器面板图

A.3.1 面板控制及功能说明

1. CRT

⑥电源（POWER）：主电源开关，当此开关开启时发光二极管⑤发亮。

②亮度：调节轨迹或亮点的亮度。

③聚焦：调节轨迹或亮点的聚焦。

④轨迹旋转：半固定的电位器，用来调整水平轨迹与刻度线的平行。

㉝滤色片：使波形看起来更加清晰。

2. 垂直轴

⑧CH1（X）输入：在 X-Y 模式下，作为 X 轴输入端。

⑳ CH2（Y）愉入：在 X-Y 模式下，作为 Y 轴输入端。

⑩⑱AC-GND-DC：选择垂直轴输入信号的输入方式。AC：交流耦合。CND：垂直放大器的输出接地，输入端断开。DC：直流耦合。

⑦㉒垂直衰减开关：调节垂直偏转灵敏度，从 5 mV/div～5 V/div 分 10 挡。

⑨㉑垂直微调：微调灵敏度大于或等于 1/2.5 标示值，在校正位置时，灵敏度校正为标示值。

⑬⑰CH1 和 CH2 的 DC BAL：这两个用于衰减器的平衡调试。

⑪⑲调节垂直位移：调节光迹在屏幕上的垂直位置。

⑭垂直方式：选择 CH1 和 CH2 放大器的工作模式。CH1 或 CH2：通道 1 或通道 2 单独显示。DUAL：两个通道同时显示。

ADD：显示两个通道的代数和 CH1+CH2。按下⑯CH2 INV 按钮，为代数差 CHI-CH2。

⑫ALT/CHOP：在双踪显示时，放开此键，表示通道 1 与通道 2 交替显示（通常用在扫描速度较快的情况下），当此键按下时，通道 1 与通道 2 断续显示（通常用在扫描速度较慢的情况下）。

⑯CH2 INV：通道 2 的信号反向，当此键按下时，通道 2 的信号及其触发信号同时反向。

3. 触发

㉓触发源选择：选择内或外触发。

CH1：当垂直方式选择开关⑭设定在 DUAL 或 ADD 状态时，选择通道 1 作为内部触发信号源。

CH2：当垂直方式选择开关⑭设定在 DUAL 或 ADD 状态时，选择通道 2 作为内部触发信号源。

LINE：选择交流电源作为触发信号。

EXT：外部触发信号接于㉔作为触发信号源。

㉔外触发输入端子：用于外部触发信号。当使用该功能时，开关㉓应设置在 EXT 的位置上。

㉕触发方式：选择触发方式。

AUTO：自动。当没有触发信号输入时，扫描处在自由模式下。

NORM：常态。当没有触发信号时，踪迹处在待命状态并不显示。

TV－V：电视场。

TV－H：电视行。

㉖极性：触发信号的极性选择，"＋"上升沿触发，"－"下降沿触发。

㉗TRIG ALT：当垂直方式选择开关⑭设定在 DUAL 或 ADD 状态时，而且触发源选择开关。

㉓选在通道 1 或通道 2 上，按下㉗时，它会交替选择通道 1 和通道 2 作为内触发信号源。㉘触发电平：显示一个同步稳定的波形，并设定一个波形的起始点。

4. 时基

㉙水平扫描速度开关。

㉚水平微调：微调水平扫描时间，使扫描时间被校正到与面板上 TIME/DIV 指示一致。

㉛扫描扩展开关：按下时扫描速度扩展 10 倍。

㉜调节水平位移：调节光迹在屏幕上的水平位置。

5. 其他

①CAL：提供幅度为 $2V_{RP}$ 频率为 1 kHz 的方波信号，用于校正 10∶1 探头的补偿电容器并且检测示波器垂直与水平的偏转因数。

⑮CND：示波器机箱的接地端子。

A.3.2　基本操作

1. 测量前的准备工作

（1）检查电源电压。接通电源前务必先检查电压是否与当地电网一致，然后将控制元件按表 A－1 设置。

表 A－1　功能键设置

功能	序号	设置
电源（POWER）	⑥	关
亮度（INTEN）	②	居中
聚焦（POCUS）	③	居中
垂直方式（VERT MODE）	⑭	通道 1
交替/断续（CH2 INV）	⑫	释放（ALT）
通道 2 反向（CH2 INV）	⑯	释放
垂直位置（▲▼POSITION）	⑪⑲	居中
垂直调节（VOLTS/DIV）	⑨㉒	0.5 V/div
调节（VARIABLE）	⑨㉑	CAL（校正位置）
AC—GND—DC	⑩⑱	GND
触发源（SOURCE）	㉓	通道 1
极性（SLOPE）	㉖	＋
触发交替选择（TRIG ALT）	㉗	释放
触发方式（TRIGGER MODE）	㉕	自动
扫描时间（TIME/DIV）	㉙	0.5 ms/div
微调（SWP VER）	㉚	校正位置

（2）打开电源。电源指示灯亮，约 20 s 后屏幕出现光迹。调节亮度和聚焦旋钮，使光迹清晰度较好。

（3）调节 CH1 垂直移位。使扫描基线设定在屏幕的中间，若此光迹在水平方向略微倾斜，调节光迹旋转旋钮使光迹与水平刻度线相平行。

（4）校准探头。由探头输入方波校准信号，当荧光屏上出现如图 A-6（a）时为最佳补偿，如出现如图 A-6（b）和如图 A-6（c）所示情况时，可微调至最佳。

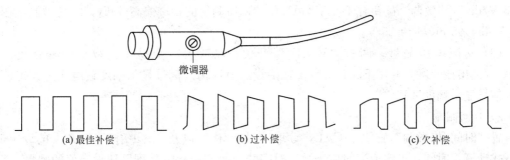

微调器

(a) 最佳补偿　　　　　(b) 过补偿　　　　　(c) 欠补偿

图 A-6　标准探头及校准

2. 信号测量的步骤

（1）将被测信号输入到示波器通道输入端。注意输入电压不可超过 400 V［DC＋AC（p-p）］。使用探头测量大信号时，必须将探头衰减开关拨到×10 位置，此时输入信号缩小到原值的 1/10。实际的 VOLTS/DIV 值为显示值的 10 倍，如果 VOLTS/DIV 为 0.5 V/div，那么实际值为 0.5 V/div×10＝5 V/div。测量低频小信号时，可将探头衰减开关拨到×1 位置。如果要测量波形的快速上升时间或高频信号，必须将探头的接地线接在被测量点附近，减小波形的失真。

（2）按照被测信号参数的不同测量方法，选择各旋钮的位置，使信号正常显示在荧光屏上，记下一些读数或波形。测量时必须注意将 Y 轴增益微调和 X 轴增益微调旋钮旋至"校准"位置。因为只有在"校准"时才可按开关"V/DIV"及"T/DIV"指示值计算测量结果。同时还应注意，面板上标定的垂直偏转因数"V/DIV"中的"V"是指峰—峰值。

（3）根据记下的读数进行分析、运算和处理，得到测量结果。

3. 示波器的基本测量方法

示波器的基本测量技术是利用它显示被测信号的时域波形，并对信号的基本参数如电压、周期、频率、相位、时间等时域特性进行测量。

1）电压测量

（1）电压定量测量。将"V/DIV"微调旋钮置于 CAL 位置，就可进行电压的定量测量。测量值可由以下公式算出。

① 用探头"×1"位置测量：电压＝设定值×输入信号显示幅度。

② 用探头"×10"位置测量：电压＝设定值×输入信号显示幅度×10。

（2）直流电压测量。在测量直流电压时，本仪器具有高输入阻抗、高灵敏度、快速响应直流电压的功能。测量规程如下：

① 置"扫描方式"开关于 AUTO，选择扫描速度使扫描不发生闪烁的现象；

② 置"AC‑GND‑DC"开关于 GND，调节垂直位移使该扫描线准确地落在水平刻度线上，以便读取信号电压；

③ 置"AC‑GND‑DC"开关于 DC，并将被测电压加至输入端，扫描线的垂直位移即为信号的电压幅度。如果扫插线上移，被测电压相对于地电位为正。如果扫描线下移，该电压为负。电压值可用公式：电压＝设定值×输入信号显示幅度或电压＝设定值×输入信号显示幅度×10 求出。例如，将探头衰减比置于"×10"时，垂直偏转因数"V/DIV"置于"0.5 V/div"，"微调"旋钮置于校正 CAL 位置，所测得的扫迹偏高 5 div，求得被测电压为 0.5 V/div×5 div/10＝25 V。

（3）交流电压测量。调节"V/DIV"开关，以获得一个易于读取的信号幅度，从图 A‑7 读出该幅度，并用下式计算：电压＝设定值×输入信号显示幅度或电压＝设定值×输入信号显示幅度×10。

2）时间测量

置"时间/格微调"旋钮于 CAL，读取"时间/格"以及"×10 扩展"开关的设定值，用下式计算：时间＝设定值×对应于被测时间的长度×"×10 扩展"钮设定值的倒数。

例如，脉冲宽度的测量方法如下。

（1）调节脉冲波形的垂直位置，使脉冲波形的顶部和底部距刻度水平中心线的距离相等，如图 A‑8 所示。

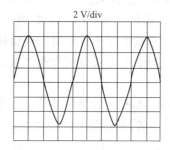
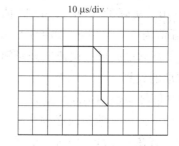

2 V/div   10 μs/div

图 A‑7   交流电压测量   图 A‑8   脉宽测量

（2）调整"TIME/DIV"开关，使信号易于观测。

读取上升和下降沿中点间的距离，即脉冲沿与水平刻度线相交的两点间距离。用公式计算脉冲宽度。例如，在没使用扫描扩展时测一脉冲电压信号，调整"TIME/div"开关，并设定为 10 μs/div，读上升和下降沿中点间的距离为 2.5 div，则该电压信号的脉冲宽度为 10 μs/div×2.5 DIV＝25 μs。

A.3.3   使用时注意事项

（1）使用前必须检查电网电压是否与示波器的电源电压相一致。

（2）通电后需预热几分钟再调整各旋钮。必须注意亮度不可开得过大，且亮点不可长期停止在一个位置上。仪器暂时不用时可将亮度调小，不必切断电源。

（3）输入信号的电压幅度不得超过最大允许输入电压值。在面板上，有的垂直输入端附近标有电压值，该电压值是指允许输入的瞬时电压最大值。

（4）通常信号引入线都需使用屏蔽电缆。示波器的探头有的带有衰减器，读数时需加以注意。使用探头后，示波器输入电路的阻抗可相应提高，有利于减小对被测电路的影响。

各种型号示波器要用专用探头。

A.4 晶体管毫伏表

在电子工程项目、电子实验室、电子产品生产线中，函数信号发生器（简称信号发生器）与交流毫伏表（又称晶体管毫伏表、电子电压表）是两种常用的电子仪器，掌握它们的使用常识及方法很有必要，下面作简单介绍。

晶体管毫伏表可对一定频率范围的交流电压进行测量。以下说明以 LM2191 型交流毫伏表为例。

A.4.1 技术参数

（1）交流电压测量范围：$100\ \mu V \sim 400\ V$。共分 40 mV、400 mV、4 V、40 V 和 400 V 五个量程；测量电压的频率范围为 10 Hz～2 MHz。

（2）电压的固有误差：$\pm 0.5\%$，读数±6 个字（以 1kHz 为基准）。

（3）基准条件（以 1 kHz 为基准）下的频率影响误差：50 Hz～100 kHz 时，$\pm 1.5\%$，读数±8 个字；20 Hz～50 Hz 或 100 kHz～500 kHz 时，$\pm 2.5\%$，读数 ± 10 个字；10 Hz～20 Hz或 500 kHz～2 MHz 时，$\pm 4\%$，读数±20 个字。

（4）输入电阻：$1\ M\Omega \pm 10\%$；输入电容：40 mV～400 mV 时≤45 pF，4 V～400 V 时≤30 pF。

（5）最高分辨力：$10\ \mu V$。

（6）噪声：输入短路时＜15 个字。

A.4.2 功能说明

LM2191 型交流毫伏表的面板说明，如图 A-9 所示。

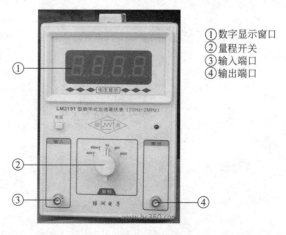

①数字显示窗口
②量程开关
③输入端口
④输出端口

图 A-9 LM2191 型交流毫伏表的面板说明

A.4.3　使用方法

测量前，电源开关键应弹出，量程打到最大，并进行机械调零。测量时，首先接入电源并打开电源，然后进行下列操作：

(1) 将输入信号由输入端口送入交流毫伏表；

(2) 选择合适量程，使指针偏转不低于满刻度的 1/3。

如果将交流毫伏表的输出用探头送入示波器的输入端，那么当指针满刻度偏转时，其输出应满足指标。

附录 B
EDA 常用软件介绍

EDA 工具层出不穷，目前进入我国并具有广泛影响的 EDA 软件有：multiSIM7（原 EWB 的最新版本）、PSPICE、OrCAD、PCAD、Protel、Viewlogic、Mentor、Graphics、Synopsys、LSIIogic、Cadence、MicroSim 等。这些工具都有较强的功能，一般可用于几个方面，如很多软件都可以进行电路设计与仿真，同时还可以进行 PCB 自动布局布线，可输出多种网表文件与第三方软件接口。

在用试验板或者其他的东西进行电子制作时，会发现做出来的东西有很多问题，事先并没有想到，这样一来就浪费了我们很多的时间和物资，而且增加了产品的开发周期，延续了产品的上市时间从而使产品失去市场竞争优势。有没有能够不动用电烙铁试验板就能知道结果的方法呢？结论是有，这就是电路设计与仿真技术。

电子电路设计与仿真工具包括 SPICE/PSPICE；multiSIM7；Matlab；SystemView；MMICAD LiveWire、Edison、Tina Pro Bright Spark 等。其中：

① SPICE（Simulation Program with Integrated Circuit Emphasis）：是由美国加州大学推出的电路分析仿真软件，是 20 世纪 80 年代世界上应用最广的电路设计软件，1998 年被定为美国国家标准。1984 年，美国 MicroSim 公司推出了基于 SPICE 的微机版 PSPICE（Personal‑SPICE）。现在用得较多的是 PSPICE6.2，可以说在同类产品中，它是功能最为强大的模拟和数字电路混合仿真 EDA 软件，在国内普遍使用。最新推出了 PSPICE9.1 版本。它可以进行各种各样的电路仿真、激励建立、温度与噪声分析、模拟控制、波形输出、数据输出，并在同一窗口内同时显示模拟与数字的仿真结果。无论对哪种器件哪些电路进行仿真，都可以得到精确的仿真结果，并可以自行建立元器件及元器件库。

② multiSIM（EWB 的最新版本）软件：是 Interactive Image Technologies Ltd 在 20 世纪末推出的电路仿真软件。其最新版本为 multiSIM7，目前普遍使用的是 multiSIM2001，相对于其他 EDA 软件，它具有更加形象直观的人机交互界面，特别是其仪器仪表库中的各仪器仪表，与操作真实实验中的实际仪器仪表完全没有两样，但它对模数电路的混合仿真功能却毫不逊色，几乎能够 100％地仿真出真实电路的结果，并且它在仪器仪表库中还提供了万用表、信号发生器、瓦特表、双踪示波器（对于 multiSIM7 还具有四踪示波器）、波特仪（相当实际中的扫频仪）、数字信号发生器、逻辑分析仪、逻辑转换仪、失真度分析仪、频谱分析仪、网络分析仪和电压表及电流表等仪器仪表。还提供了我们日常常见的各种建模精确的元器件，比如电阻、电容、电感、三极管、二极管、继电器、可控硅、数码管等。模拟集成电路方面有各种运算放大器、其他常用集成电路。数字电路方面有 74 系列集成电路、4000 系列集成电路、等等还支持自制元器件。MultiSIM7 还具有 I‑V 分析仪（相当于真实环境中的晶体管特性图示仪）和 Agilent 信号发生器、Agilent 万用表、Agilent 示波器和动

态逻辑平笔等。同时它还能进行 VHDL 仿真和 Verilog HDL 仿真。

③ MATLAB 产品族：它们的一大特性是有众多的面向具体应用的工具箱和仿真块，包含了完整的函数集用来对图像信号处理、控制系统设计、神经网络等特殊应用进行分析和设计。它具有数据采集、报告生成和 MATLAB 语言编程产生独立 C/C++代码等功能。MATLAB 产品族具有下列功能：数据分析；数值和符号计算、工程与科学绘图；控制系统设计；数字图像信号处理；财务工程；建模、仿真、原型开发；应用开发；图形用户界面设计等。MATLAB 产品族被广泛应用于信号与图像处理、控制系统设计、通讯系统仿真等诸多领域。开放式的结构使 MATLAB 产品族很容易针对特定的需求进行扩充，从而在不断深化对问题的认识的同时，提高自身的竞争力。

下面重点介绍在电子电路设计时用到的 EWB 和 Multisim 两个软件的简单操作与使用。

B.1　EWB 简介

Electronic Workbench（EWB）即电子设计工作平台，是加拿大公司 Interactive Image Technologies Ltd. 公司于 1988 年开发的用于电子电路仿真的虚拟电子实验室。

EWB 具有集成化、一体化的设计环境，专业的原理图输入工具，真实的仿真平台，强大的分析工具，完整、精确的元件模型等特点，是一个优秀的电子技术训练工具，利用它提供的虚拟仪器可以用比用实验室中更灵活的方式进行电路实验，仿真电路的实际运行情况，熟悉常用电子仪器测量方法。可直接在迅雷中搜索 EWB，下载解压后不必安装，直接运行 WEWB32.EXE 即可。

B.1.1　主界面

EWB 系统如同一个实际的电子实验室，主要由以下几个部分组成：元器件栏、电路工作区、仿真电源开关、电路描述区等。其主工作界面如图 B-1 所示。其中元器件栏中用于

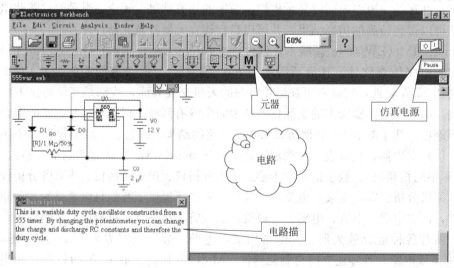

图 B-1　EWB 的主界面

存放各种元器件和测试仪器，电路工作区就像实验室的工作平台，可以将元器件栏中的各种元器件和测试仪器移到工作区，在工作区中搭接设计电路。另外，用户可以在电路描述区对电路的功能及仿真结果进行说明。

B.1.2　元器件模型库

EWB 中提供了丰富的元器件模型，供用户选择使用。各元器件模型按类分别存放，用鼠标点击后将会出现同类别的不同元器件。现分述如下。

（1）电源库：包括各种各样的交直流电源，如电池、恒流源、接地、压控电流源等。如图 B-2 所示。

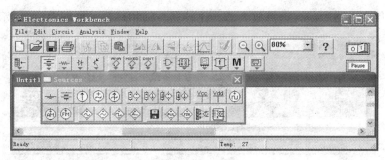

图 B-2　电源库

（2）基本元器件库：有电阻、电容、电感、电解电容、变压器、继电器、电位器等。如图 B-3 所示。

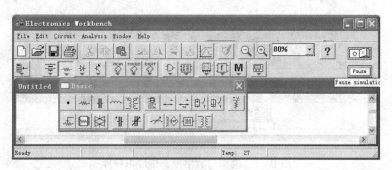

图 B-3　基本元器件库

（3）二极管库：有二极管、稳压管、整流桥堆、发光二极管、可控硅等。如图 B-4 所示。

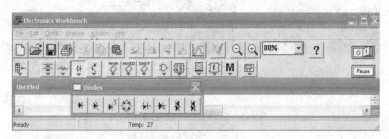

图 B-4　二极管库

（4）晶体管库：有 PNP 三极管、NPN 三极管、场效应管。如图 B-5 所示。

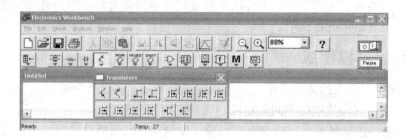

图 B-5   晶体管库

（5）模拟集成电路库：有运算放大器、比较器、锁相环等。如图 B-6 所示。

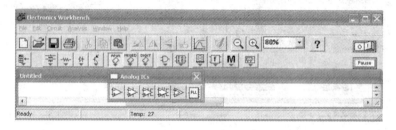

图 B-6   模拟集成电路库

（6）模拟与数字混合集成电路库：有模数转换器、数模转换器、555 时基电路等。如图 B-7 所示。

图 B-7   模拟与数字混合集成电路库

（7）数字集成电路库：有各种 CMOS 和 TTL 数字电路。如图 B-8 所示

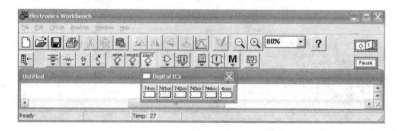

图 B-8   数字集成电路库

（8）逻辑门电路库：有与门、与非门、或门、或非门等。如图 B-9 所示。

图 B-9　逻辑门电路库

（9）触发器库：有 RS 触发器、D 触发器、JK 触发器等。如图 B-10 所示。

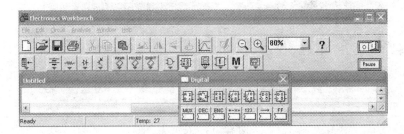

图 B-10　触发器库

（10）控制器库：如微分器、积分器、除法器等。如图 B-11 所示。

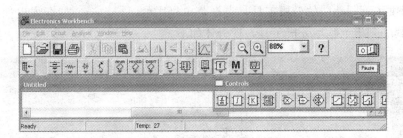

图 B-11　控制器库

（11）其他库：如晶振、保险丝等。如图 B-12 所示。

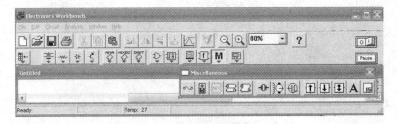

图 B-12　其他库

B.1.3　数据输出库

（1）指示器库：如伏特表、安培表、七段数码管等。如图 B-13 所示。

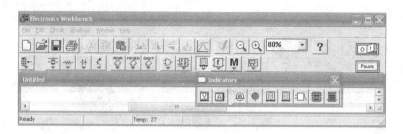

图 B-13　指示器库

（2）仪器库：如示波器、万用表、信号发生器、逻辑函数转换仪等。如图 B-14 所示。

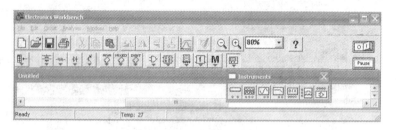

图 B-14　仪器库

B.1.4　电路分析工具

EWB 提供了不同功能的分析工具，点击菜单栏中的 Analysis，就会弹出如图 B-15 所示的菜单，其中列出了基本分析工具，现分述如下。

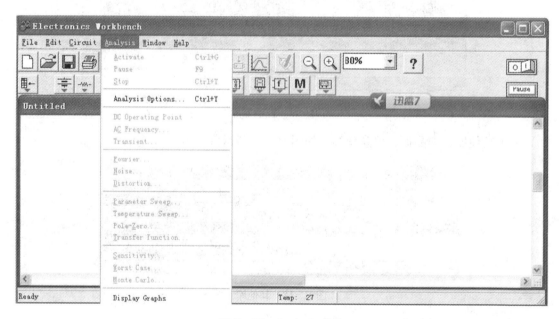

图 B-15　Analysis 菜单

（1）直流工作点分析：用于分析电路的静态工作点，计算出电路中的直流电压、电流。

（2）交流频域分析：分析电路的频率特性。

（3）暂态分析：暂态分析即观察所选定的节点在整个显示周期中每一时刻的电压波形。

（4）傅里叶分析：傅里叶分析用于分析一个时域信号的直流分量、基频分量和谐波分量。

（5）蒙特卡洛分析：用于分析电路参数以某种统计规律分布时对电路性能的影响。

B.1.5 基本操作方法

（1）电路基本操作：Circuit 菜单。

电路（Circuit）菜单是 Electronics Workbench 专有，用来控制电路及元器件工作的菜单。点击菜单栏中的 Circuit 按钮，会出现如图 B-16 所示的下拉菜单，其中包括对元器件基本操作，如旋转（Rotate）、垂直倒置（Flip Horizontal）、水平倒置（Flip Vertical）、放缩（Zoom In、Zoom Out）、元件属性（Component Properties）、电路图选项（Schematic Options）等。

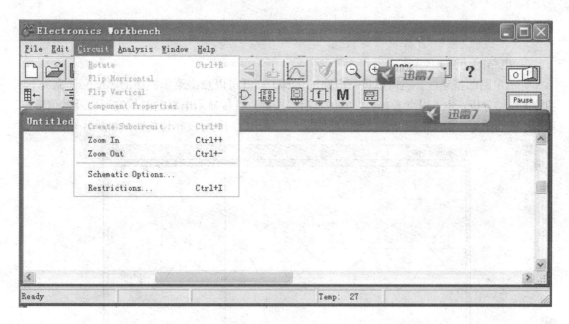

图 B-16 Circuit 菜单

另有子电路生成（Create Subcircuit）这样的专用功能：子电路相当于用户自己定义的小型集成电路，可以存放在自定元器件库中供以后反复调用。利用子电路可使大型复杂系统的设计模块化、层次化，从而提高设计效率与设计文档的简洁性、可读性。电路操作中的子电路（Create Subcircuit）菜单选项，就是用于对部分（组合）电路进行复制、移动、替换等操作而生成一个电路模块，即子电路。

（2）进行仿真试验的步骤主要分为两步：首先进行电路原理图的搭建，然后应用不同的电路分析工具进行电路的仿真，现举例分述如下。

① 电路原理图的搭建。

a 在元件库中选择图 B-17 中所示晶体管模型，信号发生器（产生频率为 1 kHz、幅值为 10 mV 的正弦信号），电容、电阻等元器件，并将其拖至工作区。

b 根据电路图适当调整元器件的位置和方向，并连接电路。将光标移至元器件图标的端子上，会出现一个黑点，然后单击鼠标左键并拖至另一只端子，就会自动完成连线。如果想调整方向，可通过工具栏中相应的工具实现。

c 双击选择的各元件，通过其属性对话框进行赋值。

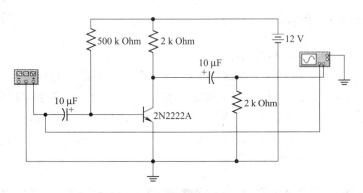

图 B-17　单管共发射极基本放大电路

② 电路的仿真。

完成电路的搭建后，就可以进行电路的仿真了。既可以点击菜单栏中的 Analysis 完成不同功能的电路分析，也可以点击右上方的仿真启停按键，直接显示电路的时域波形以及数值输出。双击示波器图标，由波形图可观察到电路的输入、输出电压信号反相位关系。如图 B-18 所示。

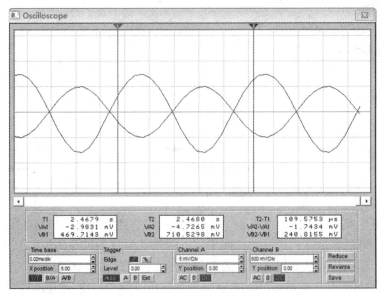

图 B-18　交流输入、输出波形

B.2　NI Multisim 简介

Multisim 是美国国家仪器（NI）有限公司推出的以 Windows 为基础的仿真工具，适用于板级的模拟/数字电路板的设计工作。NI Multisim 11.0 是早期的 Electronic Workbench (EWB) 的升级换代的产品。Multisim 11 提供了功能更强大的电子仿真设计界面，能进行射频、PSPICE、VHDL 等方面的仿真，Multisim 11 还提供了更为方便的电路图和文件管理功能。更重要的是，Multisim 11 使电路原理图的仿真与完成 PCB 设计的 Ultiboard 11 仿真软件结合起来一起构成新一代的 EWB 软件，使电子线路的仿真与 PCB 的制作更为高效。

可以到其官方网站下载 NI Multisim 11.0 的完全试用版，输入安装序列号，完成安装。

B.2.1 基本操作界面介绍

启动 Multisim 11.0 后，将出现如图 B-19 所示的基本操作界面。可以看出 Multisim 11 与 Windows 的操作界面机器类似。

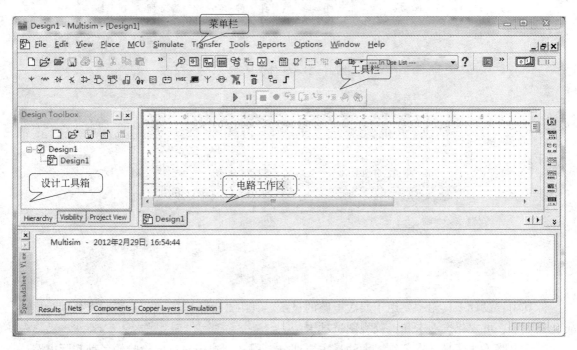

图 B-19 Multisim 11 基本操作界面

界面由多个区域构成：菜单栏，各种工具栏，电路工作区，设计工具箱，状态条，列表框等。通过对各部分的操作可以实现电路图的输入、编辑，并根据需要对电路进行相应的观测和分析。用户可以通过菜单或工具栏改变主窗口的视图内容。

1. 菜单栏

Multisim 11 的菜单如图 B-20 所示，包括了 12 个文件菜单。其中：

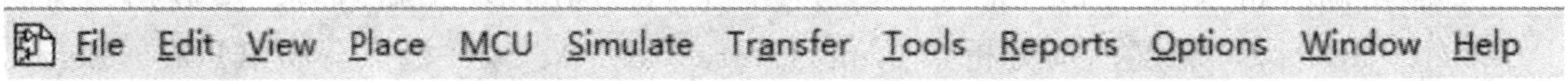

图 B-20 Multisim 11 菜单栏

Place 菜单：提供绘制仿真电路所需的元器件、导线、结点，以及文本框等文字内容。
MCU 菜单：提供带有微控制器的嵌入式电路仿真功能。

Simulate 菜单：提供启停电路仿真和仿真所需的各种仪器仪表，提供对电路的各种分析选项（如放大电路的静态工作点分析）等功能。

2. 工具栏

它主要包括标准工具栏、视图工具栏、主工具栏、仿真开关、元件工具栏（见图 B-21）和仪器工具栏（见图 B-22）。这些工具栏的显示与否可在"视图"菜单中选择，而且这些工具栏的位置可以随意拖动摆放。

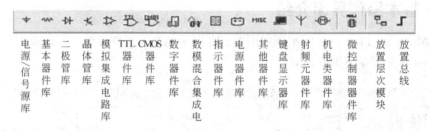

图 B-21　元件工具栏

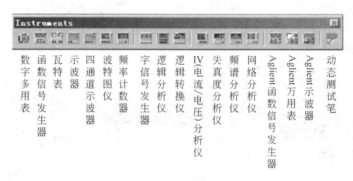

图 B-22　仪器工具栏

其中，设计工具箱主要用于层次电路的显示。其由 3 个不同的选项卡组成，分别为层次化选项卡、可视化选项卡和工程视图选项卡。

而电路工作区是基本工作界面的最主要部分，用来创建用户需要检验的各种实际电路。

B.2.2　Multisim 11 的分析方法

Multisim 11 提供了 19 种仿真分析方法，分别是：直流静态工作点分析（DC Operating Point Analysis）、交流分析（AC Analysis）、单一频率交流分析（Single Frequency AC Analysis）、瞬态分析（Transient Analysis）、傅里叶分析（Fourier Analysis）、噪声分析（Noise Analysis）、噪声系数分析（Noise Figure Analysis）、失真分析（Distortion Analysis）、直流扫描分析（DC Analysis）、灵敏度分析（Sensitivity Analysis）、参数扫描分析（Parameter Sweep）、温度扫描分析（Temperature sweep）、零—极点分析（Pole-Zero）、传输函数分析（Transfer Function）、最坏情况分析（Worst Case）、蒙特卡罗分析（Monte Carlo）、线宽分析（Trace width Analysis）、批处理分析（Batched Analysis）和用户自定义分析（User Defined）。

B.2.3　Multisim11.0 文件建立及仿真

以图 B-23 所示的共射极放大电路为例，说明 Multisim 文件建立及仿真过程。

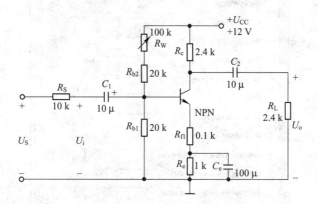

图 B-23　共射极放大电路

1. 编辑原理图

（1）设计电路界面：打开 Multisim 基本界面，通过 Options 菜单中的若干选项，可以设计出个性化的界面。

（2）电路搭建。

电路界面设计好后，就可以进行电路搭建了。

第一步，元件选择。

根据图 B-23 所示的电路图，从元件工具栏中可以进行元件的选择。待放大的信号源、直流电源、接地端可以从电源库（Sources）中选取，如图 B-24 所示。图 B-24 中，双击元器件可以进行电源参数、符号等的设置，如图 B-25 所示。

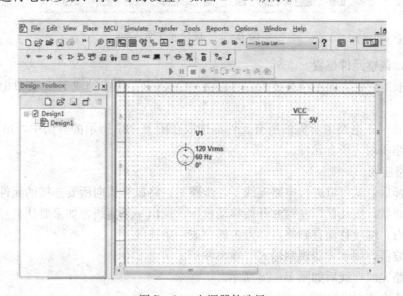

图 B-24　电源器件选择

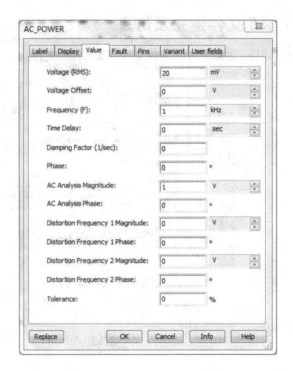

图 B-25　电源参数设置

在对话框中，点击 View/Toolbars 中的 Virtus，可将常用的元器件库加入到工具栏中，如图 B-26 所示。在基本元件库（Basic）中选择电阻、电容器件，三极管从晶体管库（Transistors Components）选择。同样可以通过双击元器件来改变其属性。

图 B-26　虚拟元件库

第二步，调整元件位置。

如果选取的元件方向不符合要求，可以由"Ctrl＋R"快捷键或 Edit 菜单中的旋转选项进行旋转。

这样图 B-23 电路中所需的所有元件都选取在图 B-27 所示的界面中，In Use List 栏内列出了电路所用的所有元件。

（3）电路连线。

元件选择后，就可以进行电路连线了，步骤是：将鼠标指向所要连接的元件引脚，鼠标指针变成圆圈状，按住鼠标左键并开始移动鼠标，拉出一条虚线，如果要从某点转弯，点击左键固定该点，继续移动直到终点，点击即完成一条连线。

加入示波器，用示波器观察输入、输出波形。

整个电路完成连线后如图 B-28 所示。

（4）电路的进一步编辑。

为了使电路更加整洁、更便于仿真，可以进一步编辑。

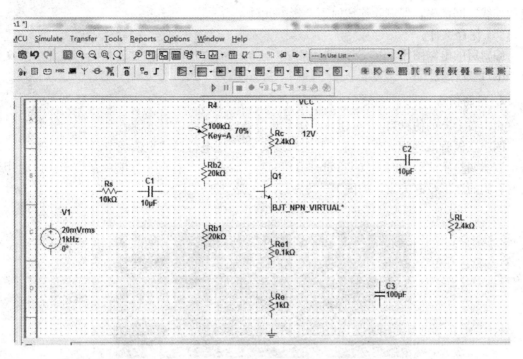

图 B-27　已选取的所有元件

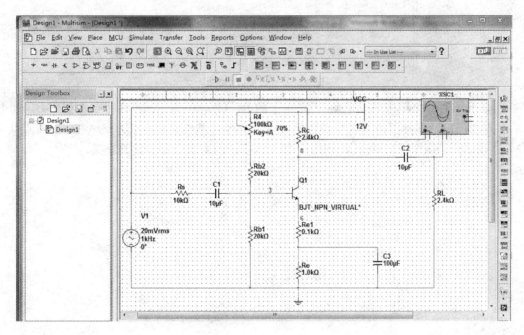

图 B-28　完成连线后的电路

① 修改元件参考序号。双击元件符号，在其属性对话框中可以进行参考序号修改。

② 修改元件或连线的颜色。指针指向元件或连线，点击右键出现下拉菜单，选择 Color 项，在弹出的颜色对话框中选择所需的颜色即可。

③ 删除元件或连线。选中要删除的元件或连线，按 Delete 键即可删除，删除元件时相

应的连线一同消失，但删除连线时不会影响元件。

（5）保存文件。

编辑后的电路图用 File/Save As 保存，这与一般文件的保存方法相同，保存后的文件以 .ms11 为后缀。

2. 电路仿真

点击右上方的仿真启/停按钮，对这个共射极放大电路可以进行仿真。

图中三极管取理想元件，将其 β 值修改成 80，把电位器的阻值调节到 $70\%\sim80\%$，双击示波器调整示波器的时基（Timebase）和幅度（Scale），得到便于观察的波形。此时用示波器看到的波形没有失真，如图 B-29 所示，电路处于放大状态。

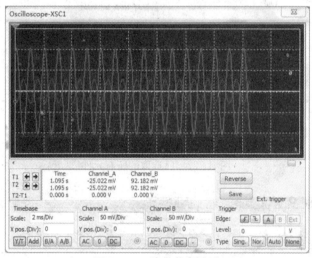

图 B-29　放大状态波形

启动 Simulate 菜单中 Analyses 子菜单下的 DC Operating Point 命令，在如图 B-30 所示的节点选择对话框择要仿真的节点（3 节点为三极管基极，8 节点为集电极，6 节点为射极），点击 Simulate 进行分析，得到如图 B-31 所示的直流工作点仿真结果，即

图 B-30　节点选择对话框

$$U_{BE}=U_B-U_E=1.963\ 67-1.187\ 80=0.775\ 87\ \text{V}$$

$$U_{CE}=U_C-U_E=9.440\ 43-1.187\ 80=8.252\ 63\ \text{V}$$

$$I_C=(U_{CC}-U_C)/R_C=(12-9.440\ 43)/2.4=1.07\ \text{mA}$$

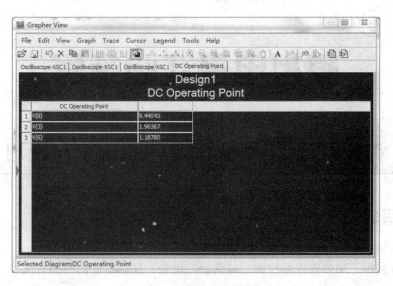

图 B-31　直流工作点仿真结果

附录 C

模拟电子实验指导

实验 C-1 半导体器件的认识与使用

一、实验目的

（1）学会识别二极管、三极管、场效应管的常见类型和相关标识；

（2）掌握使用万用表等仪器检测二极管、三极管、场效应管的一般方法。

二、实验设备和器件

万用表，不同类型的二极管、三极管、场效应管。

三、半导体元器件的型号命名及检测方法

1. 晶体二极管

晶体二极管（简称二极管）是最简单的半导体器件，它是将一个 PN 结、两根电极引线用外壳封装而成，是组成分立元件电子电路的核心部件。晶体二极管具有单向导电性，可用于整流、检波、稳压、混频电路中。

（1）二极管的命名方法

二极管的型号命名规则见表 C-1。

表 C-1 国产二极管型号命名规定

第 1 部分		第 2 部分		第 3 部分		第 4 部分	第 5 部分
用数字表示器件的电极数目		用字母表示器件的材料和极性		用字母表示器件的类别		用数字表示器件的序号	用字母表示器件的规格号
符号	意义	符号	意义	符号	意义	意义	意义
2	二极管	A	N 型锗材料	P	普通管	反映极限参数、直流参数和交流参数等	反映承受反向击穿电压的程度。如规格号为 A、B、C、D等，其中 A 承受反向击穿电压最低，B 次之，依此类推
		B	P 型锗材料	V	微波管		
		C	N 型硅材料	W	稳压管		
		D	P 型硅材料	Z	整流管		
				N	阻尼管		
				U	光电器件		
				K	开关管		

国产二极管的型号命名由 5 部分组成（部分类型没有第 5 部分），各部分表示的意义如表 C-1 所示。

例如："2CP60"表示为 N 型硅材料普通二极管，产品序号为"60"；

"2AP9"表示为 N 型锗材料普通二极管，产品序号为"9"；

"2CW55"表示为 N 型硅材料稳压二极管，产品序号为"55"。

（2）晶体二极管的主要技术参数

不同类型晶体二极管所对应的主要特性参数是有所不同的，具有一定普遍意义的特性参数有以下几个。

① 额定正向工作电流。

额定正向工作电流是指二极管长期连续工作时允许通过的最大正向电流值。因为电流通过二极管时会使管芯发热，温度上升，温度超过容许限度（硅管为 140 ℃左右，锗管为 90 ℃左右）时，就会使管芯过热而损坏。所以，二极管使用中不要超过二极管额定正向工作电流值。例如，常用的 IN4001—4007 型锗二极管的额定正向工作电流为 1 A。

② 最高反向工作电压。

加在二极管两端的反向电压高到一定值时，会将管子击穿，使其失去单向导电能力。为了保证使用安全，规定了最高反向工作电压值。例如，IN4001 二极管反向耐压为 50 V，IN4007 反向耐压为 1 000 V。

③ 反向电流。

反向电流是指二极管在规定的温度和最高反向电压作用下，流过二极管的反向电流。反向电流越小，则二极管的单方向导电性能越好。值得注意的是，反向电流与温度有着密切的关系，大约温度每升高 10 ℃，反向电流增大 1 倍。

例如，2AP1 型锗二极管，在 25 ℃时反向电流若为 250 μA，温度升高到 35 ℃，反向电流将上升到 500 μA；依此类推，在 75 ℃时，它的反向电流已达 8 μA，不仅失去了单方向导电特性，还会使二极管过热而损坏。又如 2CP10 型硅二极管，25 ℃时反向电流仅为 5 μA，温度升高到 75 ℃时，反向电流也不过 160 μA。因此，硅二极管比锗二极管在高温下具有较好的稳定性。

（3）晶体二极管极性和好坏的判断

首先从外表上可以判断其正负极性，通常外表有黑圈的为 PN 结的负极（N 端），而无黑圈的为 PN 结的正极（P 端）。如图 C-1 所示。

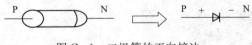

图 C-1　二极管的正向接法

用指针万用表测量：选用万用表的欧姆挡，在 R×100 或 R×1 k 电阻挡上检测二极管的好坏和极性；将红、黑表笔分别交换接触二极管的两端，若两次都有读数，且指示的阻值相差很大，说明该二极管单向导电性好，两次接触中阻值大（几百千欧以上）的那次红表笔所接为二极管的阳极；若正反向电阻均为无穷大，表明管子内部已断路，不能使用。若正反向阻值都为零，表明管子短路，二极管已坏，不能使用。若实测的正、反向电阻阻值相差不大，即有一个阻值偏离正常值，则表明二极管性能不良，不宜使用。见图 C-2 和图 C-3。

（注意：万用表红表笔接表内电池的负极，黑表笔接表内电池的正极）

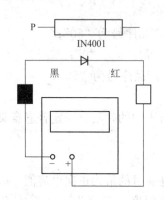

图 C-2 万用表检测二极管时的正向接法

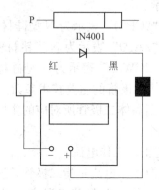

图 C-3 万用表检测二极管时的反向接法

用数字万用表测量：数字万用表是用了一个专门测量二极管的挡位（或者说是测量 PN 结的挡位），在这个挡位上，红黑表笔间提供了一个比二极管导通电压还要高一些的电压，当用两只表笔给二极管两端加电压后，通过测量二极管两端电压降的方法，来判断二极管的极性和好坏。当表笔接通二极管时，若二极管处于正向导通时，数字表显示的是二极管导通时两端的正向电压值 $0.5\sim0.8$ V；调换表笔，二极管处于反向截止状态，数字表不通，相当于未接任何器件，其示数与未连接二极管时的示数一样，读数仍然是"1"，说明此时的二极管呈开路状态。

（4）特殊二极管

整流二极管多用硅半导体材料制成，有金属封装和塑料封装两种。整流二极管是利用 PN 结的单向导电性，把交流电变成脉动直流电。常用的整流二极管的实物图见图 C-4。

稳压二极管是一种齐纳二极管，它是利用二极管反向击穿时，其两端电压固定在某一数值，而基本上不随电流大小变化的特性来进行工作的。稳压二极管的正向特性与普通二极管相似，当反向电压小于击穿电压时，反向电流很小；当反向电压临近击穿电压时反向电流急剧增大，发生电击穿。这时电流在很大范围内改变时管子两端的电压基本保持不变，起到稳定电压的作用。必须注意的是，稳压二极管在电路上应用时一定要串联限流电阻，不能让稳压二极管击穿后电流无限增大，否则二极管将立即被烧毁。常用的二极管实物图见图 C-5。

图 C-4 常用的整流二极管

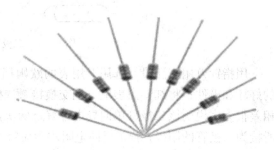

图 C-5 常用的稳压二极管

发光二极管（LED）是一种新颖的半导体发光器件。在家用电器设备中常用来做指示作用。例如，有的收录机中常用一组或两组发光二极管作为音量指示，当音量开大时，输出功率加大，发光二极管的数目增多，输出功率小时，发光二极管的数目就少。

根据制造的材料和工艺不同，发光颜色有红色、绿色、黄色等。有的发光二极管还能根据所加电压的不同发出不同颜色的光，叫变色发光二极管。其实物图见图 C-6。

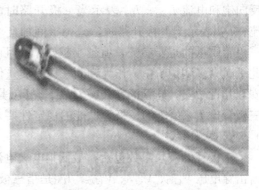

图 C-6　常用的发光二极管

2. 晶体三极管

（1）国产晶体三极管型号命名方法

国产晶体三极管的型号命名原则与晶体二极管的相同，也由 5 部分组成，各部分的字母与数字所表征的意义见表 C-2。

表 C-2　国产晶体三极管的型号命名方法

第 1 部分		第 2 部分		第 3 部分		第 4 部分	第 5 部分
用数字表示器件的电极数		用字母表示器件的材料与极性		用字母表示器件的类别		用数字表示器件的序号	用字母表示器件的规格号
符号	意义	符号	意义	符号	意义	意义	意义
3	三极管	A	PNP 型锗材料	V	光电管	反映极限参数、直流参数和交流参数等	反映承受反向击穿电压的程度。如规格号为 A、B、C、D 等，其中 A 承受反向击穿电压最低，B 次之，依此类推
		B	NPN 型锗材料	X	低频小功率管		
		C	PNP 型硅材料	G	高频小功率管		
		D	NPN 型硅材料	D	低频大功率管		
		E	化合物材料	A	高频大功率管		

例如："3AX31A"为 PNP 型低频小功率锗三极管。

（2）晶体三极管的主要技术参数

① 电流放大系数（共射极接法）。

包括直流电流放大系数 h_{EE} 和交流电流放大系数 β 这 2 个参数，分别定义式为：

$$h_{EE} \approx \frac{I_C}{I_B}$$

$$\beta = \frac{\Delta I_C}{\Delta I_B}$$

显然，这 2 个参数所表征的意义并不相同，h_{EE} 反映的是三极管共射电路在静态时集电极电流与基极电流的近似比，一般的机械指针式万用表或数字式万用表均可直接测得此参数值；β 则反映三极管共射电路在动态状态下的电流放大特性。但由于两者的取值较为接近，因此在实际应用中，一般视为同一参数，以 β 来表示。

② 极间反向电流。

三极管极间反向电流包括两个参数：集电极—基极反向饱和电流 I_{CBO} 和集电极—发射极

反向饱和电流 I_{CEO}。I_{CBO} 表示当 e 极开路时，c、b 极间加上一定反向电压时产生的反向电流；I_{CEO} 表示当 b 极开路时，c、e 极间加上一定反向电压时产生的反向电流。两者都是衡量三极管质量的重要参数，值越小越好。而且由于 I_{CEO} 比 I_{CBO} 数值大得多，测量比较容易，因此平时大多测量 I_{CEO}，作为判断三极管质量优劣的重要依据。小功率锗管的 I_{CEO} 约为几十微安至几百微安，硅管的在几微安以下。I_{CEO} 是随环境温度的变化而变化的，所以 I_{CEO} 值大的三极管比 I_{CEO} 值小的三极管性能的稳定性要差。

③ 极限参数。

三极管的极限参数包括：最低集电极电流 I_{CM}、最大集电极耗散功率 P_{CM}，以及极间反向击穿电压 V_{CBO}、V_{CEO}、V_{EBO}。I_{CM} 是指三极管的参数变化不超过允许值时集电极允许通过的最大电流，当实际流经电流超过此电流值，三极管性能会显著下降；P_{CM} 表示集电结上允许损耗的最大功率，当超过此值时，三极管特性会明显变坏，甚至被烧毁；V_{CBO} 是 e 开路时，c、b 极间的反向击穿电压，这是集电结所允许施加的最高反向电压；V_{CEO} 是 b 开路时，c、e 极间的反向击穿电压，此时，集电结承受的是反向电压；V_{EBO} 是 c 开路时，e、b 极间的反向击穿电压，这是发射结所允许施加的最高反向电压。

（3）晶体三极管测量方法

① 管型和基极的测试。

三极管可以看成是两个背靠背的 PN 结结构，如图 C-7 所示。对 NPN 型三极管来说，基极是两个结的公共阳极；而对 PNP 型三极管来说，基极是两个结的公共阴极。因此，判别公共极是阳极还是阴极，即可知道该管是 NPN 型还是 PNP 型三极管。

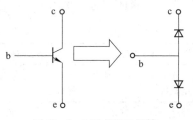

图 C-7　NPN 型三极管

将指针万用表置于"R×100 Ω"挡，先假设三极管的某个电极为基极，对于 NPN 型的三极管来说，若用黑表笔（带正电）接触该电极，红表笔分别接其余两个电极，则测试电阻应该都很小，而把黑红表笔对调后，测试电阻应该变得都很大。当出现上述情况时，则说明假设的基极是对的，且该三极管是一个好的 NPN 型三极管；同样道理，对于 PNP 型三极管，若用红表笔（带负电）接假设的基极，黑表笔分别接其余两个电极，则测试电阻应该都很小，而把黑红表笔对调后，测试电阻应该变得都很大。当出现上述情况时，则说明该基极假设也是对的，且该三极管是一个好的 PNP 型三极管，若未出现上述情况，则假设剩余两个电极中的一个为基极，重复上述测试，直至测到基极。实验测试方法如图 C-8（a）（b）所示。

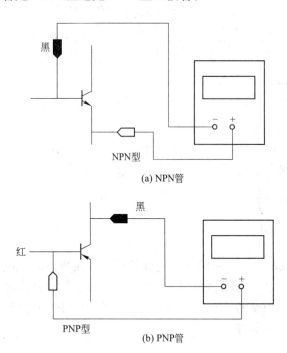

图 C-8　三极管基极的判别方法

② 发射极和集电极的判别。

在三极管的类型和基极确定后，对于剩下的两个电极可先假设其中的一个是集电极，另一个是发射极。对于 NPN 型三极管来说，把万用表的黑表笔搭接在假设的集电极上，红表笔搭接在假设的发射极上，用一电阻 R（20 kΩ～100 kΩ）接基极和假设的集电极，注意观察指针向右摆动的幅度，对调红、黑表笔（假设的集电极和发射极）再观察指针向右摆动幅度，则 2 次摆幅较大者，假设极性与实际情况相符，即那次黑表笔所接触的电极为集电极，红表笔所接触的电极为发射极。如图 C-9（c）所示。

对于 PNP 型三极管来说，把万用表的红表笔搭接在假设的集电极上，黑表笔搭接在假设的发射极上，用一电阻 R（20 kΩ～100 kΩ）接基极和假设的集电极两端，注意观察指针向右摆动的幅度，对调红、黑表笔再观察指针向右摆动幅度，则 2 次摆幅较大者，假设极性与实际情况相符，即那次红表笔所接触的电极为集电极，黑表笔所接触的电极为发射极。如图 C-9（d）所示。

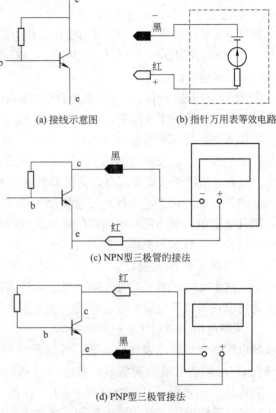

(a) 接线示意图　　(b) 指针万用表等效电路

(c) NPN型三极管的接法

(d) PNP型三极管接法

图 C-9　用万用表判断三极管的集电极和发射极

3. 场效应管

（1）现行场效应管有两种命名方法

第一种命名方法与双极型三极管相同，第三位字母 J 代表结型场效应管，O 代表绝缘栅场效应管。第二位字母代表材料，D 是 P 型硅，反型层是 N 沟道；C 是 N 型硅 P 沟道。

例如：3DJ6D 是结型 N 沟道场效应三极管。

3DO6C 是绝缘栅型 N 沟道场效应三极管。

第二种命名方法是 CS××♯，CS 代表场效应管，×× 以数字代表型号的序号，♯ 用字母代表同一型号中的不同规格。

如 CS14A、CS45G 等。

（2）场效应管的主要参数

① 夹断电压 V_P。

夹断电压 V_P 一般是对结型场效应晶体管而言的，当其栅源之间的反向电压 V_{GS} 增加到一定值后，不管漏源电压 V_{DS} 大小，都不存在漏电流 I_D。这是使漏电流 I_D 开始为 0 的电压。

② 饱和漏电流 I_{DSS}。

饱和漏电流 I_{DSS} 是指当在栅源电压值为 0 且漏源电压值足够大时，漏电流的饱和值。

③ 栅电流 I_G。

当栅极加上一定反向电压时，会有极小的栅极电流，即栅电流 I_G，此电流值越小，表明场效应晶体管的输入阻抗越高。

④ 跨导 gm。

跨导 gm 是栅源电压 V_{GS} 的微小变化被相应的漏电流 I_D 变化相除后的商，单位是西（门子）（S），表达式为：gm＝$\triangle I_D / \triangle V_{GS}$变化相除。

（3）场效应管的测量

① 用测电阻法，可以判别结型场效应管的电极。

根据场效应管的 PN 结正、反向电阻值不同的现象，可以判别出结型场效应管的三个电极。具体方法：将万用表拨在 R×1 kΩ 挡上，任选两个电极，分别测出其正、反向电阻值。当某两个电极的正、反向电阻值相等，且为几千欧姆时，则该两个电极分别是漏极 D 和源极 S。因为对结型场效应管而言，漏极和源极可互换，剩下的电极肯定是栅极 G。也可以将万用表的黑表笔（红表笔也行）任意接触一个电极，另一只表笔依次去接触其余的两个电极，测其电阻值。当出现两次测得的电阻值近似相等时，则黑表笔所接触的电极为栅极，其余两电极分别为漏极和源极。若两次测出的电阻值均很大，说明是反向 PN 结，即都是反向电阻，可以判定是 N 沟道场效应管，且黑表笔接的是栅极；若两次测出的电阻值均很小，说明是正向 PN 结，即是正向电阻，判定为 P 沟道场效应管，黑表笔接的也是栅极。若不出现上述情况，可以调换黑、红表笔按上述方法进行测试，直到判别出栅极为止。

② 用测电阻法判别场效应管的好坏。

测电阻法是用万用表测量场效应管的源极与漏极、栅极与源极、栅极与漏极、栅极 G_1 与栅极 G_2 之间的电阻值同场效应管手册标明的电阻值是否相符去判别管的好坏。具体方法：首先将万用表置于 R×10 Ω 或 R×100 Ω 挡，测量源极 S 与漏极 D 之间的电阻，通常在几十欧到几千欧范围（在手册中可知，各种不同型号的场效应管，其电阻值是各不相同的），如果测得阻值大于正常值，可能是由于内部接触不良；如果测得阻值是无穷大，可能是内部断极。然后把万用表置于 R×10k Ω 挡，再测栅极 G_1 与 G_2 之间，栅极与源极、栅极与漏极之间的电阻值，当测得其各项电阻值均为无穷大，则说明场效应管是正常的；若测得上述各阻值太小或为通路，则说明场效应管是坏的。要注意：若两个栅极在管内断极，可用元件代换法进行检测。

③ 用感应信号输入法估测场效应管的放大能力。

具体方法：用万用表电阻的 R×100 Ω 挡，红表笔接源极 S，黑表笔接漏极 D，给场效应管加上 1.5 V 的电源电压，此时表针指示出漏源极间的电阻值；然后用手捏住结型场效应管的栅极 G，将人体的感应电压信号加到栅极上，这样，由于场效应管的放大作用，漏源电压 V_{DS} 和漏极电流 I_d 都要发生变化，也就是漏源极间电阻发生了变化，由此可以观察到表针有较大幅度的摆动。如果手捏栅极表针摆动较小，说明场效应管的放大能力较差；表针摆动较大，表明场效应管的放大能力大；若表针不动，说明场效应管是坏的。

四、实验内容

（1）用万用表检测 IN4001 二极管、9013 三极管的管脚及好坏。

（2）用万用表检测 3DJ2F 结型场效应管的电极、好坏及放大能力。

实验 C - 2　单管放大电路

一、实验目的

1. 研究单级低频小信号放大器静态工作点的意义；
2. 掌握电路元件参数对静态工作点的影响；
3. 掌握单级低频小信号放大器主要技术指标的测试方法；
4. 熟悉常用仪器的使用方法。

二、实验仪器

示波器，函数发生器，直流稳压电源，万用表，模拟实验电路板。

三、实验电路

本电路是固定偏流式共射放大电路如图 C-10 所示。图中 U_{CC} 是供电电源；R_{b1}、R_p 是偏流电阻，引入偏置电流 I_B，使工作点合适；R_c 是集电极负载电阻，它使 ΔI_C 转换成 ΔU_{CE} 输出；T 是三级管，起信号放大作用；C_1、C_2 是输入输出耦合电容，起"通交隔直"的作用。

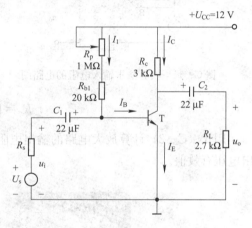

图 C-10　实验二用晶体管放大电路

四、实验步骤

（1）按图 C-10 连接实验电路，检查无误后就可通电调试。

（2）测量并调试放大器的静态工作点，观察波形失真情况。

① 调信号源，使其频率 $f = 1\ kHz$，幅值 $U_{im} = 10\ mV$。

② 调整 R_P，使放大电路输出波形最大且对称不失真，观察波形并记录。此时为最大不失真工作点。撤去信号发生器，用万用表测量放大工作点 U_B、U_C、U_E。

③ 将信号发生器重新连入信号放大器输入端，且保持输入信号不变。调整 R_P 至输出电压波形出现截止失真，观察失真波形并记录。撤去信号发生器，用万用表测量截止区工作点 U_B、U_C、U_E。

④ 将信号发生器重新连入信号放大器输入端，且保持输入信号不变。调整 R_P 至输出电压波形出现饱和失真，观察失真波形并记录。撤去信号发生器，用万用表测量饱和区工作点 U_B、U_C、U_E。

▲ 观察 R_c 对工作点的影响；

▲ 观察 U_{CC} 对工作点的影响。

（3）测量放大电路的电压放大倍数。

① 空载（断开 R_L）：将频率 $f=1\,\mathrm{kHz}$，幅值 $U_{im}=10\mathrm{mV}$ 的交流信号接电路输入端，用示波器观察输入 u_i 和输出 u_o 波形，读取 u_o 幅值，计算空载时放大电路的 A_u。

② 加载（接通 R_L）：用原信号（$U_{im}=10\mathrm{mV}$），用示波器观察输入 u_i 和输出 u_o 波形，读取 u_o 幅值，计算加载时放大电路的 A_u。

（4）测量放大电路的输入输出电阻

① 测量放大电路的输入电阻，如图 C-11 所示，用输出换算法：

$$R_i=\frac{U_{oA}}{U_{oB}-U_{oA}}R_s \tag{C-1}$$

用式（C-1）计算放大电路的输入电阻，其中 U_{oA}、U_{oB} 是开关 S 分别接通 A 线路和接通 B 线路两种情况下，用毫伏表测量的放大电路输出端的电压有效值。

② 测量放大电路的输出电阻如图 C-12 所示，用换算法：

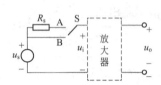

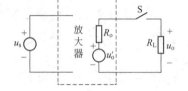

图 C-11 换算法求输入电阻的电路图　　　　图 C-12　换算法求输出电阻的电路图

$$R_o=\left(\frac{U_o'}{U_o}-1\right)R_L \tag{C-2}$$

用式（C-2）计算放大电路的输出电阻，其中 U_o、U_o' 分别是负载 R_L 接上和断开时的输出电压有效值。

实验 C-3　反馈放大电路

一、实验目的

1. 研究负反馈对放大电路性能的影响；
2. 掌握负反馈放大电路性能指标的测量方法；
3. 加深对负反馈放大电路工作原理的理解。

二、实验仪器

信号源、示波器、万用表、直流稳压电源、模拟电路实验板。

三、实验电路

图 C-13 所示为两级阻容耦合放大电路。第一级是固定偏置射级放大电路，第二级为分压式共射级放大电路，级间由电容 C_2 耦合。两级之间引入电压串联负反馈，反馈元件由 R_f 构成。

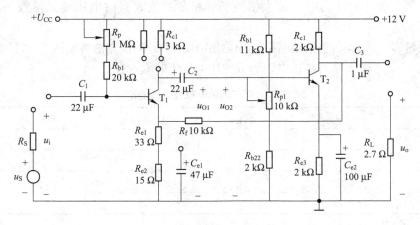

图 C-13 实验 3 用负反馈放大电路图

四、实验步骤

1. 开环电路

(1) 按图 C-13 在实验箱上接插电路；连接仪器，组成实验系统；将电路接成两级放大电路，（反馈电阻）R_f 先不要接入。

(2) 输入信号为 $U_i = 5$ mV，$f = 1$ kHz 的正弦信号（若信号太强，可以衰减），用示波器观察输入、输出波形，调整两级的可调电阻 R_{p1}、R_{p2} 使放大电路处于正常工作状态（输出不失真且无振荡）。

(3) 断开函数发生器的输出电缆，再用导线将放大电路输入端对地短路。

用数字万用表分别测出 U_{B1}、U_{E1}、U_{C1} 和 U_{B2}、U_{E2}、U_{C2} 之值，并将测试结果填入表 C-3。

表 C-3 静态工作点测量

U_{B1}（V）	U_{E1}（V）	U_{C1}（V）	U_{B2}（V）	U_{E2}（V）	U_{E2}（V）

(4) 在小信号下，分别测量输出端加负载和开路两种情况下第一级放大器的电压放大倍数 A_{u1}、第二级放大器的电压放大倍数 A_{u1} 和多级放大器的电压放大倍数 A_u，并验证 $A_u = A_{u1}A_{u1}$。

(5) 测量多级放大电路的输入电阻 R_i，输出电阻 R_o。测量方法参见图 C-11 和图 C-12。本实验测 R_i 时，在输入端串接电阻为 $R = 10$ kΩ。结果填入表 C-3。

2. 闭环电路

(1) 按图 C-13 在实验箱上接插电路；连接仪器，组成实验系统；将电路接成两级放大电路，接通 R_f，其他保持不变。

(2) 输入信号为 $U_i = 5$ mV，$f = 1$ kHz 的正弦信号（若信号太强，可以衰减），用示波器观察输入、输出波形，使放大电路处于正常工作状态（输出不失真且无振荡）。

(3) 在小信号下，分别测量输出端加负载和开路两种情况时第一级放大电路的电压放大

倍数 A_{uf1}、第二级放大器的电压放大倍数 A_{uf2} 和多级放大器的电压放大倍数 A_{uf}，并验证 $A_{uf}＝A_{uf1}A_{uf2}$。

（4）测量多级放大器的输入电阻 R_{if}，输出电阻 R_{of}。测量方法参见图 C-11 和图 C-12。本实验测 R_i 时，在输入端需串接电阻为 $R＝10$ k。结果填入表 C-4。

表 C-4　开环闭环电路放大性能比较

测试内容	R_L (kΩ)	U_i (mV)	U_o (mV)	A_{u1} (A_{uf})	A_{u2} (A_{uf})	A_u (A_{uf})	R_i	R_o
开环	∞							
	2.7							
闭环	∞							
	2.7							

3. 测试放大器频率特性

（1）将图 C-13 电路开环，选择 u_i 适当幅度（频率为 1 kHz）使输出信号在示波器上有最大不失真波形显示。

（2）保持输入信号幅值不变逐步增加输入信号的频率，直到输出波形幅值减小为原来幅值的 70%，此时信号频率即为放大电路的上限截止频率 f_H。

（3）保持输入信号幅值不变逐步减小输入信号的频率，直到输出波形幅值减小为原来幅值的 70%，此时信号频率即为放大电路的下限截止频率 f_L。

（4）将电路闭环，重复上述（1）～（3）步骤，并将结果填入表 C-5。

表 C-5　频率特性测试表

测试内容	f_H（Hz）	f_L（Hz）
开环		
闭环		

4. 总结负反馈对放大电路性能的影响

（1）根据实际测量结果比较 A_u 和 A_{uf} 大小。

（2）根据实际测量结果比较输入电阻 R_i 和 R_{if}、输出电阻 R_o 和 R_{of} 的大小。

（3）根据实际测量结果比较频率特性。

实验 C-4　集成功率放大电路

一、实验目的

1. 学习集成功率放大器（LM386）的工作原理；

2. 掌握集成功率放大器（LM386）的应用方法（典型的接线方式）；

3. 掌握集成功率放大器（LM386）的主要技术指标的检测方法（输出功率、电压增益、效率等）；

4. 通过实测了解功率放大器有极低的输出阻抗的特点。

二、实验仪器

模拟电子实验箱、信号源、示波器 、万用表、晶体管毫伏表、集成功率放大器件 LM386。

三、实验电路

集成功率放大器是一个在实际应用中使用得比较广泛的集成电路器件。由 LM386 集成功放构成的低频功率放大器的参考电路如图 C-14 所示，其中 LM386 集成功放的管脚图，见图 C-15，该集成电路的主要参数是：

$U_{CC}=12$ V；输入电阻 $R_i \approx 50$ kΩ；输出电阻 $R_o \approx 1$ Ω；放大倍数 $A_v=20 \sim 200$ 可调；静态（无信号）电流 4 mA。

该电路 C_1 为输入耦合电容，C_3 为输出耦合电容，C_4 电源滤波电容，C_5 去耦电容。

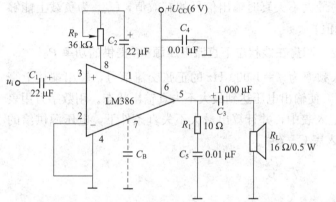

图 C-14　实验四用 LM386 典型应用电路

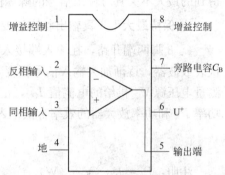

图 C-15　LM386 的管脚图

四、实验步骤

1. 静态工作点测量

按电路图 C-14 连接电路，在检查实验电路接线无误之后接通电源。1、8 脚间不接 R、C 元件。调整电源电压 $U_{CC}=+6$ V，接入实验电路中。使输入信号 $u_i=0$，把示波器接在输出端，观察输出端有无自激现象。若有，则可改变 R_1 或 C_5 的数值以消除自激。用万用表直流电压档测量 LM386 的各管脚对地的静态直流电压值和电源供电电流 I_{CCQ} 值。（注意：测电流时万用表的操作是，将红表笔换到测电流的插孔中，并将表盘拨到测直流电流的档位上，断开直流稳压电源，将数字万用表串接在直流稳压电源回路中；测完电流后，必须将表笔接回到原来的测电压的插孔中！）

计算 LM386 的静态功耗 $P_{EQ}=I_{CCQ}V_{CC}$ 数据记录于表 C-6 中。

表 C-6　实验 4 实验参数记录

U_1 (V)	U_2 (V)	U_3 (V)	U_4 (V)	U_5 (V)	U_6 (V)	U_7 (V)	U_8 (V)	I_{CCQ} (mA)	P_{EQ}

2. 观察电压增益的变化

(1) 1、8 脚两端开路，在输入端接入频率为 $f=1\,000$ Hz 的正弦交流信号，逐渐加大输入信号幅度，用示波器观察，使输出电压达到最大不失真输出状态。用交流毫伏表或示波器测量此时的输入电压 U_i、输出电压 U_o，计入表 C-7 中。电压增益大约为 20 倍。

(2) 1、8 脚外接旁路电容（$10\sim22\ \mu F$），重复上述实验。电压增益约为 200 倍。

(3) 1、8 脚外接电阻、电容串联电路，重复上述实验。电压放大倍数在 $20\sim100$ 之间变化。

3. 测量最大不失真输出功率

1、8 脚两端开路，在输入端接入频率为 $f=1\,000$ Hz 的正弦交流信号，输出端接上毫伏表或示波器逐渐加大输入信号幅度，使输出电压达到最大不失真输出状态。用毫伏表测量输出电压 U_{om}，记入表 C-7 中。最大不失真输出功率计算表达式如下。

$$P_{om}=\frac{U_{om}^2}{R_L}=\frac{U_{ompp}^2}{8R_L}$$

（注式中 U_{om} 为负载上能够得到的最大不失真时输出信号的有效值，U_{ompp} 为负载上能够得到的最大不失真时输出信号的峰峰值）

4. 保持最大不失真输出状态不变，测量在该状态下直流电压源 V_{CC} 提供的功率 P_E

1、8 脚两端开路，在输入端接入频率为 $f=1\,000$ Hz 的正弦交流信号，输出端接上毫伏表或波器，逐渐加大输入信号幅度，使输出电压达到最大不失真输出状态。用数字万用表测量电压源 V_{CC} 给的电流值 I_{CO}，记入表中；并计算出最大不失真条件下，电压源供给的功率 P_E 和功率放大器的效率 η 值记入表 C-7 中。

$$\eta=\frac{P_{om}}{P_E}$$

注明：$P_E=I_{CO}\times V_{CC}$（W）

5. 测量功放的输出阻抗 R_o

用示波器或晶体管毫伏表测量功放带负载和不带负载时输出端输出幅值，然后用换算法计算出 R_o。

表 C-7   实验 4 数据记录表格 2

V_{ipp} (mV)	V_{opp} (mV)	$\|A_v\|$	P_{om}	P_E	η	R_o

实验 C-5   运算放大电路

一、实验目的

1. 了解集成运算放大器在信号放大和模拟运算方面的应用；
2. 掌握集成运算放大器（$\mu A741$）的应用方法；
3. 熟悉集成运放线性放大电路主要参数的测试。

二、实验仪器

示波器、信号源、万用表

三、实验电路

1. μA741 管脚排列

采用的集成运是 μA741，其管脚图如图 C-16 所示。

2. 基本运算电路

（1）反相比例放大

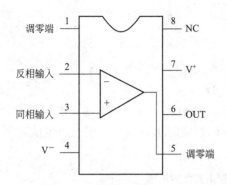

图 C-16　μA741 的管脚图

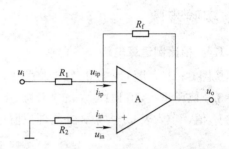

图 C-17　反相比例运算放大电路

反相比例放大器如图 C-17 所示。信号由反相端输入，R_1 和 R_f 组成负反馈网路，引入电压并联负反馈。反馈电阻 R_f 的值不能太大，否则会产生较大的噪声及漂移，一般为几十千欧至几百千欧。其输入与输出的关系为

$$U_o = -\frac{R_f}{R_1} U_i$$

（2）同相比例放大器

同相输入运算放大器电路如图 C-18 所示，其输入及输出的关系为

$$U_o = \left(1 + \frac{R_f}{R_1}\right) U_i$$

从电路构成实质上讲，电压跟随器为同相比例运算电路的构成特例，当 R_1 开路或 $R_f \approx 0$，则为电压跟随器。其输入输出的关系为 $U_o = U_i$。

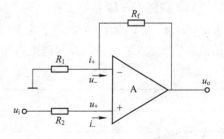

图 C-18　同相比例运算放大电路

（3）反相加法器

反相加法电路如图 C-19 所示，它的输出电压等于输入电压按不同比例相加之和，相位相反，其输入输出的关系为 $U_o = -\left(\dfrac{R_f}{R_1} U_{i1} + \dfrac{R_f}{R_2} U_{i2}\right)$。

（4）差分比例放大电路

差分比例放大电路是加减运算电路的构成特例，电路如图 C-20 所示。其输入与输出电压之间的关系为

$$U_o = \frac{R_f}{R_1} \ (U_{i2} - U_{i1})$$

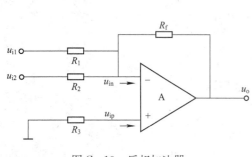

图 C-19 反相加法器

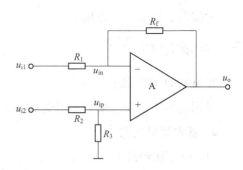

图 C-20 差分比例放大电路

四、实验步骤

1. 反相比例运算电路

按图 C-16，图 C-17 接好实验电路，接通 ±12 V 直流电压，取参考参数：$R_1 = 5$ kΩ，$R_2 = 3.3$ kΩ，$R_F = 10$ kΩ；取 u_i 频率为 1 kHz 的不同幅度的正弦电压，用交流毫伏表测出对应的 U_o 值，填入表 C-8 中，并与理论值相比较。

表 C-8 实验 5 反相比例运算数据记录

U_i	U_o	实测电压放大倍数	理论电压放大倍数
0.5 V			
1.0 V			
2.0 V			

2. 同相比例运算电路

(1) 按图 C-18 接好实验电路，接通 ±12 V 直流电压，取参考参数：$R_1 = 5$ kΩ，$R_2 = 3.3$ kΩ，$R_F = 10$ kΩ；u_i 取频率为 1 kHz 的不同幅度的正弦电压，用交流毫伏表测出对应的 u_o 值，填入表 C-9 中，并与理论值相比较。

表 C-9 实验 5 同相比例运算数据记录

U_i	U_o	实测电压放大倍数	理论电压放大倍数
0.5 V			
1.0 V			
2.0 V			

(2) 去掉电阻 R_1，测量此时电路是否实现了"电压跟随器"的功能。

3. 反相加法运算电路

按图 C-19 接好实验电路，接通 ±12 V 直流电压，取取参考参数：$R_1 = R_2 = 10$ kΩ，$R_F = 100$ kΩ，$R_3 = 10$ kΩ，u_{i1}、u_{i2} 取频率为 1 kHz 不同幅度的正弦电压，用交流毫伏表测量出对应的 U_o 值，填入表 C-10 并分析实验结果。

表 C - 10　实验 5 反相加法运算数据记录

输入电压 U_{i1}	输入电压 U_{i2}	U_o	实测电压放大倍数	理论电压放大倍数
+0.2 V	0.4 V			
+0.4 V	0.6 V			

4. 减法运算电路

按图 C-20 接好实验电路，接通 ±12 V 直流电压，取取参考参数：$R_1 = R_2 = 10\ k\Omega$，$R_F = R_3 = 10\ k\Omega$，取 u_{i1}、u_{i2} 频率为 1 kHz 不同幅度的正弦电压，用交流毫伏表测量出对应的 U_o 值，填入表 C-11 并分析实验结果。

表 C - 11　实验 5 减法运算数据记录

输入电压 U_{i1}	输入电压 U_{i2}	U_o	实测电压放大倍数	理论电压放大倍数
+0.7 V	1.0 V			
+0.7 V	0.2 V			

实验 C - 6　正弦波和方波—三角波信号产生电路

一、实验目的

1. 掌握桥式 RC 正弦波振荡器、方波—三角波发生电路的构成及工作原理；
2. 观察电路参数与电路技术指标的关系，正确选择电路参数达到技术指标的要求；
3. 掌握波形发生器的调试方法及技术指标测量方法。

二、实验仪器

示波器、万用表、LM324 集成运放、电阻和电容等。

三、实验电路

1. 正弦波放大电路

RC 桥式振荡电路如图 C-21 所示，它是由 RC 串、并联选频网络和同相放大器电路组成。图中 RC 选频网络形成正反馈电路，它具有选频的作用。振荡频率为 $f_0 = \dfrac{1}{2\pi RC}$。R_1、R_2、R_3 组成同相放大负反馈回路，由它们决定同相放大器放大倍数。但是放大器的增益 $A_u > 3$，即电路图 C-21 中的 $1 + (R_2 + R_3)/R_1 > 3$（注意：实际应用中，R_2 是可调电阻，$R_2 + R_3$ 的和略大于 R_1，才能既保证起振，又不会因其过大而引起波形严重失真）。

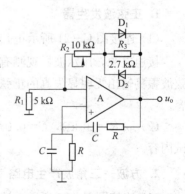

图 C - 21　RC 正弦波振荡器

2. 方波—三角波产生电路

如图 C-22 所示电路是集成运算放大器组成的一种常见
的方波—三角波产生电路。图中前级运算放大器与电阻 R_2 等构成具有滞回特性的比较器（施密特比较器），所以 u_{o1} 输出的波形一定是方波，后级运算放大器与 R、C 等构成积分电路，对方波进行反相积分，以产生三角波。三角波的频率为：

$$f = \frac{R_2}{4RCR_1}$$

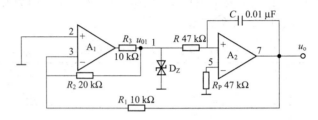

图 C-22　三角波发生器

3. 集成运算放大器 LM324 管脚图

图 C-23 为集成运放 LM324 的管脚图，为 4 运放的集成芯片。

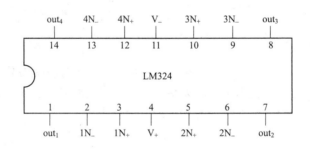

图 C-23　LM324 管脚图

四、实验步骤

1. 正弦波发生器

（1）连接图 C-21 所示正弦波发生器电路。

接通电源，用示波器观测有无正弦波电压 u_o 输出，若无输出，可调节可调电阻 R_2 使正弦波振荡输出无明显失真的正弦波，完成表 C-10 中 $R=10\ \text{k}\Omega$，$C=0.01\ \mu\text{F}$ 单元的测试内容。

（2）取 $R=20\ \text{k}\Omega$，$C=0.01\ \mu\text{F}$，完成表 6-1 中 $R=10\ \text{k}\Omega$，$C=0.01\ \mu\text{F}$ 单元部分的测试内容。

2. 方波—三角波产生电路

（1）连接图 C-22 所示方波—三角波产生电路。

（2）连通电源后，示波器 CH_1 接前级运放输出端信号 u_{o1}，用 CH_2 分别测量运算放大器

u_o信号，观察这些信号的波形、幅度以及与u_{o1}的相位关系。

（3）将电阻 R 变为 20 kΩ，重复以上步骤，观察频率 f_w 变化情况，测量并在表 C-1 中相应处记下频率值。

（4）将电阻 R 换成 30 kΩ，观察电路工作情况，分析其原因。

（5）如果还不能理解 u_{o1}、u_o信号间的因果关系，可通过改变电路中某些元件参数的办法对比观察，直至搞清原理。

表 C-12　实验 6 数据记录

参数条件	R=10 kΩ　C=0.01 μF		R=20 kΩ　C=0.01 μF	
测量对象	u_o（v_{pp}）	f_w（Hz）	u_o（v_{pp}）	f_w（Hz）
方波—三角波电路				
正弦波电路				

实验 C-7　稳压电源的设计

一、实验目的

1. 了解交流变直流的方法；
2. 熟悉整流、滤波、稳压电路的工作原理；
3. 掌握整流、滤波、稳压电路性能指标的基本测试方法；
4. 理解影响整流、滤波、稳压电路性能指标的常见因素及其一般故障的产生原因。

二、实验元器件及仪器

电源变压器 220 V/15.3 V、示波器、信号源、毫伏表、数字万用表、三端固定式稳压器 W7812 等。

三、实验电路图

实验电路如图 C-24 所示，它是将交流 220 V、50 Hz 的电网电压，经电源变压器降压，再整流、滤波和集成稳压器稳压后，获得平稳的直流电压输出。电路中 7812 为三端固定输出电压集成稳压器。该集成稳压器具有性能优良、可靠性强、体积小、价格低廉的优点，因此广泛应用于电子设备中。

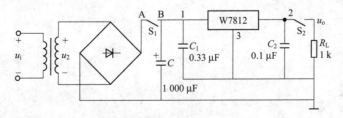

图 C-24　7812 固定正输出稳压电源电路

四、实验步骤

1. 按图 C-23 连接实验电路。

2. 将 S_1 断开，用示波器分别观察变压器副边电压及桥式整流 u_A 波形（测整流电路波形输出端必须接负载），并绘出输出电压波形图，测量其有效值。

3. 将 S_1 接通，不接稳压器，用示波器观察桥式整流滤波 u_B 波形（测桥式整流滤波波形输出端必须接负载），并绘出输出电压波形图，测量其有效值。

4. 将 S_2 断开，用示波器观察空载时稳压器输出波形，并绘出输出电压波形图，测量其有效值。将测试结果填于表 C-13 中。

5. 将 S_2 接通，用示波器观察加载时稳压器输出波形并记录波形，测量其有效值。将测试结果填于表 C-13 中。

表 C-13   实验 7 数据记录

项目	u_2（V）	u_A（V）（S_1断开）	u_B（V）（S_1接通）	u_o（V）	
				空载（S_2断开）	加载（S_2接通）
实测值					
波形					

附录 D

模拟试题

D.1 模拟试题一

一、基本题（每题 2 分，共 20 分）

1. 晶体二极管的阳极电位是 -10 V，阴极电位是 -5 V，则该二极管处于____。

   A. 零偏   B. 反偏   C. 正偏

2. 已知三极管的 $\alpha = 0.98$，那么它的 β 是____。

   A. 49   B. 98   C. 60

3. 场效应管的共漏极放大器与三极管的____放大器相似。

   A. 共射极   B. 共基极   C. 射极输出器

4. 在图示电路中，直流电压表的读数为 9 V，下列哪一种说法是正确的? ____。

   A. R_1 可能断路   B. R_2 可能断路

   C. R_3 可能断路   D. C_2 接反

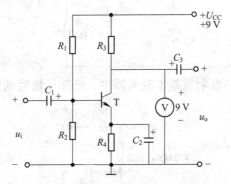

5. 在阻容耦合多级放大电路中，在输入信号一定的情况下，要提高级间的耦合效率，必须____。

   A. 提高输入信号的频率   B. 加大电容减少容抗   C. 减少电源电压

6. 放大电路中引入负反馈后，该电路的放大倍数和信号失真情况是____。

   A. 放大倍数下降，信号失真减少

   B. 放大倍数下降，信号失真加大

   C. 放大倍数增大，信号失真程度不变

7. 在 OCL 乙类功放电路中，若最大输出功率为 1 W，则电路中的功放管的集电极最大功耗约为____。

　　A. 1 W　　　　　　　　　B. 0.5 W　　　　　　　　　C. 0.2 W

8. 共模抑制比 K_{CMR} 表示的是____之比。

　　A. 差模输入信号与共模输入信号

　　B. 输出量中的差模成分与共模成分

　　C. 差模放大倍数与共模放大倍数（绝对值）

　　D. 交流放大倍数与直流放大倍数（绝对值）

9. 直流放大器的功能是____。

　　A. 只能放大直流信号

　　B. 只能放大交流信号

　　C. 既能放大直流信号，又能放大交流信号

10. 在桥式整流电路中，若输入正弦信号的有效值为 10 V，则以下哪些计算是正确的？____。

　　A. 输出电压平均值为 9 V

　　B. 输出电压平均值为 10 V

　　C. 二极管承受的最大反向电压为 5 V

　　D. 二极管承受的最大反向电压为 10 V

二、综合题（共 7 题，共 80 分）

1. （10 分）在图示电路中，$u_i = 1.0 \sin \omega t$ (V)，二极管 D 具有理想特性，当 $U = 0$ V 时，画出 u_o 的波形。

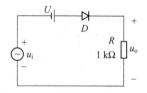

2. （20 分）在图示的共发射极基本放大器中，已知三极管的 $\beta = 50$，且管压降 U_{BE} 可忽略不计。试：

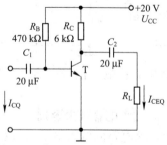

（1）正确标出 C_1，C_2 的极性。（2 分）

（2）计算电路的静态工作点。（5 分）

（3）若要求 $I_{CQ} = 0.5$ mA，$U_{CEQ} = 6$ V，R_B 和 R_C 不变，求 U_{CC} 和 β。（3 分）

（4）若 $R_L = 3\text{ k}\Omega$，$r_{be} \approx 1\text{ k}\Omega$，画出微变等效电路，求电压放大倍数 A_U、输入电阻 R_i 和输出电阻 R_o。（10 分）

3.（10 分）在图示电路中，试分别按下列要求将信号源、反馈电阻正确接入该电路。

（1）引入电压串联负反馈。（5 分）

（2）引入电流并联负反馈。（5 分）

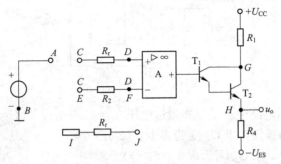

4.（10 分）电路如图所示，设集成运放具有理想特性，试推导输出电压 u_o 与输入电压 u_i 的表达式。

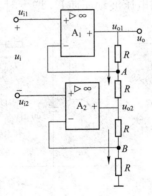

5.（10 分）图示电压比较器，已知集成运放输出的正负饱和值为 $\pm U_{oM} = 15\text{ V}$，试：

（1）求出该比较器的阈值电压。（4 分）

（2）画出该比较器的电压传输特性。（4 分）

（3）当输入电压 $u_i = 10\sin\omega t$ 时，画出该比较器相应的输出波形。（2 分）

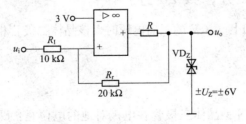

6.（10 分）电路如图所示，问：

（1）电路中 j、k、m、n 这 4 个点如何连接才能产生振荡。（2 分）

（2）选择电阻 R_2 的阻值。（3 分）

（3）计算电路的振荡频率。（3 分）

（4）若用热敏电阻 R_t 代替反馈电阻 R_2，则热敏电阻应该有正的温度系数还是负的温度系数？（2分）

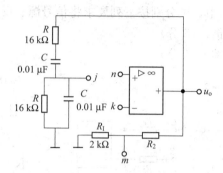

7.（10分）在图示电路中，变压器副边电压 $u_2=25\sin\omega t$，$R_LC=(3\sim5)T/2$，试：

（1）标出电容 C 的极性，求 $U_{I(AV)}$ 为多少？（2分）

（2）若电容 C 脱焊，求 $U_{I(AV)}$ 为多少？（2分）

（3）若二极管 D_2 发生开路或短路，对 U_0 有什么影响？（2分）

（4）如电阻 R 短路，将产生什么后果？（2分）

（5）设电路正常工作，当电网电压波动而使 U_2 增大时，I_R 和 I_Z 将怎样变化？（2分）

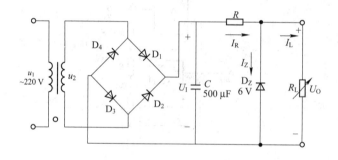

D.2　模拟试题二

一、基本题（每题2分，共20分）

1. 当硅晶体二极管加上 0.3 V 的正向电压时，该晶体二极管相当于____。

A. 小阻值电阻

B. 阻值很大的电阻

C. 内部短路

2. 用万用表测得 NPN 型晶体三极管各电极对地的电位是：$U_B=4.7$，$U_C=8$V，$U_E=4$ V，则该晶体三极管的工作状态是____。

A. 饱和状态　　　　　　B. 截止状态　　　　　　C. 放大状态

3. 当场效应管的漏极直流电流 I_D 从 2 mA 变为 4 mA 时，它的低频跨导 g_m 将____。

A. 增大　　　　　　B. 不变　　　　　　C. 减少

4. 在图示电路中，静态时，欲使集电极电流增大应＿＿＿。

A. 减少 β 　　　　　　　　　　　　　B. 增大 R_c

C. 减少 R_b 　　　　　　　　　　　　　D. 增大 R_b

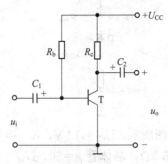

5. 一个两级电压放大电路，工作是测得 $A_{U1} = -20$，$A_{U12} = -40$，则总的电压放大倍数为＿＿＿。

A. -60 　　　　　　B. $+800$ 　　　　　　C. -800

6. 电压负反馈对放大器的放大倍数的影响，完整的说法是＿＿＿。

A. 放大倍数增大

B. 放大倍数减少

C. 放大倍数减少，而放大倍数更稳定

7. 乙类推挽功率放大电路的理想最大效率为＿＿＿。

A. 50％ 　　　　　　B. 60％ 　　　　　　C. 78％

8. 差动放大电路是利用＿＿＿来抑制零漂的。

A. 电路的对称性

B. 共模负反馈

C. 电路的对称性和共模负反馈

9. K_{CMR} 越大，表明电路＿＿＿。

A. 放大倍数越稳定

B. 交流放大倍数越大

C. 抑制温漂能力越强

D. 输入信号中差模成分越大

10. 选择哪个二极管作为桥式整流电路的整流管比较合适？＿＿＿。

A. 最大整流电流 $I_F = 5$ mA，最大反向工作电压 $U_R = 25$ V

B. 最大整流电流 $I_F = 30$ mA，最大反向工作电压 $U_R = 50$ V

C. 最大整流电流 $I_F = 100$ mA，最大反向工作电压 $U_R = 50$ V

D. 最大整流电流 $I_F = 500$ mA，最大反向工作电压 $U_R = 500$ V

二、综合题（共 7 题，共 80 分）

1.（10 分）对于图示电路，试说明二极管的状态，并求出 U_x，U_y 的电压各是多少。

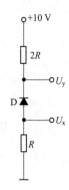

2. （20分）基本放大电路如图所示，$U_{CC}=12$ V，$R_C=6$ kΩ，$R_{E1}=300$ Ω，$R_{E2}=2.7$ kΩ，$R_{B1}=60$ kΩ，$R_{B2}=20$ kΩ，$R_L=6$ kΩ，晶体管 $\beta=50$，$U_{BE}=0.6$ V，$r_{bb}'=300$ Ω。试：

（1）计算电路的静态工作点。（5分）

（2）画出电路的微变等效电路，并求出 r_{be}。（2分）

（3）计算 A_v、R_i 和 R_o。（8分）

（5）当电路的旁路电容 C_E 断路时，对电路的电压放大倍数有何影响？简单说明 C_E 的作用。（5分）

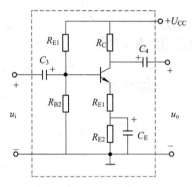

3. （10分）对图示电路，试：

（1）判断电路中存在哪种类型的反馈？（5分）

（2）估算其闭环放大倍数。（5分）

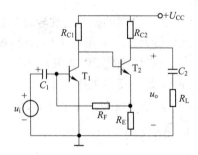

4. （10分）理想集成运放电路如图所示，试：

（1）求出 u_o 与 u_{I1}，u_{I2} 的关系式。（8分）

（2）若 $R_1=5$ kΩ，$R_2=20$ kΩ，$R_3=10$ kΩ，$R_4=50$ kΩ，$u_{I1}-u_{I2}=0.2$ V，求 u_o 的值。（2分）

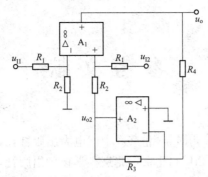

5.（10分）图示电压比较器，已知集成运放输出的正负饱和值为 $\pm U_{oM}=15$ V，试：

（1）求出该比较器的阈值电压。（4分）

（2）画出该比较器的电压传输特性。（4分）

（3）当输入电压 $u_i=10\sin \omega t$ 时，画出该比较器相应的输出波形。（2分）

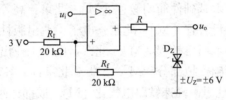

6.（10分）用相位条件，判断图示正弦波振荡电路能否起振，并说明原因。

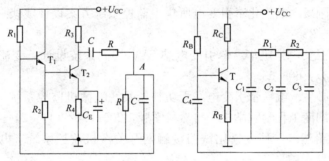

7.（10分）电路如图所示，变压器副边电压有效值为 $2U_2$；试：

（1）画出 u_2，u_{D1}，u_o 的波形。（2分）

（2）求出输出电压的平均值 $U_{o(AV)}$ 和输出电流的平均值 $I_{o(AV)}$ 的表达式。（2分）

（3）求出二极管的平均电流 $I_{D(AV)}$ 和所承受的最大反向电压 U_{Rmax} 的表达式。（2分）

（4）如果变压器次级中心抽头脱焊，这时有输出电压吗？（2分）

（5）若 D_1，D_2 的极性接反，输出电压又会有什么变化？（2分）

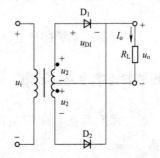

参 考 文 献

[01] 熊宝辉. 电子技术基础 [M]. 北京：中国电力出版社，1999.

[02] 蔡德厚. 电工与电子 [M]. 北京：北京科学技术出版社，1999.

[03] 颜世仓. 电子技术基础 [M]. 北京：北京科学技术出版社，1998.

[04] 秦曾煌. 电工学（下）[M]. 北京：高等教育出版社，1995.

[05] 王英. 模拟电子技术基础 [M]. 成都：西南交通大学出版社，2000.

[06] 周晖. 电子线路教学参考书 [M]. 北京：北京出版社，2006.

[08] 杨素行. 模拟电子技术基础件简明教程 [M]. 北京：高等教育出版社，2001.

[09] 谢兰清. 电子技术项目教程 [M]. 北京：电子工业出版社，2010.

[10] 李传珊. 新编电子技术项目教程 [M]. 北京：电子工业出版社，2010.

[10] 康华光. 电子技术基础模拟部分 [M]. 5 版. 北京：高等教育出版社，2006.

[11] 李群湛，连级三，高仕斌. 高速铁路电气化 [M]. 成都：西南交通大学出版社，2006.

[12] 何忠韬，朱常琳. 铁道电气装置 [M]. 北京：中国铁道出版社，2007.

[13] 金宁德，张刚毅. 电气化牵引变电所集中监控系统方案设计浅谈. 西铁科技，2005，
41（1）：27-28.

[14] 李明智，王卫安，张定华. 牵引变电站 SVC 控制系统设计. 变流技术与电力牵引，
2007，30（3）：60-63.

[15] 肖佳彬，王必生. 电铁牵引变电站无功补偿及滤波微机监控系统（I）—工作原理及
硬件设计. 湖南工程学院学报：自然科学版，2002，12（1）：21-23，26.

[16] 陈维容，王蔚然. 一种电气化铁路接触网开关微机监控系统. 电子科技大学学报，
1999，28（4），405-409.

[17] 杨少选. 电力机车整备作业隔离开关监控系统. 西铁科技，1999，35（2）：3-7，17.

[18] 王倩，冯海军. 网络化 SCADA 系统调度端设计及可靠性分析. 西南交通大学学报，
1998，33（5）：576-580.

[19] 朱锦文，陈维容. 电铁监控系统通信网络及其智能通信设备的研究. 西南交通大学学
报，1995，30（4）：405-409.

[20] 于静文. 电力牵引列车的自动控温电热取暖装置. 东北煤炭技术，1989（6）：
10-11.

[21] 刘春明，梁晋. 电力机车远程实时监控系统的研究. 中国铁路，2005，43（12）35-
36，48.

[22] 税建平. SS4 改型机车监控装置电源电路的改进. 电力机车与城轨车辆，2007，27
（4）：67-67.

[23] 朱全庆，邹雪城，车振中，等. 片上系统中的 IP 复用. 半导体技术，2001，26（7）：
7，16.